MSDNプログラミングシリーズ

ひと目でわかる

Microsoft®
ASP.NET MVC
アプリケーション開発入門

Visual Studio 2010 対応

増田 智明 著

日経BP社

はじめに

　本書は、Visual C# 2010でASP.NET MVCアプリケーションを開発する方法について、ステップバイステップで解説します。Webアプリケーションの開発手法の1つであるASP.NET MVCとはどんな手法なのかを簡潔に説明したのち、疑似的な決済機能を持ったショッピングサイトのアプリケーションを作る過程でASP.NET MVCの開発手法が理解できるようになっています。

　また、すぐに操作して理解を深められるように、作成途中のサンプルデータをダウンロード提供しています。

本書の表記

　本書では、次のように表記しています。

- ■ ウィンドウ、アイコン、メニュー、コマンド、ツールバー、ダイアログボックスの名称やボタン上の表示、各種ボックス内の選択項目の表示は、原則として［　］で囲んで表記しています。
- ■ 画面上の ˇ 、 ˆ 、 ▾ 、 ▴ のボタンは、すべて▲、▼と表記しています。
- ■ 手順説明の中で、「［○○］メニューの［××］をクリックする」とある場合は、［○○］メニューをクリックしてコマンド一覧を表示し、［××］をクリックしてコマンドを実行します。
- ■ キーボードのキーは Ctrl のように表記しています。
- ■ 状況により変化する名称や表示、変数の値などは、＜＞で囲んで表記しています。
- ■ コードは次のような書体を使用しています。

```csharp
public ActionResult Edit(string id, FormCollection collection)
{
    // データベースを更新
    string cnstr = ConfigurationManager.ConnectionStrings[
    "mvcdbConnectionString"].ConnectionString;
    // データベースに接続する
    DataContext dc = new DataContext(cnstr);
    // データを更新
    TProduct product = dc.GetTable<TProduct>().Single<TProduct>(t =>
    t.id == id);
```

・色文字部分は入力するコードです。
・紙面に見やすく収まるように➡で改行しています。実際にコードを記述する場合は、この➡は入力しないで次の行のコードを続けて入力してください。
・本書に記述されているコードとサンプルファイルのコードは多少異なることがありますが（コメントの有無や空行など）、動作に違いはありません。

トピック内の要素とその内容については、次の表を参照してください。

要素	内容
ヒント	他の操作方法や知っておくと便利な情報など、さらに使いこなすための関連情報を紹介します。
注意	操作上の注意点を説明します。

ソフトウェア名の記載について

　本書では、主なMicrosoftのソフトウェア名に対し、次のように表記しています（その他のMicrosoft製品の場合も、以下の規則に準じて表記しています）。

Windows 7 .... **Windows 7、Windows**
Microsoft Visual Studio 2010.. **Visual Studio 2010、Visual Studio**
Microsoft Visual C# 2010 .... **Visual C#**
Microsoft Visual Basic 2010 .... **Visual Basic**
Microsoft Visual Web Developer 2010 Express............... **Visual Web Developer 2010 Express**

本書編集時の環境

使用したソフトウェアについて

本書の編集にあたり、次のソフトウェアを使用しました。

■ Windows 7 Professional
■ Microsoft Visual Studio 2010 Professional
■ Microsoft Visual Web Developer 2010 Express

本書に掲載した画面は、解像度を1024×768ピクセルに設定しています。ご使用のコンピューターやソフトウェアのエディションおよびインストール方法などによっては、画面の表示が本書と異なる場合があります。あらかじめご了承ください。

サンプルファイルの使い方

サンプルファイルの内容

本書のサンプルファイルには、次のようなフォルダー、ファイルが含まれています。

- [mvc2] フォルダー……各章ごとにまとめられた、本書の解説と対応したVisual C#のプロジェクト
- [Images] フォルダー……本書のサンプル作成で使用する画像ファイル
- mvcdb.sql……本書のサンプルとして使用するデータベースを作成するスクリプトファイル

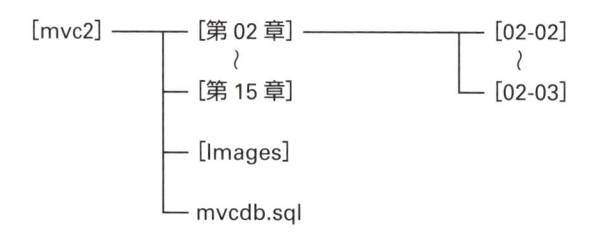

```
[mvc2] ─┬─ [第 02 章] ─┬─ [02-02]
        │      〜      │     〜
        ├─ [第 15 章] ─┴─ [02-03]
        │
        ├─ [Images]
        │
        └─ mvcdb.sql
```

- 各章ごとのフォルダーは、さらに各節のフォルダーに分かれています。フォルダーの名前は＜章番号＞-＜節番号＞となっています。
- 各節のフォルダーには、該当する節の解説どおりに操作した結果のプロジェクトが含まれています（実習がない場合を除く）。たとえば、[06-01] フォルダーに含まれるのは、第6章の1節を最後まで操作した結果です。したがって、第6章の2節から実習を開始したい場合は、[06-01] フォルダーを利用することができます。

サンプルファイルのダウンロード

本書のサンプルファイルは、学習で使用するコンピューターにダウンロードしてご利用ください。次の手順でダウンロードすることができます。

❶以下のサイトにアクセスします。
　http://ec.nikkeibp.co.jp/item/books/P94380.html
❷関連リンクにある［サンプルファイルのダウンロード］をクリックします。
❸表示されたページにあるそれぞれのダウンロードのアイコンをクリックしてダウンロードします。
❹ダウンロードしたZIP形式の圧縮ファイルを解凍すると［mvc2］フォルダーが作成されます。

なお、上記webサイトからは、本書のおまけとして、jQueryに関する解説をしたPDFもダウンロードできます。

目次 (5)

はじめに

第1章 ASP.NET MVCの概要　1
1 ASP.NET MVC でできること　2
2 ASP.NET の概要　5
3 ASP.NET MVC アプリケーションの特長　7

第2章 統合開発環境の使い方　9
1 Visual Studio 2010 の起動　10
2 新しいプロジェクトの作成　14
3 既存のプロジェクトを開く　19
4 ヘルプの表示　23
5 ビルドと実行　25

第3章 ASP.NET MVCアプリケーションの作成手順　29
この章で学習する内容と身に付くテクニック　30
1 Hello プロジェクトの作成　31
2 Hello ASP.NET MVC World.　33
3 メッセージを変更する　35
4 新しいViewを追加する　38

第4章 MVCパターンの仕組み　43
この章で学習する内容と身に付くテクニック　44
1 MVC パターンとは？　45
2 ASP.NET MVCのファイル構成　48

第5章 ショッピングサイトの構成　53

- この章で学習する内容と身に付くテクニック　54
- 1 ショッピングサイト　55
- 2 商品詳細の表示　57
- 3 ショッピングカートの機能　58
- 4 ユーザーによるViewの切り替え　62
- 5 データベースの準備　64

第6章 商品一覧の表示　69

- この章で学習する内容と身に付くテクニック　70
- 1 トップ画面の作成　71
- 2 商品のリスト表示　75
- 3 データベースからの表示　78
- 4 ビューの記述の変更　89
- 5 ページ送りを付ける　91
- 6 画像を表示する　100

第7章 カテゴリ分け　107

- この章で学習する内容と身に付くテクニック　108
- 1 商品をカテゴリで分けて表示　109
- 2 カテゴリの一覧を表示　111
- 3 カテゴリ内の商品を表示　115
- 4 カテゴリ情報をキャッシュする　121

第8章 商品の詳細表示

この章で学習する内容と身に付くテクニック　126
1. 詳細ページの作成　127
2. 商品の詳細情報の表示　129
3. 商品から詳細ページへリンクを付ける　136
4. 例外に対処する　138

第9章 ログオン機能　145

この章で学習する内容と身に付くテクニック　146
1. ログオン状態を取得する　147
2. [買う] ボタンを配置する　154
3. [マイページ] を表示する　158
4. ログオンページのカスタマイズ　161
5. 登録ページのカスタマイズ　169

第10章 ショッピングカート機能　175

この章で学習する内容と身に付くテクニック　176
1. セッション機能　177
2. カートのビューを作る　180
3. 商品をカートに入れる　190
4. カートの中身を表示する　195

第11章 ショッピングカート機能（CRUD）　201

この章で学習する内容と身に付くテクニック　202
1. カートから商品を削除する　203
2. 商品の購入数を変更する　207
3. カートが空の場合　214

第12章 管理モードを作る　219

- この章で学習する内容と身に付くテクニック　220
- 1 管理ユーザーを作成する　221
- 2 ユーザー名で区別する　224
- 3 一般ユーザーと管理ユーザーの違い　231

第13章 商品の追加／削除　233

- この章で学習する内容と身に付くテクニック　234
- 1 商品情報のリスト　235
- 2 商品情報の詳細　250
- 3 商品情報の変更　257
- 4 商品の削除　268
- 5 商品の追加　277

第14章 商品詳細情報の更新　289

- この章で学習する内容と身に付くテクニック　290
- 1 商品詳細情報の変更　291
- 2 例外時の処理　296

第15章 決済機能　299

- この章で学習する内容と身に付くテクニック　300
- 1 クレジット決済の流れ　301
- 2 カート内容の確認　304
- 3 Webサービスの呼び出し　309
- 4 決済結果を表示　316

付録A Visual BasicでMVCパターン　321

索引　325

ASP.NET MVCの概要

第1章

1 ASP.NET MVCでできること
2 ASP.NETの概要
3 ASP.NET MVCアプリケーションの特長

実際のプログラム作成の前に、まずは、ASP.NET MVCとはどんなものであるのかを説明します。

1 ASP.NET MVCでできること

最初にASP.NET MVCアプリケーションを利用すると、どのようなことができるのかをお話ししていきましょう。見慣れない用語が出てくるとは思いますが、ざっと概要をつかんでくださると、先行きの学習が楽になります。

Webアプリケーションを作る

ASP.NET MVCアプリケーションは、いま私たちがインターネットで利用するWebアプリケーションの一種です。Webアプリケーションは、Internet Explorerをはじめとして、FireFox、Google Chrome、Safariなどのさまざまなブラウザで動きます。通常のWindowsアプリケーションとは違い、コンピューターにインストールする必要がないため、手軽に利用ができるのが利点です。

Webアプリケーションの中心的な処理を実行しているのは、WWWサーバーと呼ばれるサーバーです。WWWサーバーは、ブラウザで表示する文字や画像などをブラウザに送信している特別なコンピューターになります。

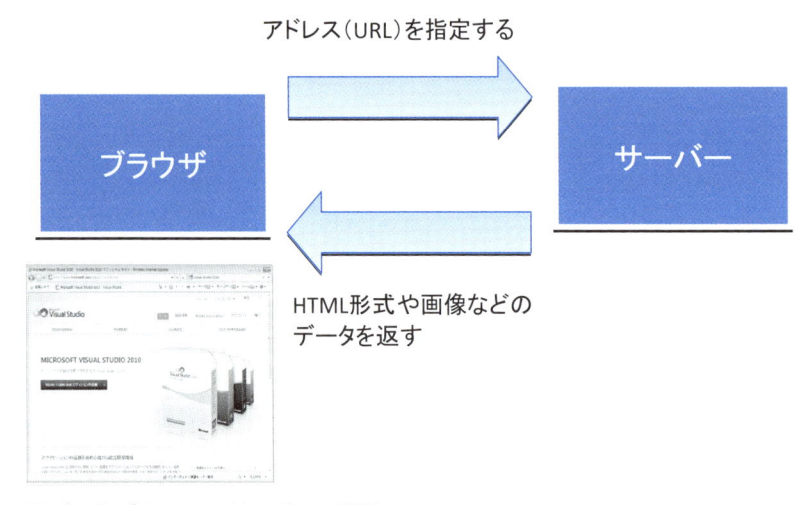

■ブラウザとWWWサーバーの関係

WWWサーバーは、ブラウザに送信するためのHTMLタグや画像ファイルなどのデータを加工してデータを送信しています。ブラウザとWWWサーバーのデータは、HTTPプロトコルというフォーマットでやり取りされます。このフォーマットにデータを合せるのがWWWサーバーの仕事になります。

WWWサーバーには、Windows Serverで利用されるIIS（インターネットインフォーメーションサービス）の他に、Linuxサーバーなどで利用されているApacheがあります。これらのサーバーで上で、Webアプリケーションは動作します。

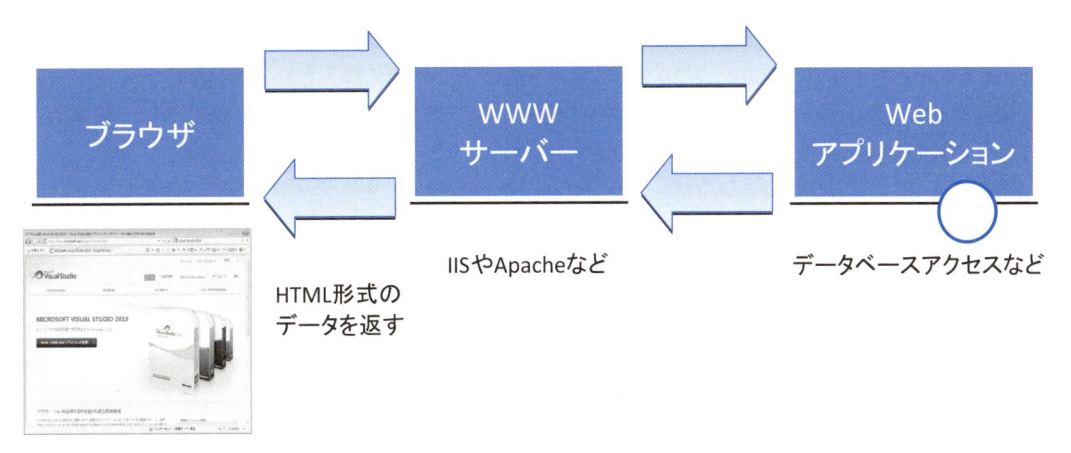

```
ブラウザ  →  WWW      →  Web
            サーバー       アプリケーション
        ←              ←
         IISやApacheなど   データベースアクセスなど
HTML形式の
データを返す
```

■ブラウザ-WWWサーバー-Webアプリの関係

　Webアプリケーションを作る方法にもいくつかありますが、本書ではASP.NET MVCという方法を解説していきます。ASP.NET MVCは、これまでMicrosoft社が推進してきたWebフォーム形式と同様に、Microsoft社の主流となるWebアプリケーションの開発手法になります。

Visual C# 2010やVisual Basic 2010を利用

　統合開発環境（Visual Studio 2010）では、C#やVisual Basic、C++、F#というプログラム言語を使ってアプリケーション開発をすることができますが、ASP.NET MVCアプリケーション開発では、C#あるいはVisual Basicを利用します。

　C#は、.NET Frameworkの登場とともに用意された言語で、文法はC言語やC++、Javaによく似ています。C#は、クラスを扱えるオブジェクト指向言語であり、Javaと同じようにガベージコレクションと呼ばれる自動でメモリを管理する機能を備えています。

　Visual Basicは、Visual Basic 6.0などを祖先とするプログラム言語で、もととなる文法はC#よりも古くから使われています。Excelで使われるVBA（Visual Basic Application）や、スクリプト言語であるVB Scriptがあります。初期のIISでは、サーバーで動作する言語としてVBScriptが採用されていました。

　このように、ASP.NET MVCアプリケーションを開発する上では、C#あるいはVisual Basicの習得が必須になります。本書では、ASP.NET MVCに関する情報の取得のしやすさから、本編ではVisual C# 2010でプログラミングしていきます。

　なお、付録Aに、C#のソースコードをVisual Basicに変換するコツや、C#とVisual Basicのプロジェクトを混在させるテクニックを紹介しています。

データベースクラスの利用

　最近のWebアプリケーションでは、データベースが必須になってきています。かつての掲示板やブログなどは、ファイルで保存するものが多かったものです。しかし、ショッピングサイトのような商品情報のデータが多くなり、在庫管理などでWebアプリケーションが扱うデータを瞬時に更新しなければならなくなった最近では、データベースが活用されるようになっています。

本書では、データベースとして、SQL Server 2008 Express Editionを利用します。SQL Server 2008 Express Editionは、Visual Studio 2010をインストールすると一緒に導入される開発用のデータベースです。開発用とはいえ、データベースの最大容量や利用可能なプロセッサ数などの違いを除けば、実運用で活用されるSQL Server 2008と違いはありません。

　ASP.NET MVCアプリケーションでは、データベースを扱う場合、主にデータクラスが使われます。データクラスには、データセット、ADO.NET Entity Data Modelなどがありますが、本書ではLINQ to SQLクラスを利用します。

■データクラス（新しい項目の追加）

　統合開発環境上でデータクラスを使うことで、データベースのテーブルにより密着したアプリケーションの開発が可能になります。

2 ASP.NETの概要

ASP.NET MVCアプリケーションの解説をする前に、ASP.NETとは何かを簡単に説明しましょう。

ASP.NETとは何か

ASP.NETは、IISで動作するWebアプリケーションの実行環境です。執筆時点（2010年8月）の最新バージョンは、ASP.NET 4になります。

ASP.NETは、PHPやJSPのようにWWWサーバー上で動作する実行環境です。これをサーバーサイドスクリプトといいます。

現在、Webアプリケーション開発に使われているPHPは、プログラムコードを記述したらそのままサーバーで実行されます。この方式の場合、手軽にWebアプリケーションが作れる半面、アプリケーションが動作するときのスピードに問題が出る可能性があります。

Javaで記述されるJSPや、.NET Frameworkを利用するASP.NETでは、サーバーサイドスクリプトを一度コンパイルして実行をします。このため、初回のコンパイルには多少時間がかかるものの、2回目以降の呼び出しではWebアプリケーションが非常に高速に動くという利点があります。

ASP.NETは、Windows Server上で動作するIISと密接に連携して動作するので（アプリケーションプールなど）、堅牢かつ高速なWebサイトを構築することが可能です。

.NET Frameworkとは何か

本書で扱うVisual Studio 2010は、最新の.NET Framework 4を利用しています。.NET Frameworkは、2002年に発表されたver.1.0以来、Microsoftのプログラミング環境の基盤として活用されています。

.NET Frameworkは、本書で扱うWebアプリケーションの機能だけでなく、むしろWindowsアプリケーションを作成する時のさまざまなライブラリを提供しています。実際にはWindowsアプリケーションを作成する機能のほかに、ファイルへのアクセス、ネットワークの利用、暗号化などのセキュリティライブラリなど、さまざまな機能を提供しています。

C#やVisual Basicのようなプログラム言語は、.NET対応言語とも呼ばれ、これらの.NET Frameworkの機能を活用できます。.NET対応言語は、共通言語ランタイム（Common Language Runtime）を利用しているために、相互にクラスライブラリの参照が可能であり、資産をうまく引き継ぐことができます。

たとえば、アプリケーションを作成するときのロジック部分をC#で記述しておき、クラスライブラリ化しておけば、そのライブラリをVisual Basicから利用することも簡単にできます。逆も可能なのです。

.NET Frameworkを利用することによって、豊富なクラスライブラリの機能を使え、自分達にあったプログラム言語を選択できます。

Webフォームとの違い

　Visual Studio 2008以前の環境では、Webアプリケーションを作る場合はWebフォームしか選択肢がありませんでした。Webフォームは、ASP.NETのサーバーエクスプローラコントロールを使って、あたかもWindowsアプリケーションを作成するようにWebアプリケーションを作成できる優れた方式です。

　しかし、一方で、ブラウザに表示する部分であるaspxファイルと、コードビハインド機能の役割分担が少し曖昧なところがありました。このために、多人数でWebアプリケーションを開発する際に、aspxファイルに業務ロジックが散見されたり、業務ロジック自体の単体試験が難しかったりする不都合が起こる可能性がありました。

　ASP.NET MVCアプリケーションでは、モデル（Model）、ビュー（View）、コントローラー（Controller）という3つの部品に分解することで、これらの混乱を避けることが可能です。

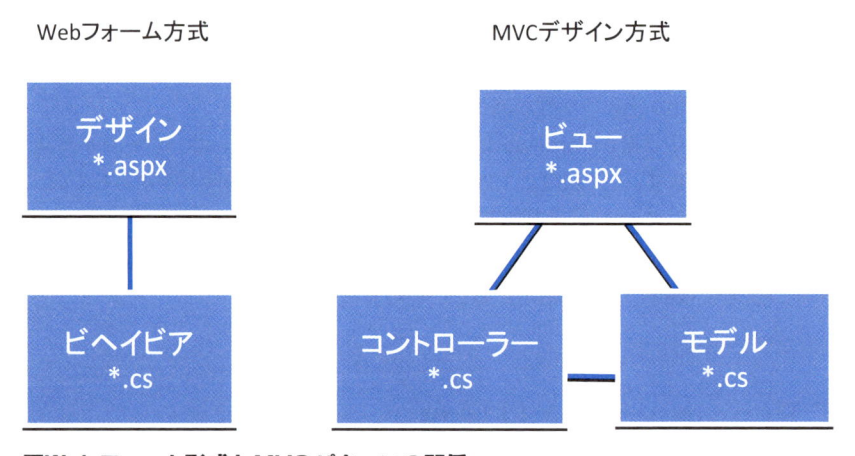

```
   Webフォーム方式              MVCデザイン方式

   ┌─────────┐              ┌─────────┐
   │ デザイン │              │  ビュー  │
   │  *.aspx │              │  *.aspx │
   └────┬────┘              └──┬───┬──┘
        │                      │   │
   ┌────┴────┐           ┌─────┴─┐ ┌┴──────┐
   │ビヘイビア│           │コントロ│ │ モデル │
   │  *.cs   │           │ーラー  │─│  *.cs  │
   │         │           │ *.cs   │ │        │
   └─────────┘           └───────┘ └────────┘
```

■Webフォーム形式とMVCパターンの関係

　ASP.NET MVCという開発手法が増えることにより、少人数でのアプリケーション開発をWebフォームで行い、規模の大きいWebサイトをASP.NET MVCアプリケーションで開発する、といった住み分けが可能です。ASP.NET MVCの特長を本書で学んで、プログラミングに活用してください。

3 ASP.NET MVC アプリケーションの特長

では、ASP.NET MVCアプリケーションの特長についてさらにみていきましょう。

■ MVCパターン（Model-View-Contoller）

MVCデザインパターンは、アプリケーションをモデル（Model）、ビュー（View）、コントローラー（Controller）と呼ばれる3つの部分に分ける方法です。

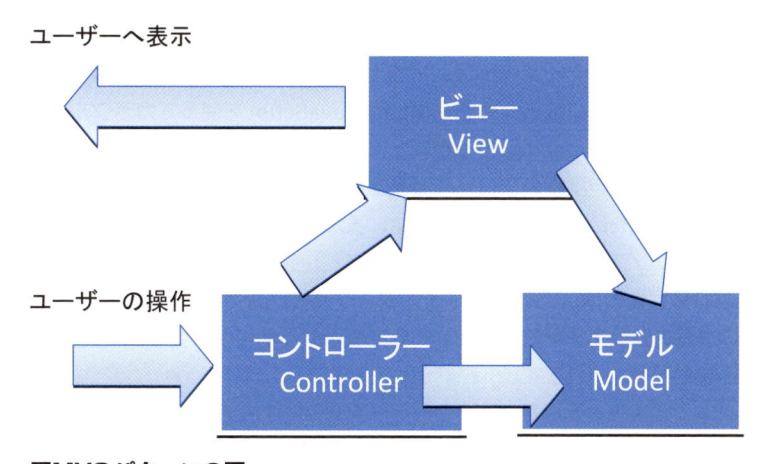

■MVCパターンの図

- ●モデル（Model）：アプリケーションが持つデータを担当する部分です。通常は、モデルのデータを操作するためのデータベースが使われます。
- ●ビュー（View）：アプリケーションのユーザーインターフェイスを担当する部分です。モデルのデータを参照して、ブラウザに文字や画像などを表示させるプレゼンテーション部分になります。
- ●コントローラー（Controller）：ユーザーが操作する入力の制御を担当する部分です。ユーザーから入力したデータをモデルに渡す機能を持ちます。ASP.NET MVCでは、ビューにモデルのデータを引き渡す作業も行います。

このようにMVCパターンでは、Webアプリケーションを作成する時の経験的なパターンが凝縮されています。これらの3つの部分をうまく分けることにより、それぞれのコンポーネントを開発者ごとに分担したり、単体試験の効率化に利用したりすることができます。

MVCパターンの利点

　MVCパターンの最大の利点は、それぞれ担当する領域を分けることにより、コンポーネントごとの機能アップや再帰試験が可能であることです。たとえば、開発当初では貧弱なビュー（プロトタイプ的なビュー）を作成しておいて、後から専門のデザイナーによるカラフルなビューを作成することが可能です。ビューはモデルが持つデータを参照するだけなので、ビジネスロジックや入出力の操作ロジックと、分離させてバージョンアップすることができます。

　逆に、ビューを固定したままで、モデルやコントローラの機能を増やすこともできます。モデルが引き渡すデータ構造に変更がなければ、データベースのテーブル構造や、ユーザーが入力するときの検証機能を後追いで実装することも可能になります。

　このように、Webアプリケーションを開発するときの工程まで含めて、MVCパターンによるWebアプリケーション開発は利点が多いのです。

　たとえば、「モデル」には主にデータベースにアクセスするためのビジネスロジックが入ります。逆に「ビュー」は、ユーザーへの見せ方になるため、HTML5やJavaScriptを使ってカラフルなビューを作ったり、業務用のシンプルなビューを作ったりすることができます。ビジネスロジックは、業務フローを実現するところです。たとえば、モデルで申請書のフローを実装するように作成しておくと、このビジネスロジックの部分だけを取り出してテストをことが可能です。また、実際にユーザーに使われるような高機能なビューではなく、テストのためのシンプルなビュー（HTMLのみなど）を使って試験をできる利点があります。

　ユーザーの目に触れるビューは、さまざまなインターフェイスが考えられます。たとえば、申請書のフローで未チェックの一覧を表示する場合、単純な一覧を表示する他にも、並び順を変えたり特定の申請者の行を色変えすることなどが考えられます。

　このように、モデル、ビュー、そしてコントローラーを分けておくと、それぞれを独自に進化させることが可能です。これらを混在させてしまうと、ちょっとしたデザインを変更するだけで全体のソースに手を入れることになり、修正の工数が掛かってしまいます。これがMVCパターンを利用する大きな利点になります。

統合開発環境の使い方

第 2 章

1 Visual Studio 2010 の起動
2 新しいプロジェクトの作成
3 既存のプロジェクトを開く
4 ヘルプの表示
5 ビルドと実行

ASP.NET MVCのプログラミングでは、プログラムを効率的に開発できるように準備された「統合開発環境」を利用します。この章では、統合開発環境であるVisual Studio 2010を実際に起動し、使用方法を確認します。

1 Visual Studio 2010の起動

これからASP.NET MVCアプリケーションを作成するのに使用するツールが、Microsoft Visual Studio 2010（以降、「Visual Studio 2010」と表記）という統合開発環境です。まずは、統合開発環境の使い方を簡単に説明していきましょう。

統合開発環境の起動

［スタート］メニューからVisual Studio 2010を起動してみましょう。

❶ ［スタート］ボタンをクリックして、［すべてのプログラム］－［Microsoft Visual Studio 2010］－［Microsoft Visual Studio2010］をクリックする。

❷ 初めて統合開発環境を起動した場合は、［既定の環境設定の選択］ダイアログボックスが表示される。この場合は、［既定の環境設定を選択してください］ボックスの一覧から、［Visual C# 開発環境］など好みの環境を選択し、［VisualStudioの開始］をクリックする。

❸ 統合開発環境を起動し、スタートページが表示されることを確認する。

注意
本書で使用する統合開発環境のバージョン

本書では、Visual Studio 2010またはVisual Web Developer 2010 Expressを前提として執筆しています。これより前のバージョンでは、本書の実習を行うことができません。

ヒント
Express Editionの場合

Visual Web Developer 2010 Express（以降、「Express Edition」と表記）の場合、手順❶は［すべてのプログラム］－［Visual Web Developer Express］－［Microsoft Visual Web Developer 2010 Express］となります。

既定の開発環境を変更するには

既存の言語を選択した場合は［ツール］メニューの［設定のインポートとエクスポート］をクリックして、［すべての設定をリセット］を選択します。その後に言語に合わせた環境設定が選択できます。

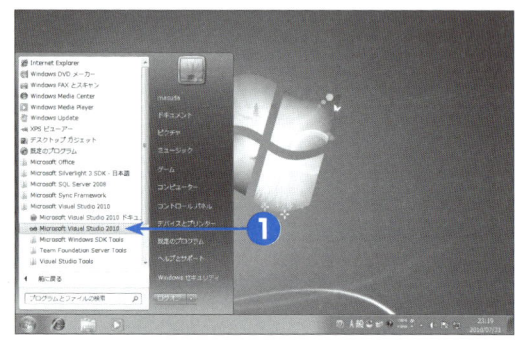

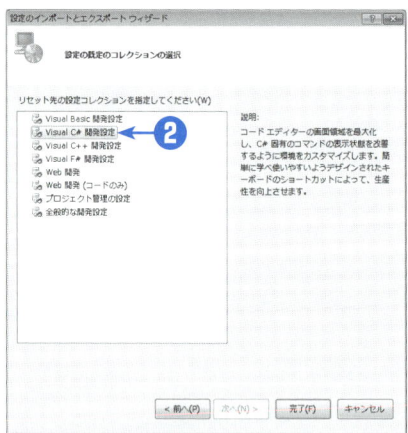

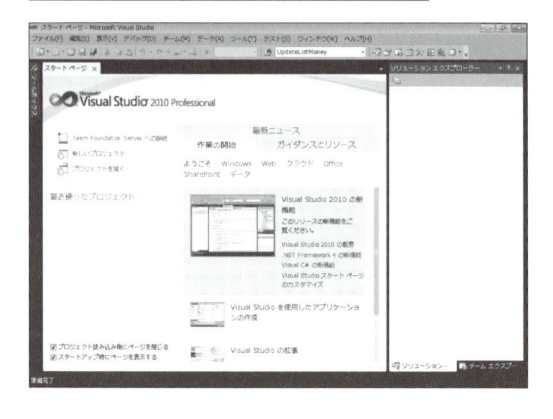

ウィンドウレイアウトの変更

　統合開発環境では、各ウィンドウをドラッグして自由にレイアウトできます。たとえば、右上にある［ソリューションエクスプローラー］をフローティングウィンドウ（統合開発環境のどの端にも接していないウィンドウ）にしてみましょう。そして、再び［ソリューションエクスプローラー］のウィンドウを元の位置に戻します。

❶　［ソリューションエクスプローラー］のタイトルバーをドラッグする。

▶ ［ソリューションエクスプローラー］のドラッグと同時に、ドッキングできる場所を指定するガイドが表示される。

❷　［ソリューションエクスプローラー］をディスプレイの中央までドラッグして移動する。位置を決めたらマウスの左ボタンを話す。

❸　［ソリューションエクスプローラー］の位置が変更されたことを確認する。

❹　再び、［ソリューションエクスプローラー］のタイトルバーをドラッグし、中央に表示されているガイドの左向きのアイコンにマウスポインタを合わせる。

▶ 統合開発環境の左上の部分が水色に変わり、ドッキング先の場所が示される。

❺　位置を決めたらマウスの左ボタンを離す。

▶ ［ソリューションエクスプローラー］の位置が元のように右端に接する。

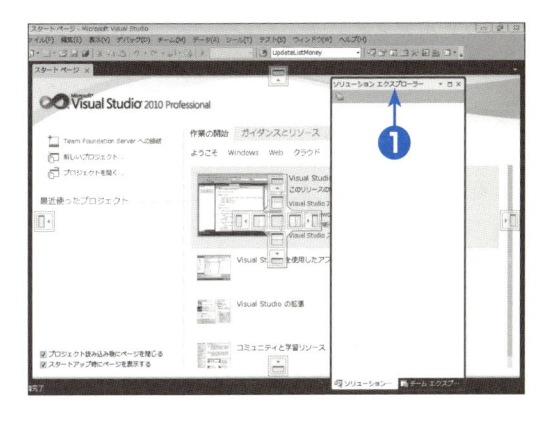

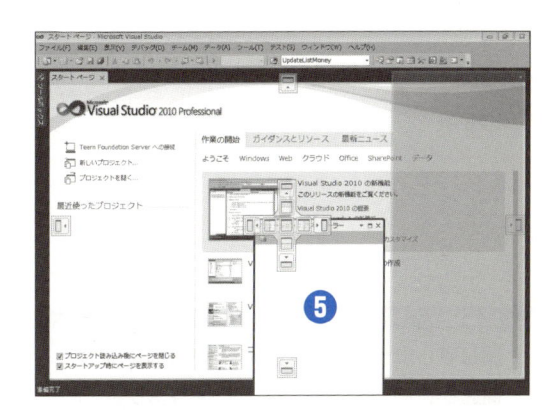

ヒント

ウィンドウレイアウトを既定の設定に戻すには

ウィンドウの配置を既定の設定に戻すには［ウィンドウ］メニューの［ウィンドウレイアウトのリセット］を選択します。［環境の設定のウィンドウレイアウトを復元しますか？］というメッセージが表示され、［はい］をクリックして元の状態に戻せます。

ウィンドウの自動非表示

　統合開発環境には複数のウィンドウが配置されています。ディスプレイの限られたスペースを効率よく使用できるように、各ウィンドウには自動非表示機能があります。タイトルバーの［自動的に隠す］ボタンをピンを刺した状態の場合は常に表示され、ピンを外した状態の場合は自動的にウィンドウが隠れた状態になります。この設定は［自動的に隠す］ボタンをクリックして切り替えることができます。ここでは、［自動的に隠す］ボタンをクリックして、ツールボックスのウィンドウが右端に最小化された状態から作業してみましょう。

❶ 統合開発環境の右端にツールボックスが最小化されていることを確認する。

❷ ツールボックスのタブをポイントする。

❸ ツールボックスのウィンドウが自動的に表示されることを確認する。

❹ ツールボックスのタイトルバーにある［自動的に隠す］ボタンをクリックする。

❺ ツールボックスの表示が固定されたことを確認する。

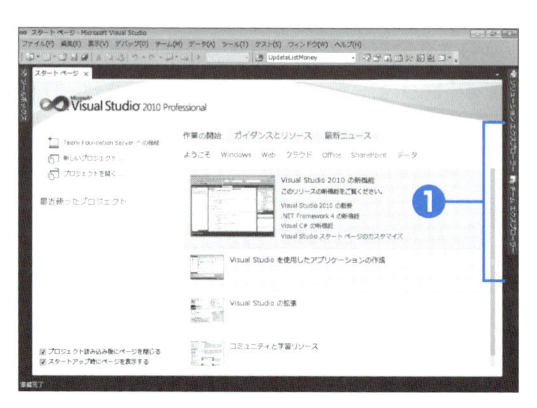

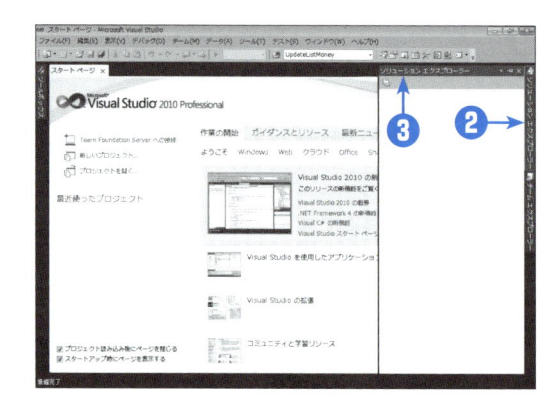

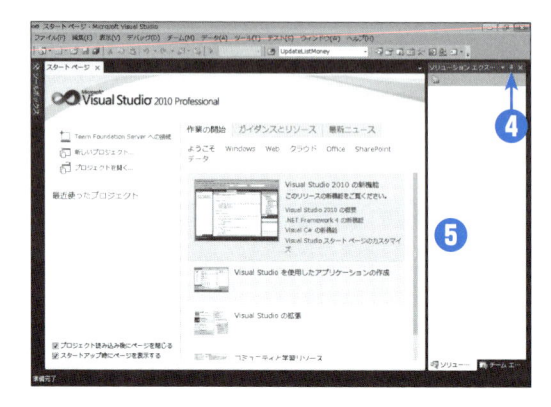

ヒント
閉じてしまったウィンドウを再表示するには

間違って閉じてしまったウィンドウを再び表示させるためには、［表示］メニューの［＜表示したいウィンドウ名＞］または［その他のウィンドウ］－［表示したいウィンドウ名］をクリックします。すると、指定したウィンドウが再表示されます。

統合開発環境の終了

統合開発環境を終了するには、［ファイル］メニューの［終了］を選択するか、閉じるボタンをクリックします。

❶ ［ファイル］メニューの［終了］を選択する。

❷ 統合開発環境が終了したことを確認する。

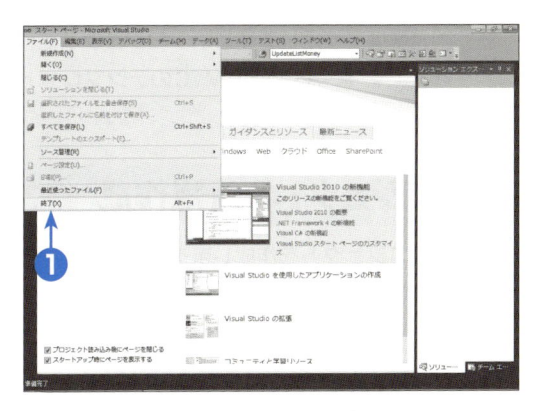

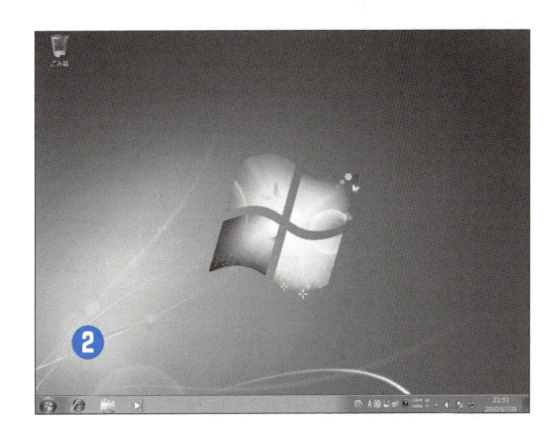

ヒント
ファイルを編集している途中で統合開発環境を終了した場合には

プロジェクトを編集している最中に統合開発環境を終了しようとした場合は、ファイルの保存を確認するメッセージが表示されます。ファイルを保存して終了するときは［はい］ボタンをクリックして統合開発環境を終了します。

ヒント
スタートページ

スタートページには次の情報が表示されます。

- ［作業の開始］
 新規プロジェクトの作成や、既存のプロジェクトのリストが表示されます。［最近使ったプロジェクト］の一覧から既存のプロジェクトを開けます。

- ガイダンスとリソース
 ［開発プロセス］、［MSDNリソース］、［追加ツール］のタブが表示されます。解説をしたWebサイトに簡単につなげることができます。

- 最新ニュース
 RSSフィードを利用して、Microsoft社の最新情報を受け取ることができます。.NET Frameworkのアップデート情報やその他の技術情報を受け取れます。

2 新しいプロジェクトの作成

統合開発環境を使用して新しいプロジェクトを作成します。本格的なプロジェクトの作成は次の章から始めますが、まずは、ASP.NET MVCのテンプレートが提供するアプリケーションを利用して、必要な操作を確認しましょう。

プロジェクトの新規作成

新しいプロジェクトを作成します。通常は、1つのソリューションに1つのプロジェクトが含まれますが、ASP.NET MVCのアプリケーションでは、単体試験用のプロジェクトを含めることが簡単にできます。

❶ 統合開発環境を起動する。

❷ スタートページの［新しいプロジェクト］をクリックする。
  ▶［新しいプロジェクト］ダイアログボックスが表示される。

❸［新しいプロジェクト］ダイアログボックスで、プロジェクトの種類の［Visual C#］－［Web］をクリックする。

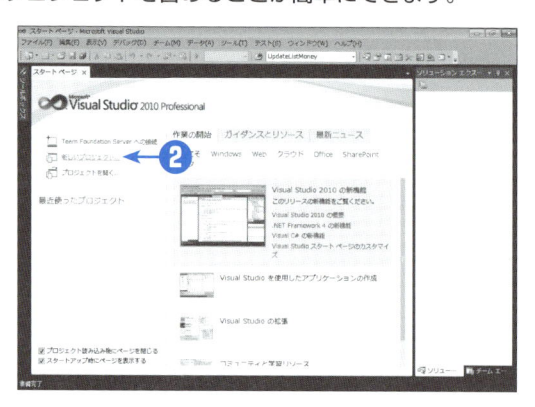

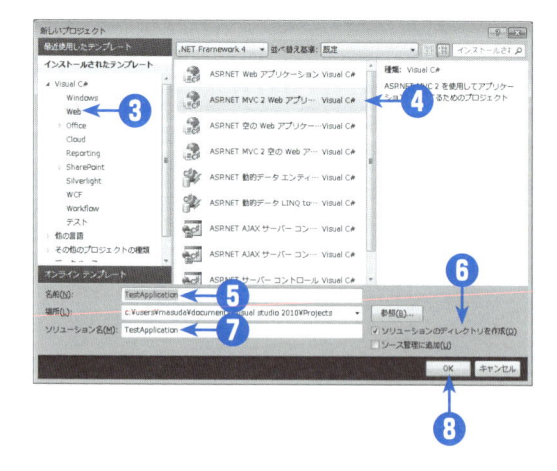

❹ 中央のリストから［ASP.NET MVC 2 Webアプリケーション］をクリックする。

❺［名前］ボックスに **TestApplication** と入力する。これがプロジェクト名になる。

❻［ソリューションのディレクトリを作成］チェックボックスがオンになっていることを確認する。

❼［ソリューション名］ボックスに［名前］と同じ内容が表示されていることを確認する。

❽［OK］をクリックする。
  ▶［単体テストプロジェクトの作成］ダイアログボックスが表示される。

❾ [単体プロジェクトを作成する] オプションを選択したまま、[OK] ボタンをクリックする。

▶ TestApplication プロジェクトが作成される。

> **ヒント**
>
> **[新しいプロジェクト] ダイアログボックスを表示するその他の方法**
>
> [ファイル] メニューの [新規作成]－[プロジェクト] をクリックしても、[新しいプロジェクト] ダイアログボックスを表示できます。
>
> **プロジェクト名とソリューション名**
>
> [新しいプロジェクト] ダイアログボックスでプロジェクトを作成すると、既定ではソリューション名とプロジェクト名が同一になります。ここでは、[TestApplication] というソリューションの中に [TestApplication] と [TestApplication.Tests] という2つのプロジェクトが作成されます。

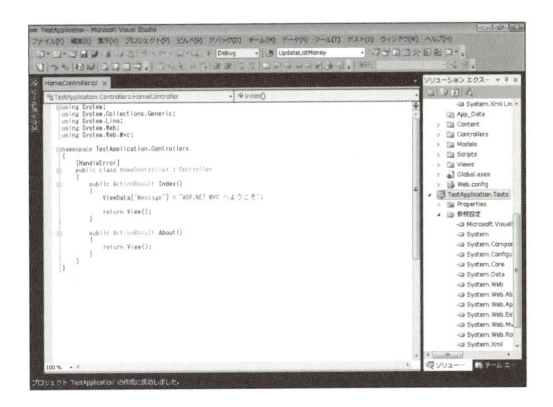

ソリューションエクスプローラー

　プログラムには、コードエディタで作成したソースコードやフォームデザイナーで設計したユーザーインターフェイスの定義、リソースで使用する画像ファイルなどが含まれます。統合開発環境では、これらをひとまとめにして「プロジェクト」として扱います。さらに、複数のプロジェクトをまとめたものが、「ソリューション」になります。

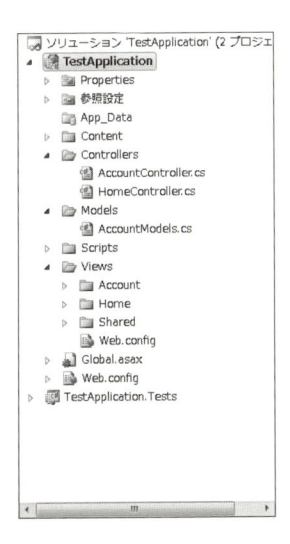

統合開発環境のソリューションエクスプローラーでは、1つのソリューションとそこに含まれる複数のプロジェクトの構成を表示します。Visual C#で作成したASP.NET MVCアプリケーションの場合、プロジェクトには次のようなファイルが含まれます。

表 ASP.NET MVCの主なプロジェクト構成

フォルダー名	ファイル内容
Content	Site.cssなどのスタイルシートのファイルなど
Controllers	拡張子が「*.cs」のコントローラのソースファイル
Models	拡張子が「*.cs」のモデルのソースファイル
Scripts	拡張子が「*.js」のスクリプトファイル
Views	拡張子が「*.aspx」などのビューのソースファイル
その他	web.configなどの設定ファイル

　それぞれのファイルやフォルダーを右クリックすると、新しいファイルの追加や、ファイル名の変更、ファイルの削除などが行えます。また、プロジェクトを右クリックし、[プロパティ]をクリックすると、そのプロジェクトのプロパティが表示されます。本書では扱いませんが、プロジェクトのプロパティによって、コンパイルスイッチやビルド先のフィルタなど、プロジェクトに関する細かな設定を行えます。

プロジェクトの作成場所

　プロジェクトを新規作成すると、既定ではユーザーのドキュメント配下にある[Visual Studio 2010]-[Projects]フォルダーに、[<ソリューション名>]が作成され、さらにその中に[<プロジェクト名>]フォルダーが作成されます。なお、ソリューションやプロジェクトの情報は、それぞれのフォルダーの中のソリューションファイル（拡張子が「.sln」のファイル、あるいはプロジェクトファイル（拡張子が「.csproj」）として保存されています。実際にエクスプローラーを使って確認してみましょう。

❶ エクスプローラーなどでドキュメントを表示し、[Visual Studio 2010]-[Projects]フォルダーを開く。

❷ ソリューションの[TestApplication]フォルダーが作成されていることを確認する。

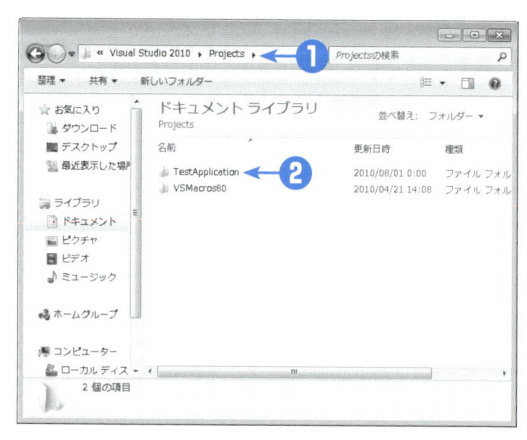

第2章　統合開発環境の使い方

③ ソリューションの［TestApplication］フォルダーを開く。

④ プロジェクトの［TestApplication］フォルダーが作成されていることを確認する。

⑤ TestApplication.slnファイルが存在することを確認する。

⑥ プロジェクトの［TestApplication］フォルダーを開く。

⑦ TestApplication.csprojファイルが存在することを確認する。

ヒント

拡張子を表示するには

Windowsの既定の設定では、エクスプローラーに拡張子（.slnや.csprojなど）は表示されません。エクスプローラーで拡張子を表示するには、エクスプローラーで［整理］メニューの［フォルダーと検索のオプション］をクリックし、表示される［フォルダーオプション］ダイアログボックスの［表示］タブをクリックして、［登録されている拡張子は表示しない］チェックボックスをオフにして、［OK］をクリックします。

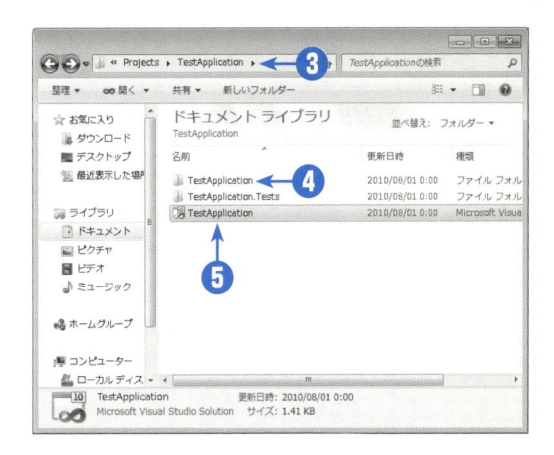

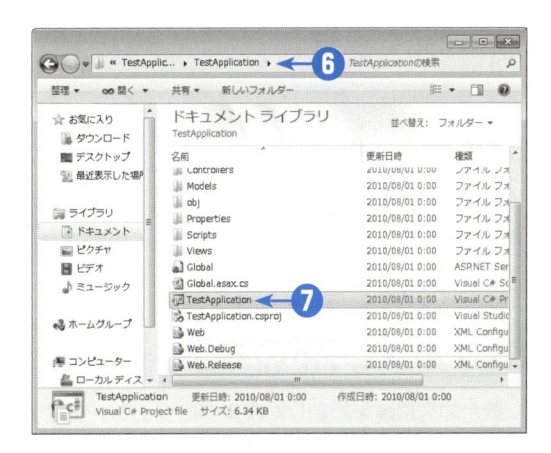

ヒント

Visual Web Developer 2010 Expressの場合

最初のプロジェクトで作成されるファイルは、Visual Web Developer 2010 Expressの場合大きく異なります。本書を利用する場合は、サンプルをダウンロードして既存ソリューションを変更しながら学習してください。

プロジェクトの保存

　プログラミングの途中あるいは終了時には、プロジェクトを保存します。ここでは、TestApplicationプロジェクトを保存してみましょう。

❶
[標準]ツールバーの[すべてを保存]ボタンをクリックする。

▶ ソリューション内のすべてのファイルが保存される。

ヒント

その他の保存方法

[ファイル]メニューの[すべてを保存]をクリックします。

プロジェクトの自動保存

プロジェクトのビルドを行うと、編集したファイルは自動的に保存されます。

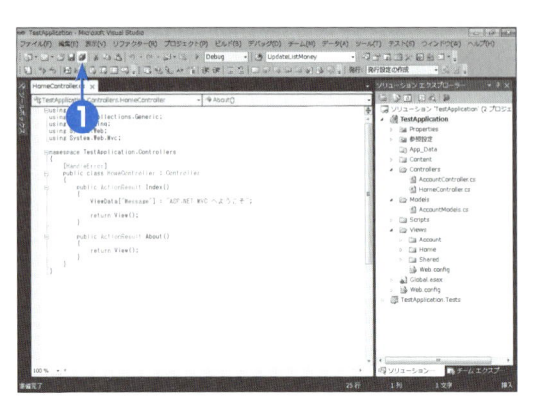

プロジェクトの終了

　統合開発環境を起動したままプロジェクトを終了したい場合は、[ファイル]メニューの[ソリューションを閉じる]をクリックします。なお、統合開発環境を終了すると、プロジェクトも同時に終了します。

❶
[ファイル]メニューの[ソリューションを閉じる]をクリックする。

▶ ソリューションと、そこに含まれるプロジェクトが終了する。

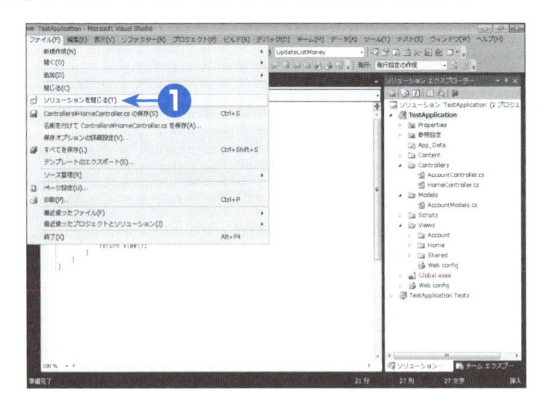

3 既存のプロジェクトを開く

　作成済みのプロジェクトを統合開発環境で開き、プログラムを実行してみましょう。ここでは、プロジェクトを開く方法と、各種ウィンドウの表示方法を確認します。

プロジェクトを開く

　既存のプロジェクトを開いてみましょう。本書のサンプルプロジェクトを使用して、起動している統合開発環境から開きます。

> **参考ファイル**
> ￥第02章￥02-03￥MvcShopping￥MvcShopping.sln

❶ ［ファイル］メニューの［開く］-［プロジェクト/ソリューション］をクリックする。

➡ ［プロジェクトを開く］ダイアログボックスが表示される。

❷ ハードディスクにコピーした［MVC2］-［第02章］-［02-03］-［MvcShopping］フォルダーを開く。

➡ ソリューションファイルが表示されている。

❸ MvcShopping.sln ファイルをクリックする。

❹ ［開く］をクリックする。

❺ 統合開発環境に既存のプロジェクトが表示される。

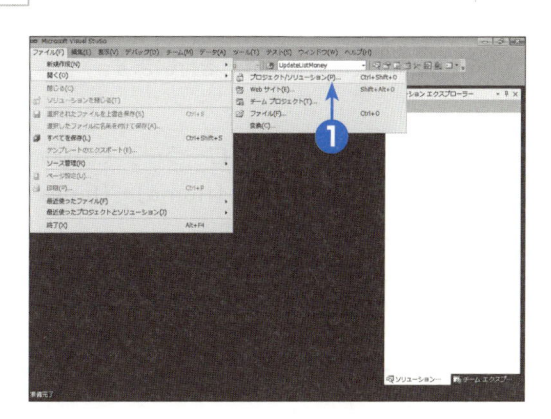

> **ヒント　その他の既存のプロジェクトの表示方法**
>
> スタートページの［プロジェクトを開く］をクリックして［プロジェクトを開く］ダイアログボックスを表示します。また、エクスプローラーから統合開発環境にソリューションファイルのアイコンをドラッグアンドドロップしても開くことができます。なお、エクスプローラーでソリューションファイルのアイコンをダブルクリックすると、統合開発環境の起動とプロジェクトの表示を同時に行うことができます。

> **注意**
>
> **統合開発環境の画面表示**
>
> 統合開発環境のエディションの種類やこれまでの使用状況、コンピューターの設定、ディスプレイの解像度などによって、表示される画面が本書と異なる場合もあります。

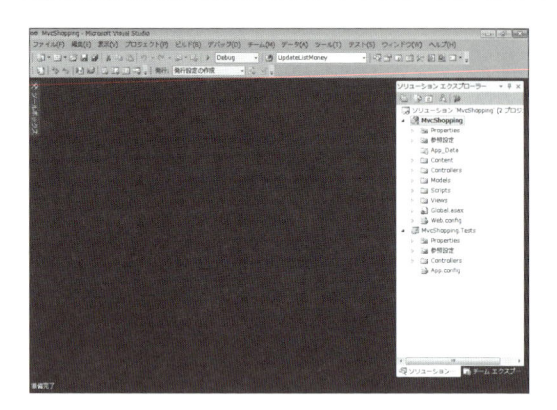

デザイナーの表示

デザイナーでは、画面のレイアウトを視覚的に確認しながら編集することができます。リンクボタンやリストの位置や大きさの調整などを行います。

❶ ［ソリューションエクスプローラー］で［MvcShopping］-［Views］-［Home］-［Index.aspx］をダブルクリックする。

❷ ［デザイナーの表示］ボタンをクリックする。

❸ デザイナーにIndex.aspxのデザインが表示される。

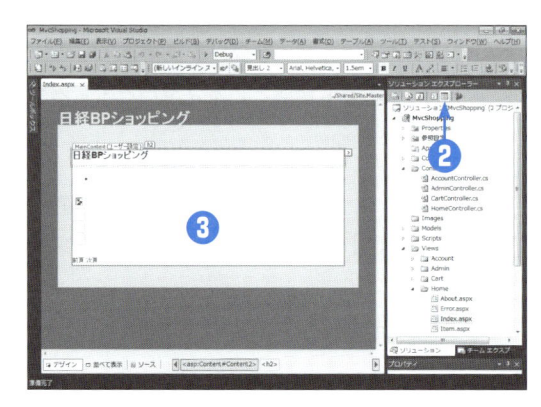

ソースの表示

統合開発環境ではデザイナーを使って、画面に表示するイメージのままで作成をすることもできますが、HTMLタグなどを直接書きながら画面を作成することも可能です。

❶ ［ソリューションエクスプローラー］で［MvcShopping］-［Views］-［Home］-［Index.aspx］をダブルクリックする。

❷ ［コードの表示］ボタンをクリックする。

❸ Index.aspxのソースコードが表示される。

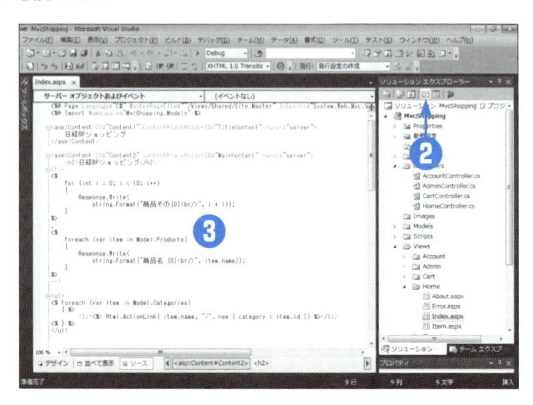

プロパティウィンドウの表示

「プロパティ」とは、ボタンやラベルなどの属性のことです。たとえばボタンの大きさ、表示する文字列、画像などがあります。プロパティの表示や編集には「プロパティウィンドウ」を使用します。プロパティウィンドウの内容を確認しておきましょう。

❶ ［ソリューションエクスプローラー］で［MvcShopping］-［Views］-［Account］-［LogOn.aspx］をダブルクリックする。

❷ ［デザイナーの表示］ボタンをクリックする。

❸ デザインで［ログオン］ボタンを右クリックする。

❹ メニューから［プロパティ］をクリックする

❺ プロパティウィンドウに「<INPUT>」が表示されることを確認する。

❻ プロパティウィンドウを確認したら、閉じるボタンをクリックしてウィンドウを閉じる。

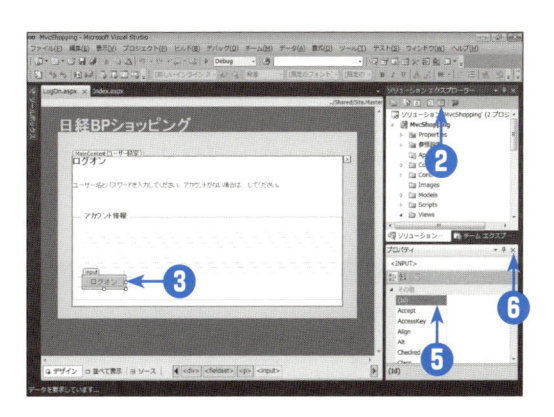

プロパティウィンドウにはプロパティが項目別に表示されていますが、［アルファベット順］ボタンをクリックすると、アルファベット順に変更できます。

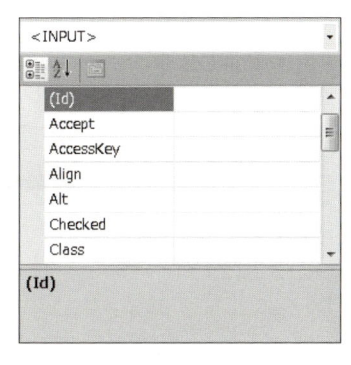

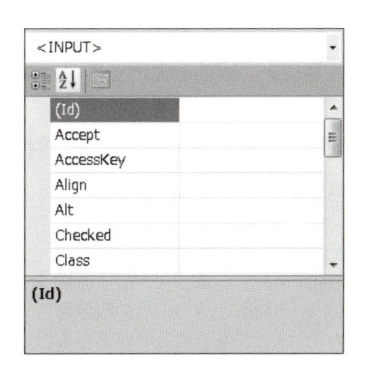

■項目別の表示　　　　　■アルファベット別の表示

コードエディターの表示

今度はコードエディターを表示してみましょう。コードエディターでは、ボタンをクリックしたときの動作や、さまざまな処理を行う関数など、プログラムのコードを記述します。

❶ ［ソリューションエクスプローラー］で［MvcShopping］－［Controllers］－［HomeController.cs］をダブルクリックする。

❷ コードエディターにHomeController.csファイルのコードが表示される。

ヒント

コードの入力は半角で

Visual C#のコードは、基本的には半角の英数字と記号を使用して記述します。コードを記述するときは、[半角/全角]キーを押して、全角の文字を使用しない状態にしましょう。なお、例外として、コメントと文字列には全角文字を使用することができます。

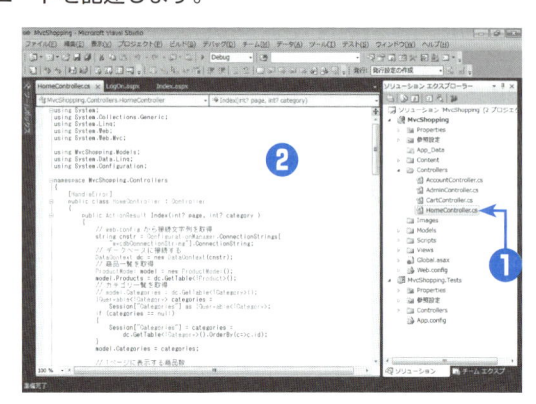

IntelliSenseの使用

統合開発環境には、「IntelliSense（インテリセンス）」と呼ばれる入力支援機能があります。たとえば、コードエディターで単語に続けて「.」を入力すると、自動的にそこで入力できる候補が表示されます。クラスや変数だけでなく、HTMLタグの属性も表示されるので、入力ミスを減らすことができ、開発効率が上がります。

指定した場所で任意に入力候補を表示する場合は、[Ctrl]＋[space]を押します。

ヒント

IntelliSenseによるその他の入力支援機能

統合開発環境ではその他の支援機能として、IntelliSenseでアイテムを表示したときにポップアップヒントでコードに記述されているコメントを表示する「コードコメント」の機能、メソッドの引数を表示する「パラメーターヒント」の機能があります。これらの表示を制御する場合は、［ツール］メニューの［オプション］をクリックして表示される［オプション］ダイアログボックスを使います。［すべての設定を表示］チェックボックスをクリックした後で、［テキストエディター］－［C#］－［全般］をクリックして設定します。

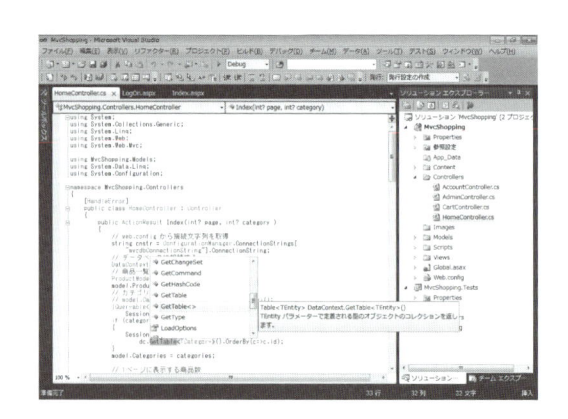

4 ヘルプの表示

統合開発環境のオンラインヘルプを使用すると、クラスライブラリの内容やメソッドなどの文法から、統合開発環境の使い方まで、さまざまな疑問を解決できるようになります。

ヘルプの検索

ヘルプの検索機能を使用して「Stringクラス」を調べてみましょう。

❶ [ヘルプ]メニューの[ヘルプの表示]をクリックする。
  ▶ Internet Explorerが起動してMSDNライブラリの検索ページが表示される。

❷ 検索ボックスに **String クラス** と入力して[Enter]を押す(Stringとクラスの間は半角スペース)。

❸ 検索結果の一覧から[Stringクラス]をクリックする。
  ▶ Stringクラスのヘルプが表示される。

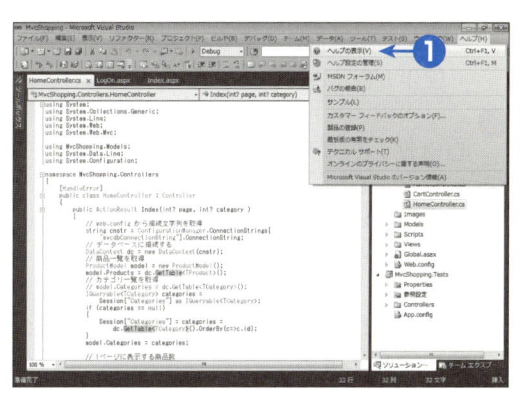

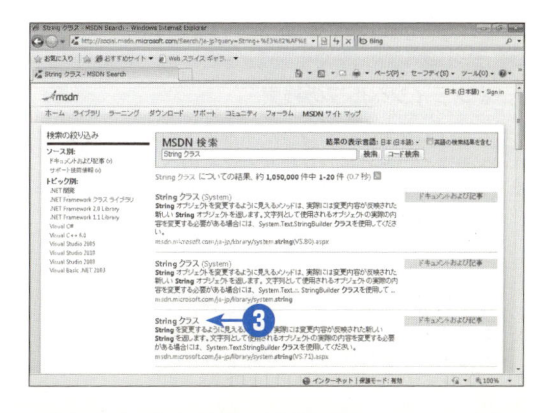

ヒント
オンラインヘルプの設定

オンラインヘルプを初めて起動した場合は、[オンラインヘルプに関する同意]ダイアログボックスが表示されますので、[はい]をクリックします。

F1ヘルプ

デザイナーやコードを表示した状態で[F1]を押すと、選択中のコントロールやカーソルのあるコードに関するヘルプが表示されます。ここではINPUTタグのボタンの情報を調べてみましょう。

❶ 統合開発環境で、デザイナーにLogOn.aspxを表示する。

❷ フォームに配置された［ログオン］ボタンをクリックする。
　▶ ボタンが選択され、サイズ変更ハンドル（□）が表示される。

❸ [F1]を押す。

❹ Internet Explorerが起動して、「HTML Input コントロール」のヘルプが表示される。

❺ 内容を確認後、Internet Exploreの閉じるボタンをクリックする。
　▶ Internet Explorerが閉じる。

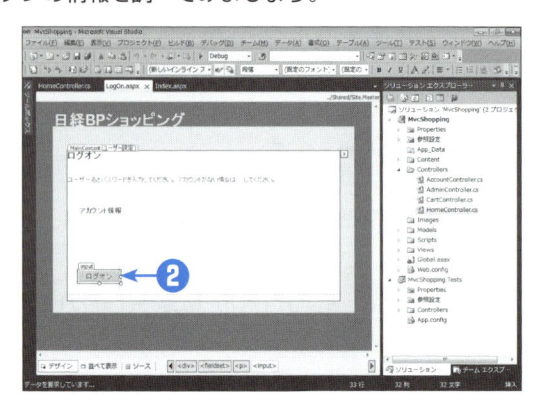

ヒント

オンラインヘルプの検索

ヘルプの検索は、インターネット上のオンラインヘルプやローカルコンピューターのヘルプコンテンツを対象として行われます。ヘルプコンテンツの検索先は、［ヘルプ］メニューの［ヘルプ設定の管理］をクリックし、表示されるヘルプライブラリマネージャーの［オンラインまたはローカルヘルプの選択］をクリックすると設定できます。インターネットの通信回線速度が遅い場合には、ローカルヘルプを選択しておくとよいでしょう。

5 ビルドと実行

　プログラムのデザインやコードなどから、実際のプログラム（IIS上で動作させるための実行ファイル、通常は拡張子が「.dll」のファイル）を作成する作業を「ビルド」と呼びます。ここでは統合開発環境でプロジェクトをビルドし、作成したプログラムを実行する方法を説明します。

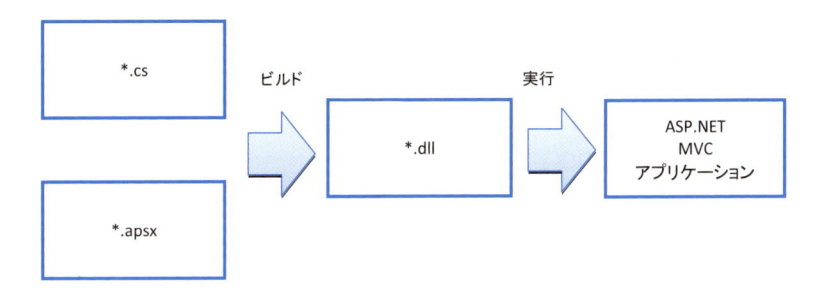

```
*.cs  ─┐
       ├─ ビルド ─→  *.dll  ─ 実行 ─→  ASP.NET MVC アプリケーション
*.apsx ─┘
```

プロジェクトのビルド

　統合開発環境では、［ビルド］メニューの［＜プロジェクト名＞のビルド］をクリックして実行ファイルを作成します。サンプルプロジェクトを使用して、実際にビルドを実行してみましょう。

❶ MvcShoppingプロジェクトが開いていることを確認する。

❷ ［ビルド］メニューの［MvcShopping のビルド］をクリックする。
　▶ ビルドが開始される。

❸ 正常にビルドが終了し、プログラムが作成される。

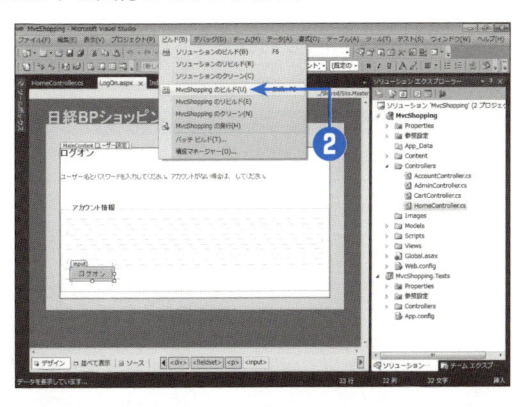

ヒント
出力ウィンドウ

ビルドを行うと、出力ウィンドウにはビルドの開始メッセージやビルドの経過が表示されます。ビルドが正常に完了すると、ビルドが正常終了したというメッセージが表示されます。コードやプロジェクト内のどこかに問題があると、エラーメッセージが表示されます。

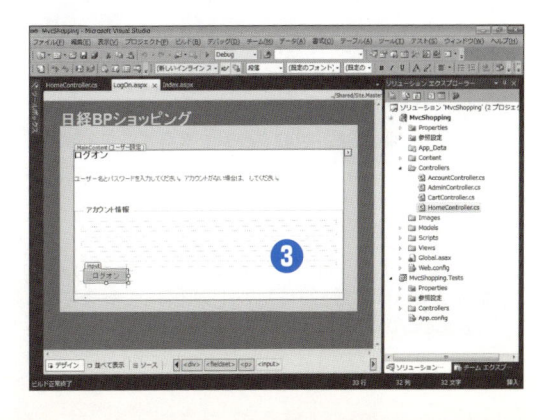

プログラムの実行

［デバッグ］メニューの［デバッグ開始］をクリックすると、統合開発環境上でInternet Explorerを起動してアプリケーションを実行することができます。起動したIntenet Explorerの閉じるボタンをクリックすると、アプリケーションが終了して再び統合開発環境に戻ります。このように、統合開発環境を使うと、アプリケーションを作成する作業と、実行して動作を確認する作業との間を、自由に行き来できます。

❶ ［デバッグ］メニューの［デバッグ開始］をクリックする。

❷ Intenet Explorerが実行される。
- 統合開発環境は、デバッグ用のウィンドウレイアウトになる。

❸ 起動中のIntenet Explorerの閉じるボタンをクリックする。
- アプリケーションが終了し、統合開発環境は元のウィンドウレイアウトに戻る。

❹ ［ファイル］メニューの［ソリューションを閉じる］をクリックする。
- MvcShoppingプロジェクトが終了する。

ヒント

デバッグ

できあがったプログラムが正しく動いているかどうかを調べ、誤った部分を修正する作業を「デバッグ」といいます。「デバッグモード」のビルドは、統合開発環境でデバッグの作業用の実行ファイルを作成することです。統合開発環境を使用して、実行しているプログラムの内部を確認できます。逆に、実際の運用で使用するための実行ファイルは、「リリースモード」でビルドします。

Intenet Explorerを実行するその他の方法

統合開発環境で［標準］ツールバーの［デバッグ開始］ボタンをクリックするか、またはキーボードのF5を押しても、プログラムを実行することができます。

プロジェクトの内容が変更されている場合

前回のビルドから内容が変更されている場合、既定の設定では自動的にビルドが行われた後にIntenet Explorerが起動します。

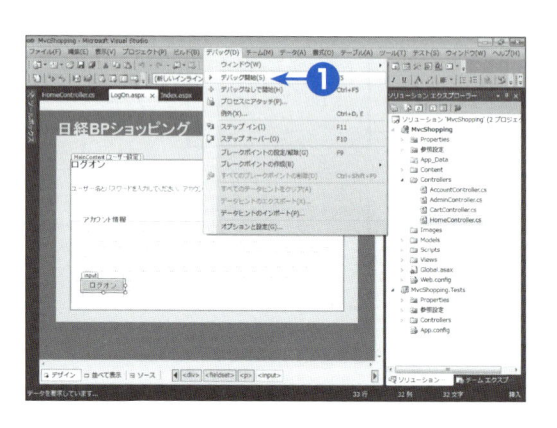

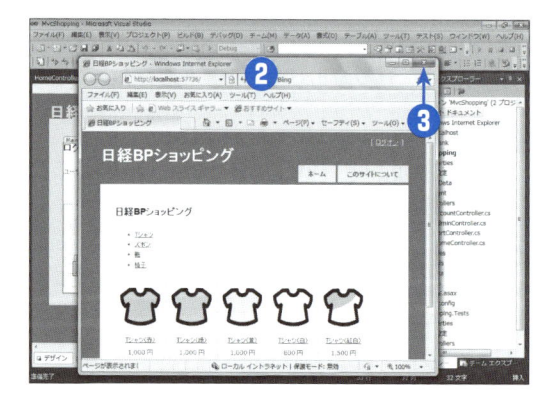

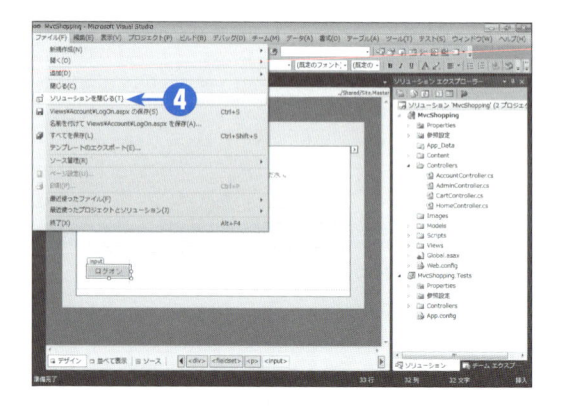

実行ファイルの作成場所

実行ファイル（拡張子が「.dll」のファイル）が、どのフォルダーに作成されたのかを確認しましょう。

❶ エクスプローラーで、現在表示しているソリューションのフォルダーを開く。

　●ここではこの章の3で使用した［MVC2］－［第02章］－［02-03］－［MvcShopping］フォルダーを開く。

❷ ［bin］フォルダーを開く。

❸ 実行ファイル（MvcShopping.dll）が作成されている。

❹ 閉じるボタンをクリックしてエクスプローラーを閉じる。

ヒント
ビルドとリビルド

統合開発環境で実行ファイルを作成する場合、「ビルド」の他に「リビルド」という方法があります。

□ビルド
実行ファイルをすばやく作成するために、変更されたソースファイルのみを対象にしてビルドを行います。変更されていないファイルは前回のビルドで作成されたオブジェクトファイルを使用します。

□リビルド
リビルドは、中間的に作成されたオブジェクトファイルなどをいったん削除し、すべてのファイルを対象にして最初の状態からビルドを行います。コードやプロパティの変更などがプログラムに反映されないときなどは、リビルドを行ってください。リビルドを行うには、［ビルド］メニューの［＜プロジェクト名＞のリビルド］をクリックします。

ヒント
Webアプリケーションをリリースするとき

できあがったWebアプリケーション（ASP.NET MVCアプリケーション）をサイトにリリースする時は、拡張子が「.aspx」のファイルと、［bin］フォルダーに含まれる拡張子が「.dll」のファイルをコピーします。
.aspxのファイルは、ビューを表示するためのファイルになります。ASP.NET MVCアプリケーションの場合は、［Views］フォルダーに含まれるのでそのままコピーするとよいでしょう。
コントローラーやモデルを記述したC#のソースコード（拡張子が「.cs」のファイル）は、［bin］フォルダーにビルドされるためにコピーする必要はありません。コントローラーのソースは［Controllers］フォルダーに、モデルのソースは［Models］フォルダーに作成します。
C#のソースファイルはあらかじめビルドされ、拡張子が「.dll」となったアセンブリとしてWebサーバー（IIS）で利用されます。これらのファイルは事前にビルドされるため、アプリケーションは高速に動作します。

フォルダーの構成

　ASP.NET MVCでは、どのようなフォルダー構成で数多くのファイルを管理しているのかを説明しましょう。

　Visual Studio 2010やVisual Web Developer 2010 Expressでプロジェクトを新規作成する際、[新しいプロジェクト] ダイアログボックスを使用します。このとき、[ソリューションのディレクトリを作成] チェックボックスをオンにしてプロジェクトを作成すると、ソリューションのフォルダーが作成されます。既定では、ソリューションとプロジェクトは同じ名前です。たとえば、MvcShoppingプロジェクトでは、次の図のようなフォルダー構成になります。

MvcShopping	ソリューションのフォルダー
MvcShopping.sln	ソリューションファイル
MvcShopping	プロジェクトのフォルダー
MvcShopping.csproj	プロジェクトファイル
App_Data	データフォルダー（ログイン用のデータベースなど）
bin	出力ディレクトリ
Content	カスケードスタイルシートなど
Controllers	コントローラーのソースファイル（*.cs）
Models	モデルのソースファイル（*.cs）
Scripts	スクリプトファイル
Views	ビューのソースファイル（*.aspx）

　エクスプローラーから直接統合開発環境を開く場合には、[MvcShopping] フォルダーにあるソリューションファイル（MvcShopping.sln）をダブルクリックします。

ASP.NET MVC アプリケーションの作成手順

第 **3** 章

1. Hello プロジェクトの作成
2. Hello ASP.NET MVC World.
3. メッセージを変更する
4. 新しいViewを追加する

この章では、Visual Studio 2010を使用して簡単なASP.NET MVCアプリケーションを作成します。新しくプロジェクトを作成し、メッセージボックスや現在の日時を表示するアプリケーションを完成させるまでの一連の流れを解説します。この流れで、ASP.NET MVCアプリケーションを作成する基本的な手順をしっかり身に付けてください。

この章で学習する内容と身に付くテクニック

この章では、ASP.NET MVCアプリケーションの作成方法をひととおり学習します。主な学習内容は次のとおりです。

- 統合開発環境を使って、ASP.NET MVCアプリケーションのプロジェクトを作成する。
- デザイナーの使い方を覚える。
- メッセージを表示する
- Viewを追加する。

STEP 1 統合開発環境を使用して、初めてのASP.NET MVCアプリケーションを作成します。Helloプロジェクトを作成し、ページに「ASP.NET MVCへようこそ」と表示します。

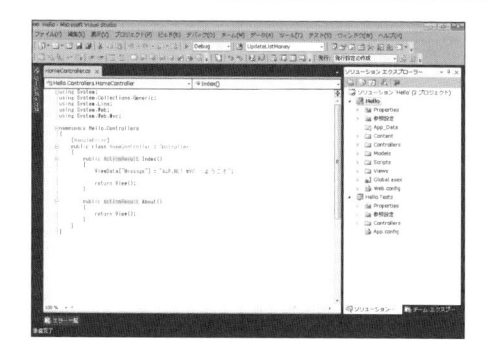

STEP 2 デザイナーを使用して、出力するメッセージを書き換えます。

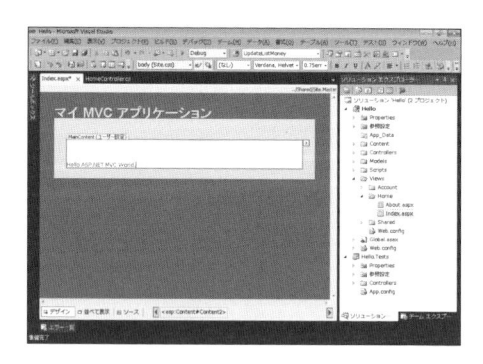

STEP 3 新しいViewを追加して、ページが開けるようにします。新しいメニューを追加して、リンクをクリックするとページを開きます。

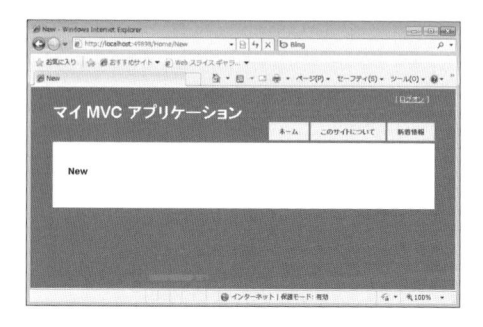

1 Hello プロジェクトの作成

　ここからは、いよいよ実際のアプリケーションの作成を始めます。最初のASP.NET MVCアプリケーションとして、「Helloアプリケーション」を作成しましょう。統合開発環境では、まずプロジェクトを作るところから作業を開始します。

■ プロジェクトの新規作成

　統合開発環境では、最初に起動したときに「スタートページ」が表示されます。プログラムを新規に作成するときは、このスタートページから作業を開始します。

❶
スタートページの［新しいプロジェクト］をクリックする。

▶ ［新しいプロジェクト］ダイアログボックスが表示される。

❷
［新しいプロジェクト］ダイアログボックスで、［インストールされたテンプレート］ボックスの［Visual C#］－［Web］をクリックする。

● 既にプロジェクトを作成したことがある場合は、前回と同じプロジェクトが選択されている。

❸
［ASP.NET MVC 2 Web アプリケーション］をクリックする。

❹
［名前］ボックスに **Hello** と入力する。

❺
［ソリューションのディレクトリを作成］チェックボックスがオンになっていることを確認する。

❻
［ソリューション名］ボックスに［プロジェクト名］ボックスと同じ内容が表示されていることを確認する。

❼
［OK］をクリックする。

▶ ［単体テストプロジェクトの作成］ダイアログボックスが表示される。

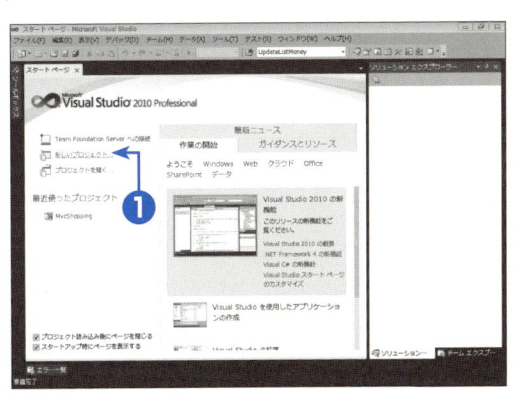

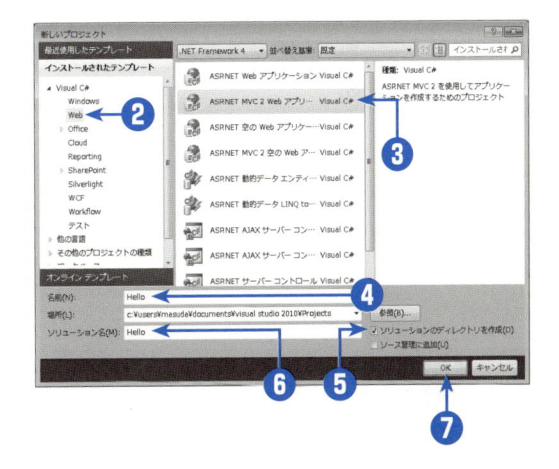

❽ [単体プロジェクトを作成する]オプションを選択したまま、[OK]ボタンをクリックする。

▶ Hello プロジェクトが作成される。

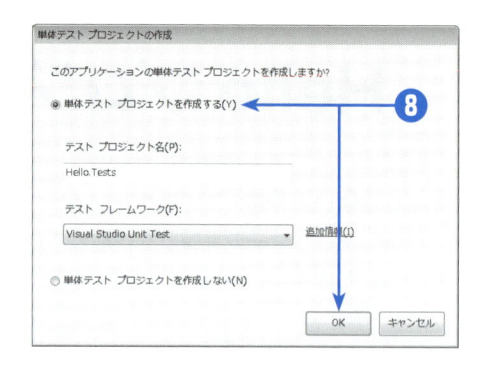

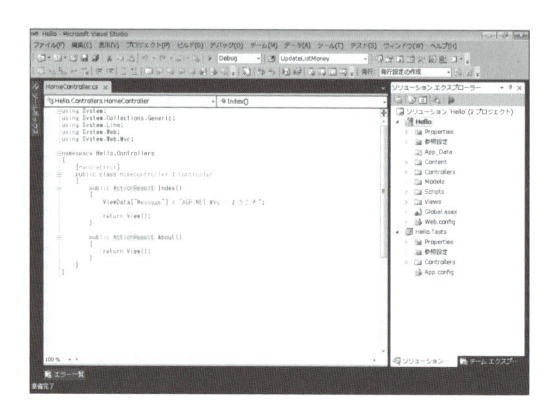

ヒント

単体テストのためのプロジェクト

Visual Studio 2010 で ASP.NET MVC アプリケーションを作成するときに、同時に単体テスト用のプロジェクトが作成されます。たとえば、「Hello」プロジェクトの場合には「Hello.Tests」プロジェクトが作成されます。

Hello.Tests プロジェクトでは、あらかじめコントローラー（Controllers）の単体テストのひな型が作られます。ひな型には、HomeControllerTest.cs ファイルと AccountControllerTest.cs ファイルの2つができますが、これが元のプロジェクトの［Controllers］フォルダーにある HomeController.cs と AccountController.cs に対応します。

単体テストでは、ブラウザなどのユーザーインターフェイスを使わずに動作のテストを行います。自動で何度もテストができるような仕組みがあらかじめ用意されています。

本書では単体テストを扱いませんが、たくさんのコントローラーやモデルのソースコードをテストする場合には、この単体テスト用のプロジェクトを利用すると、ロジックのチェックが正確にできるようになります。

第3章　ASP.NET MVC アプリケーションの作成手順

2 Hello ASP.NET MVC World.

新しく作成したページに、「Hello ASP.NET MVC World」という文字列を表示してみましょう。それには、デザイナーを使って直接文字列を入力します。

デザイナーの表示

ページに文字列を表示させるには、デザイナーを使って直接文字列を変更します。

❶ ソリューションエクスプローラーで［Hello］－［Views］－［Home］－［Index.aspx］をクリックする。

❷ ［デザイナーの表示］ボタンをクリックする。

❸ 最初に書かれている「ASP.NET MVC の詳細については ...」の文字列を削除する。

❹ **Hello ASP.NET MVC World.** と書き換える。

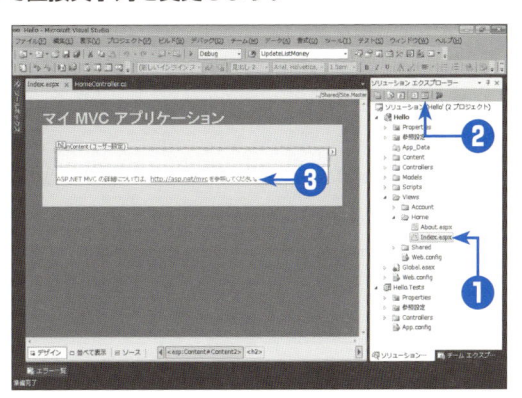

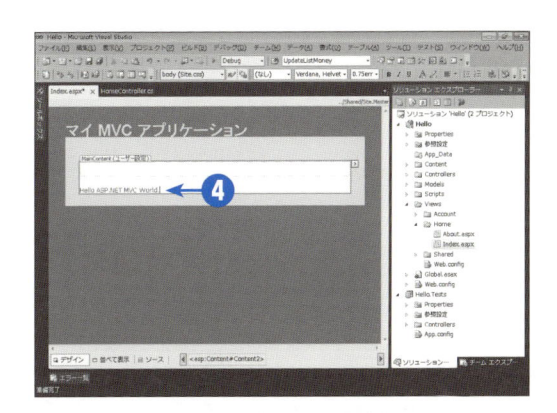

ヒント

文字列を変更するその他の方法

拡張子が .aspx のファイルは、「デザイン」と「コード」のどちらでも編集ができます。画面での見え方を確認しながら編集したい場合はデザイナーを使い、細かい設定などををする場合はコードを表示させて編集します。
画面左下の［並べて表示］ボタンをクリックすると、デザインとコードの両方を表示して作業できます。

動作の確認

　Helloアプリケーションを実行すると、Internet Explorerが表示されます。ここに、設定した「Hello ASP.NET MVC World.」が表示されることを確認しましょう。

❶ [標準] ツールバーの [デバッグ開始] ボタンをクリックする。

❷ Internet Explorerが表示されることを確認する。

❸ ページに変更した内容が表示されていることを確認する。

❹ Internet Explorerの閉じるボタンをクリックする。

　➡ プログラムが終了し、統合開発環境に戻る。

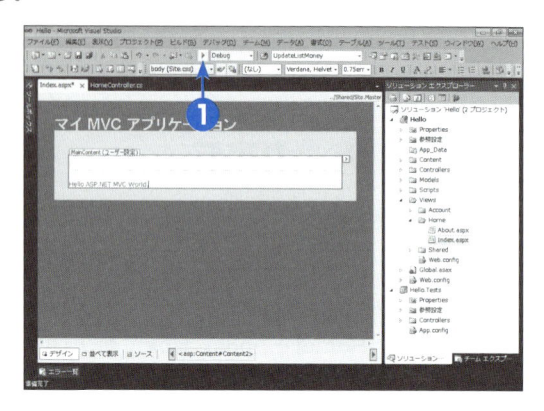

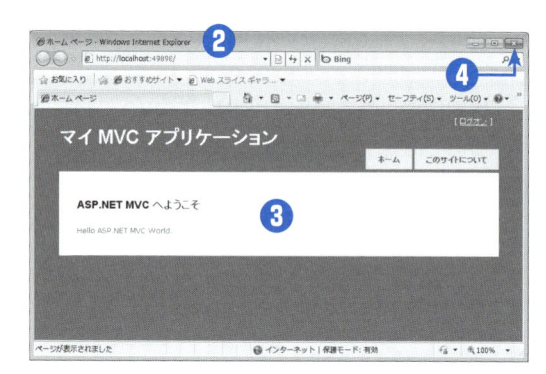

ヒント

ビルドして実行するその他の方法

キーボードの F5 を押しても、ビルドして実行することができます。

プログラムの停止

統合開発環境から実行されたプログラムを停止させるその他の方法として、[デバッグ] ツールバーの [デバッグの停止] ボタンをクリックする方法、あるいは、[デバッグ] メニューの [デバッグの停止] をクリックする方法があります。プログラムが間違った動作をし、閉じるボタンなどをクリックしても終了できなくなったときは、強制的に停止できます。

第3章　ASP.NET MVC アプリケーションの作成手順

3 メッセージを変更する

　Helloアプリケーションで表示されている「ASP.NET MVCへようこそ」のメッセージを変更しましょう。このメッセージは、ViewDataコレクションの値を変更します。

ViewDataコレクションで設定

Controller　→　View

■コントローラーとビューの関係

ビューでメッセージを表示する

　ページにメッセージを表示する場合は、HTMLタグを使って直接表示する場合と、ViewDataコレクションを設定して表示させる場合の2種類あります。ViewであるIndex.aspxをのソースコードを見て、どこで使われているか確認してみましょう。

❶ ソリューションエクスプローラーで［Hello］−［Views］−［Home］−［Index.aspx］をクリックする。

❷ ［コードの表示］ボタンをクリックする。

❸ ViewDataコレクションでメッセージを表示している箇所を確認する。

❹ ソリューションエクスプローラーで［Hello］−［Controllers］−［HomeController.cs］をダブルクリックする。

❺ ［コードの表示］ボタンをクリックする。

❻ ViewDataコレクションでメッセージを設定している箇所を確認する。

❼ メッセージの文字列を**日経BPショッピング**に変更する。

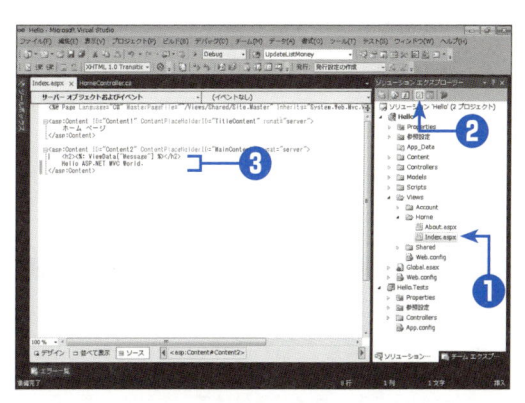

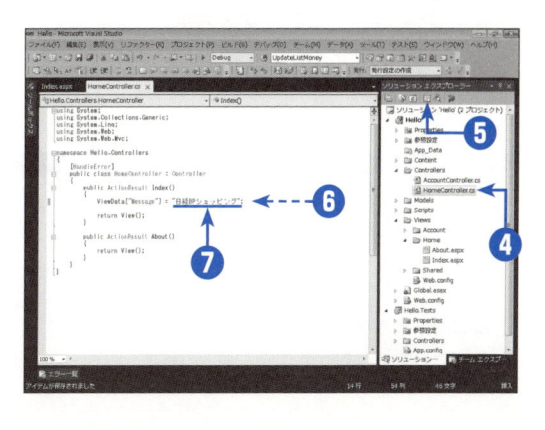

動作の確認

この章の2では、ビルドと実行を一度に行いました。今度は、プログラムのビルドと実行を分けて行いましょう。ビルドを行うには、[ビルド]メニューの[<プロジェクト名>のビルド]をクリックします。

❶ [ビルド]メニューの[Helloのビルド]をクリックする。
　▶ 正常にビルドされることを確認する。

❷ ビルドエラーが発生した場合は、注意深くコードを見直して修正し、手順❶を繰り返す。

❸ [標準]ツールバーの[デバッグ開始]ボタンをクリックする。
　▶ Internet Explorerが実行される。

❹ 「日経BPショッピング」というメッセージボックスが表示されることを確認する。

❺ 閉じるボタンをクリックする。
　▶ Internet Explorerが終了し、統合開発環境に戻る。

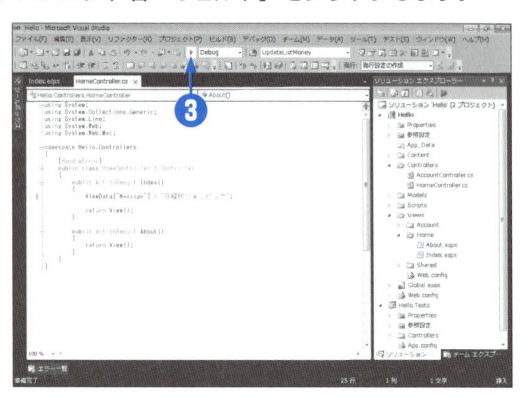

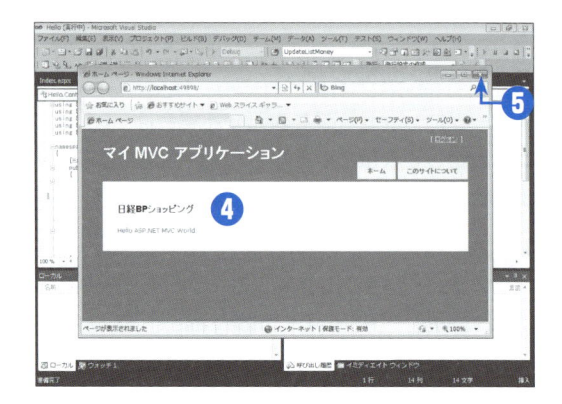

ヒント

ViewDataコレクション

「ViewData」という変数は、ビューとコントローラーを結び付ける変数になります。ここでは「Message」という名前を付けて、文字列(例「日経BPショッピング」)を代入した後に、ビューで変数の内容を画面に表示します。詳しい動きは次の章を参照してください。

ヒント

ビルド時にエラーが発生したら

ビルド時のエラーは、出力ウィンドウに表示されます。コードを見直して正しくビルドできるように修正してください。ビルドエラーの対処方法については、第6章のコラムを参照してください。

ビルドと実行を分けて確認する

プログラムのコードが長くなってくると、ビルドエラーが発生する割合も多くなってきます。まず、ビルドを行ってクラスのメソッドや変数の使い方などが間違っていないかを確認し、ビルドが正常に終了した後、実行して動作に問題がないかを確認するという2段階の確認方法で、開発効率を上げてください。

実行したときの処理の流れ

メッセージを表示するプログラムの流れは、次のようになります。

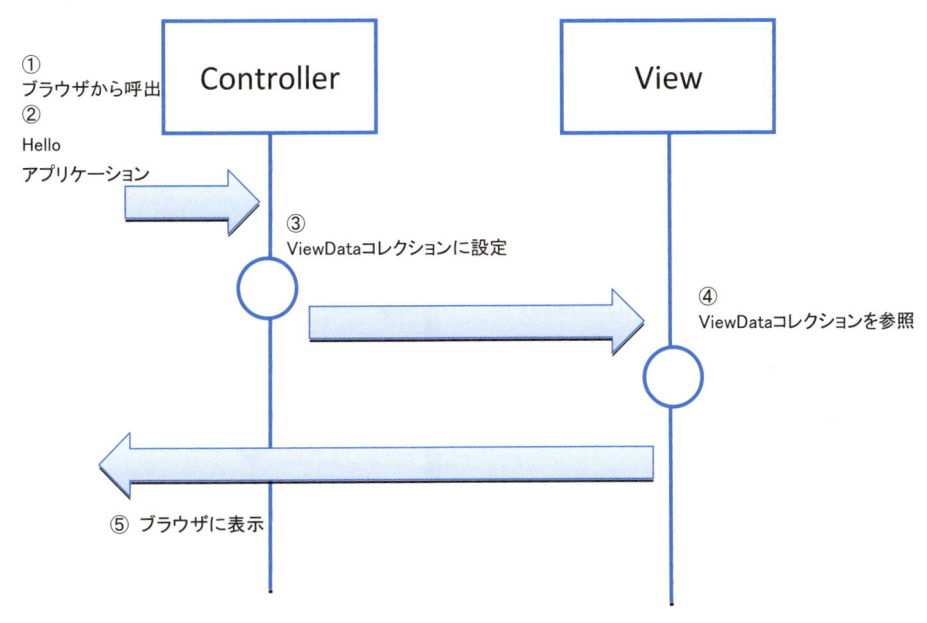

```
①
ブラウザから呼出      Controller           View
②
Hello
アプリケーション
                      ③
                      ViewDataコレクションに設定
                                           ④
                                           ViewDataコレクションを参照

                ⑤ ブラウザに表示
```

■メッセージを表示するプログラムの流れを表すシーケンス図

①Internet Explorerが起動される。
②Helloアプリケーションが呼び出される。
③コントローラーで、ViewDataコレクションに設定する。
④ビューで、ViewDataコレクションが参照される。
⑤Internet Explorerに表示される。

　Internet Explorerで表示したときの処理の流れがつかめたでしょうか。ASP.NET MVCアプリケーションでは、画面を表示する場所のビューと、表示するデータを設定するコントローラは別の場所になります。これは画面のデザインと、表示するためのデータを分離するための大切な仕組みですので、流れをよく覚えておいてください。詳しい役割については、次の章で解説していきます。

ヒント

イベントドリブンとシーケンス図

複数のクラスやオブジェクトの連携（メッセージのやり取りなど）を時間軸上で図に表したものを「シーケンス図」といいます。シーケンス図では、上から下に向かってプログラムの流れを追うことができます。ASP.NET MVCアプリケーションでは、画面にメッセージを表示するほかに、ボタンのクリックなどユーザーによって操作されるイベントが多数存在します。

そのため、イベントの呼び出しが複雑になってくると、ソースコードだけでは追いきれないこともあります。この場合、それぞれのイベントを整理して、1つ1つチェックし、ソースコードと合わせてシーケンス図を使いながらプログラムの流れを確認していくとよいでしょう。

4 新しいViewを追加する

　Helloアプリケーションに新しいビューを追加してみましょう。新しいビューを追加して、メニューから呼び出せるようにします。

ビューの追加

新しいビューを追加しましょう。

❶ ソリューションエクスプローラーで［Hello］－［Views］－［Home］を右クリックして、［追加］－［ビュー］をクリックする。
　▶［ビューの追加］ダイアログボックスが表示される。

❷ ［ビュー名］を New に変更して、［追加］ボタンをクリックする。

❸ ソリューションエクスプローラーに、［New.aspx］のファイルが追加されたことを確認する。

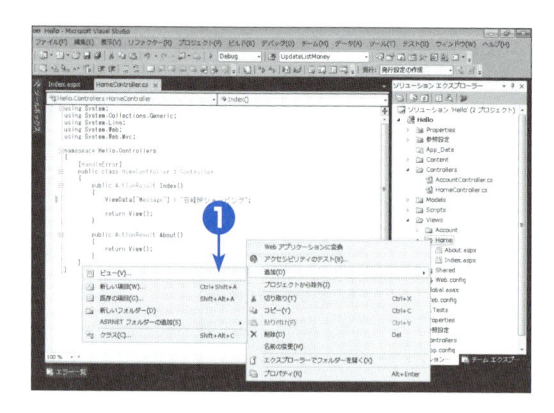

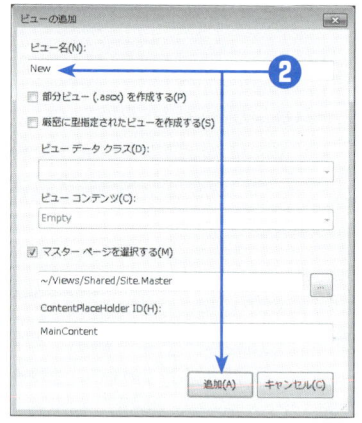

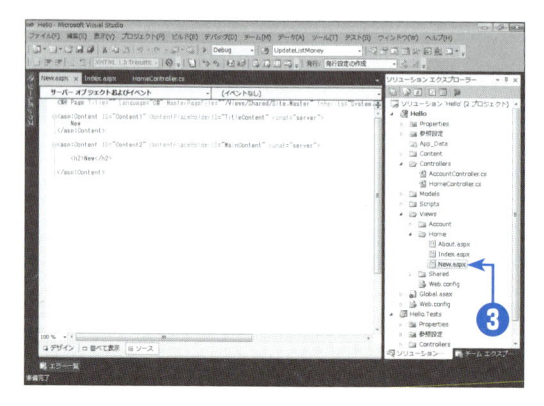

コントローラーの修正

追加したビューを表示するコントローラーを作成しましょう。

❶

ソリューションエクスプローラーで［Hello］－［Controllers］－［HomeController.cs］をダブルクリックする。

▶ コードエディターに HomeController.cs が表示される。

❷

HomeController クラスに、次のように記述する（色文字部分）。

```
public ActionResult New()          ← 1
{
    return View();                 ← 2
}
```

❸

［ビルド］メニューの［Hello のビルド］をクリックする。

▶ 正常にビルドされることを確認する。

❹

ビルドエラーが発生した場合は、注意深くコードを見直して修正し、手順❸を繰り返す。

ヒント

一般的なビルドエラー

ASP.NET MVC で利用する Visual C# のソースコードでは、大文字／小文字を区別します。Visual Basic や VBA などのプログラミングを経験している方は、大文字／小文字に注意して入力してください。また、ソースコードは通常半角の英数字を使います。

メニューの修正

ビューが表示できるように、メニューを書き換えましょう。

❶

ソリューションエクスプローラーで［Hello］－［Views］－［Shared］－［Site.Master］をダブルクリックする。

▶ コードエディターに Site.Master が表示される。

❷

次のコードを記述する（色文字部分）。

```
<li><%: Html.ActionLink("ホーム", "Index", "Home")%></li>
<li><%: Html.ActionLink("このサイトについて", "About", "Home")%></li>
<li><%: Html.ActionLink("新着情報","New","Home") %></li>          ③
```

❸
［ビルド］メニューの［Helloのビルド］をクリックする。
▶ 正常にビルドされることを確認する。

❹
ビルドエラーが発生した場合は、注意深くコードを見直して修正し、手順❸を繰り返す。

コードの解説

1
```
public ActionResult New()
{
}
```

HomeControllerクラスにNewメソッドを追加します。この「New」は、ビューで作成した「New.aspx」と同じ文字列を使います。画面から「New」のページを表示せよ、と要求されたときに、このメソッドが呼び出されます。

2
```
    return View();
```

表示するビューを返す戻り値です。ここでは、初期値としてそのままViewクラスのオブジェクトを返しています。このコントローラーとビューのつながりは第4章で詳しく説明します。

3
```
<li><%: Html.ActionLink("新着情報","New","Home") %></li>
```

「Home」というカテゴリの中にある「New」ページへのリンクタグを作成する記述です。リンクを作成する場合は、Html.ActionLinkメソッドを使います。ここで「New」という文字列を指定することで、先ほど作成した「New.aspx」のページが表示されます。

動作の確認

実際にプログラムを実行して、Hello アプリケーションの動作を確認しましょう。

❶ [標準] ツールバーの [デバッグ開始] ボタンをクリックする。
   ▶ Internet Explorer が実行される。

❷ トップページが開かれていることを確認する。

❸ 右上の「新着情報」のリンクをクリックする。

❹ 「New」と書かれたページが表示されることを確認する。

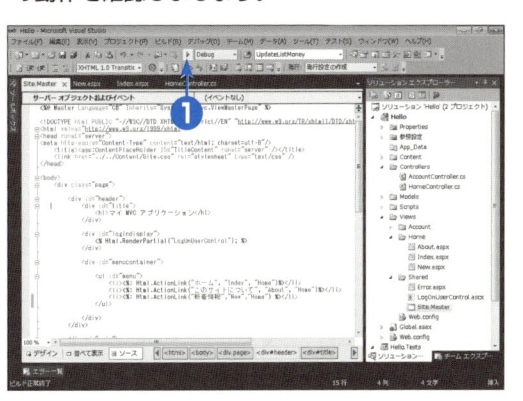

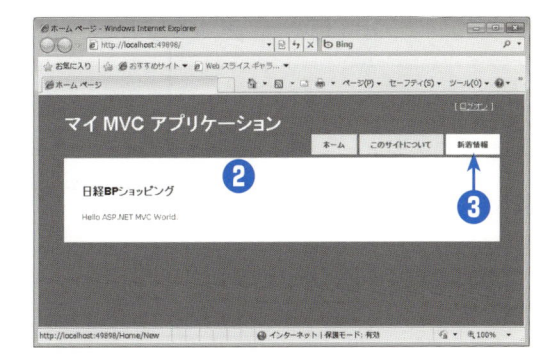

追加したビューを表示する流れ

プログラムの流れを図に表すと次のようになります。

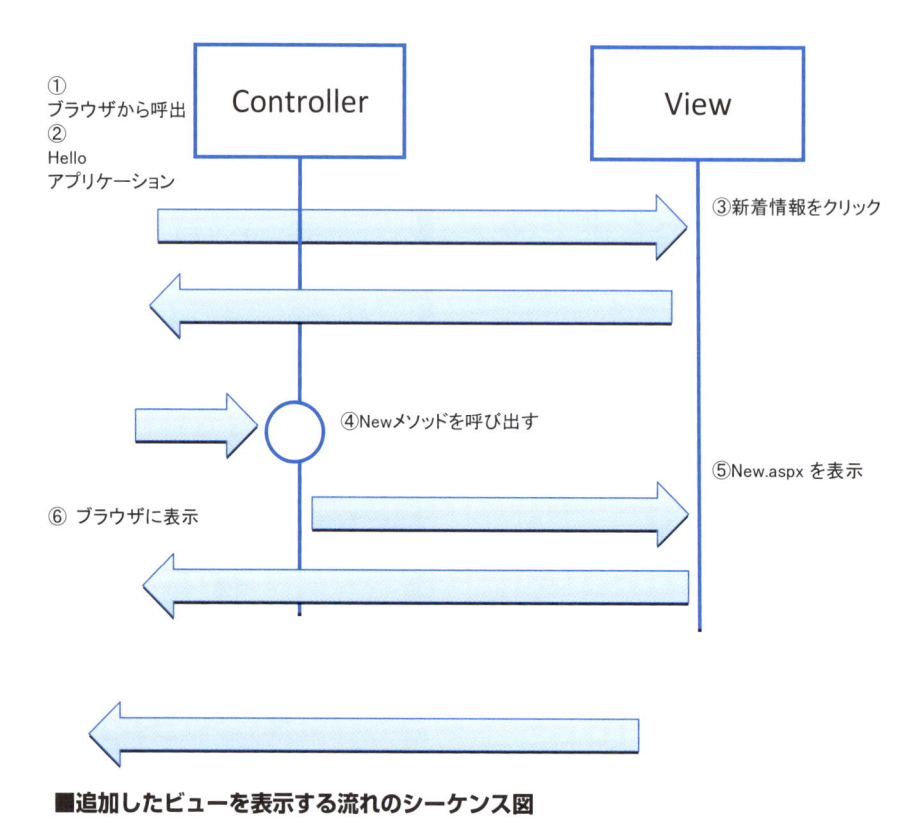

```
①ブラウザから呼出        Controller              View
②Helloアプリケーション
                ─────────────────────→
                                        ③新着情報をクリック
                ←─────────────────────
                    ④Newメソッドを呼び出す
                ─────────────────────→
                                        ⑤New.aspx を表示
⑥ ブラウザに表示 ←─────────────────────
        ←─────────────────────
```

■追加したビューを表示する流れのシーケンス図

① Internet Explorer が起動される。
② Hello アプリケーションが呼び出される。
③「新着情報」のリンクをクリックする。
④ コントローラーの New メソッドが呼び出される。
⑤ New.aspx のビューが作成される。
⑥ Internet Explorer に表示される。

　ASP.NET MVCでは、画面からクリックした情報は必ずコントローラーで受け取るようになります。コントローラーで、どのような情報をビューで表示するのかを作成して、最終的にビューを表示します。それぞれのビューへのリンクは、Html.ActionLink メソッドなどのいろいろと便利なものが用意されていますが、ここでは全体の流れをつかんでください。
　次の章では、実用的な ASP.NET MVC アプリケーションを作る基礎となる「MVCパターン」について詳しく解説します。すでにご存じの読者は読み飛ばしてもよいですが、ざっと流し読みをしておいてください。「MVCパターン」に初めて触れる読者は、じっくりと読み込んでください。概念をしっかり頭に叩き込んでおくと、実際にアプリケーションを作るときに役立ちます。

MVCパターンの仕組み

第4章

1 MVCパターンとは?
2 ASP.NET MVCのファイル構成

この章では、ASP.NET MVCアプリケーションの肝となる「MVCパターン」について解説します。MVCパターンの「モデル」、「ビュー」、「コントローラー」について、その役割と分離の仕方を学習していきましょう。

この章で学習する内容 と 身に付くテクニック

この章では、MVCパターンについて学習します。主な学習内容は次のとおりです。

- MVCパターンとは何か。
- MVCパターンで使われる、「モデル」「ビュー」「コントローラー」の役割を知る。
- ASP.NET MVCでは、どのようにMVCパターンが実装されているのかを知る。

STEP 1 MVCパターンとは何かを解説します。「モデル」「ビュー」「コントローラー」の役割を具体的に解説しならが、その特徴、Webフォームとの違いなどを説明します。

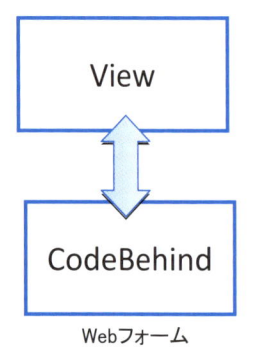

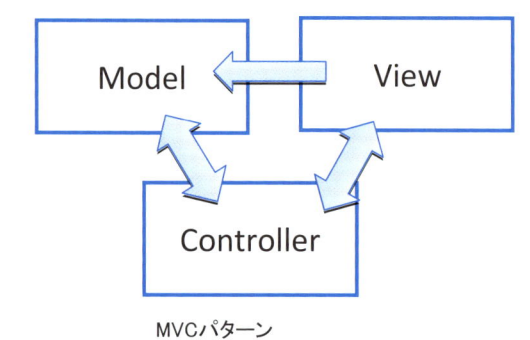

```
    View                  Model  ←  View
     ↕                      ↕  ↘  ↙  ↕
  CodeBehind                 Controller

  Webフォーム                MVCパターン
```

STEP 2 ASP.NET MVCではMVCパターンがどのように実装されているかを解説します。

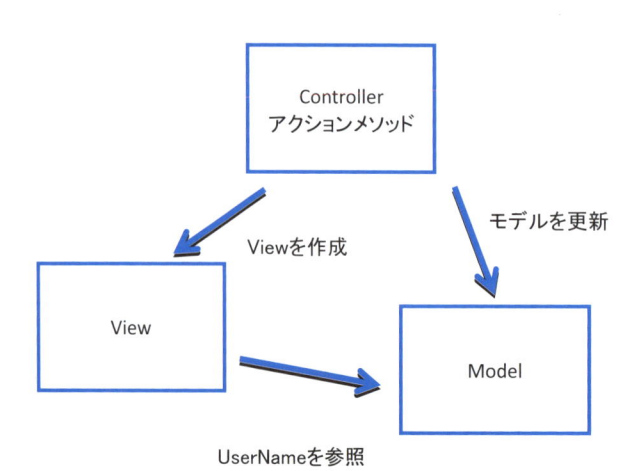

```
           Controller
           アクションメソッド
          ↙              ↘
      Viewを作成         モデルを更新
       ↙                    ↘
     View  ─────────────→  Model
              UserNameを参照
```

1 MVCパターンとは？

最初に、MVCパターンの概要を把握していきましょう。Webアプリケーションの作成によく使われるデザインパターンなので、他の言語からの応用も十分可能です。

デザインパターンとしてのMVCパターン

MVCパターン（Model-View-Controllerパターン）は、ASP.NET以外でも多く使われています。たとえばJavaのStrutsをはじめとして、PHPのCakePHP、Ruby on Railsなどでも使われます。これらのアーキテクチャに共通しているMVCというパターンは、Webアプリケーションを3つのコンポーネントに分離して作成しようという点で共通しています。

MVCパターンを使っている開発環境は次のようなつながりを持ちます。

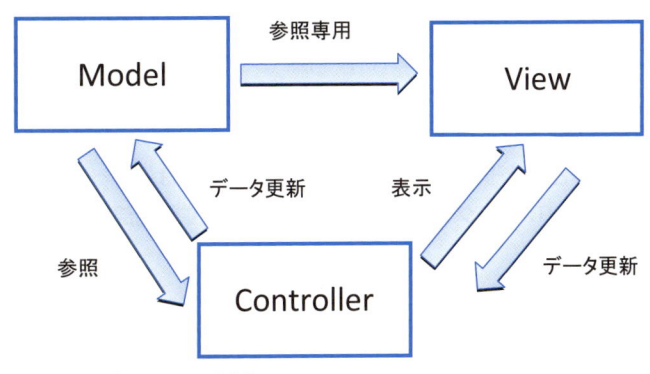

■MVCパターンの関係

「ビュー（View）」は、Webアプリケーションでユーザーが操作する画面になります。Webアプリケーションの場合はブラウザで表示されるページそのものです。

一方、「モデル（Model）」は、画面に表示するさまざまなデータを示しています。モデルはデータベースのテーブル構造そのものであったり、独自に作成したデータクラスであったりします。

「コントローラー（Controller）」は、ビューとモデルを繋げるものです。

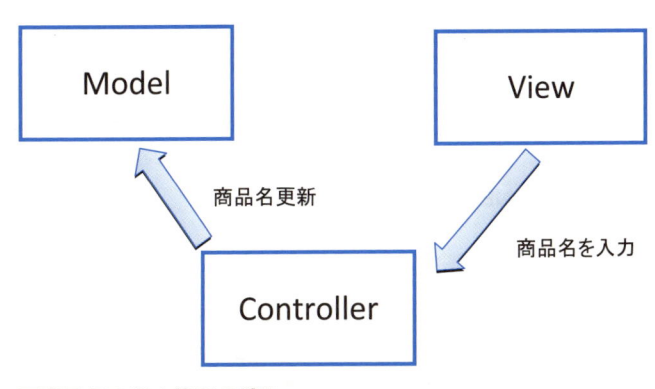

■商品名の書き換えの流れ

MVCパターンにはルールがあります。ビューでデータを表示する場合はモデルの値を直接参照するのですが、データを更新する場合には、ビューから直接モデルのデータを操作するのではなく、コントローラーを使って更新をします。たとえば、商品の名前を画面に表示する場合には、ビューはモデルから直接、商品名というデータを取得します。しかし、商品の名前を変更しようとする場合は、一度コントローラーを通して、モデルのデータの書き換えを行います。

この仕組みは次の2点で非常にうまくできています。

- ビューとモデルを分離することで、ユーザーインターフェイス部分を自由に修正できる。
- 直接モデルを変更しないことにより、データの検証、整合性がコントローラーにより保たれる。

本書では、この仕組みを利用して、ASP.NET MVCアプリケーションのサンプルとしてショッピングサイトを作成していきます。サンプルを作成しながら、3つのコンポーネントを行き来することで、それぞれの分担がうまく働いていることがわかるようになります。

Webフォームと何が違うのか?

従来のWebフォームで作成するアプリケーションでは、あたかもWindowsアプリケーションのようにボタンを配置し、ボタンをダブルクリックすることにより対応するイベントが自動で作成できました。セッションによるデータの扱いなど、若干Windowsアプリケーションとは異なっていますが、コードビハインドを使ったASP.NETの開発は、HTMLタグである画面と、C#で記述する内部ロジックの部分は非常に生産性が高いものです。

しかし、Webフォームの作り方は、ASP.NET特有であるがゆえに、他の言語(JavaやPHPなど)の開発者にとって敷居の高いものでした。JavaのStrutsでWebアプリケーション開発を学んだ開発者が、ASP.NETでWebアプリケーションを作ろうとしたとき、改めてWebフォームの作法を学び直さなければなりません。

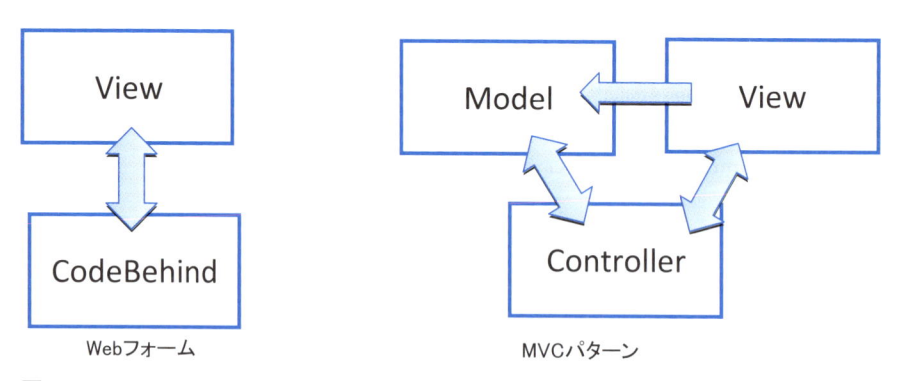

```
         View                    Model  ←→  View
          ↕                         ↘    ↙
       CodeBehind                  Controller
        Webフォーム                 MVCパターン
```

■WebフォームとASP.NET MVC

そこで、従来のWebフォームとは別に、ASP.NET MVCアプリケーションの開発環境を用意し、他言語で使われるMVCデザインパターンの開発手法と互換性を作るようにしました。こうすることにより、他言語で学んだWebアプリケーション開発のノウハウをASP.NETでも活用できるし、逆にASP.NETで開発したときの経験をCakePHPなどで利用することが可能になります。

Webフォームでは、手早く生産性の高いWebアプリケーション開発をし、ASP.NET MVCでは多人数による効果的な開発体制を組む、という住み分けが可能です。また、同じプロジェクトではあっても、一部をWebフォームで手軽に作成し、残りをASP.NET MVCで保守性を含めて開発するというスタイルも取れます。

　それぞれの利点を生かした開発を考えていきます。

ビューとロジックを分離

　MVCパターンの最大の利点は、3つのコンポーネントに分離することにより、それぞれを別々にテストが可能なところです。統合開発環境で、ASP.NET MVCアプリケーションのテンプレートを作成すると、自動的にコントローラーのテストロジックが生成されます。

　従来の開発であれば、ビューの中に色々なソースコードが含まれてしまうために、なかなか単体テストを行うのは難しいものでした。特に、複雑な判定ロジックをテストする場合には、ユーザーインターフェイスを通してしかテストができないため、常にブラウザからテストをしなければならないという効率の悪さがありました。

　しかし、ビューからこれらのロジックを分離することで、ロジックだけでのテストが可能になります。ビューからテストした場合には、マウスやキーボードを使った人手による作業が主で、大変な作業量になっていました。

　ロジックが分離されていれば、単体テストのフレームワーク（UnitTest）を使い、単体テストの自動化が可能になります。ロジックを変更するたびに何度もテストをやり直す、再帰テストを行うことが現在では可能になっています。

　このように、アプリケーションを作るうえで、品質や保守までを考慮した開発の仕方をMVCパターンで活用することができます。

2 ASP.NET MVCのファイル構成

では、ASP.NET MVCアプリケーションでの、Model-View-Controllerがどのように実装されるのか具体的に見ていきましょう。先ほど作成した、Helloアプリケーションを使って解説をします。

ソリューションエクスプローラー

統合開発環境を開いて［ソリューションエクスプローラー］を見てみましょう。

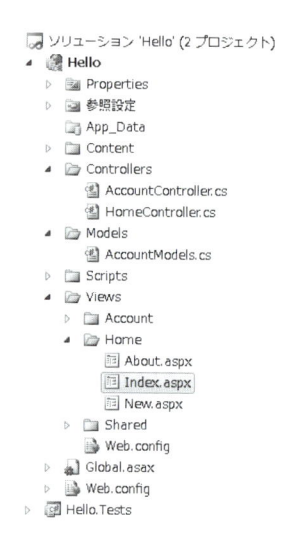

```
ソリューション 'Hello' (2 プロジェクト)
  Hello
    Properties
    参照設定
    App_Data
    Content
    Controllers
      AccountController.cs
      HomeController.cs
    Models
      AccountModels.cs
    Scripts
    Views
      Account
      Home
        About.aspx
        Index.aspx
        New.aspx
      Shared
      Web.config
    Global.asax
    Web.config
  Hello.Tests
```

ASP.NET MVCアプリケーションで開発をすると、いくつかのフォルダが自動生成されます。このフォルダにそれぞれModel-View-Controllerのソースコードが配置されます。

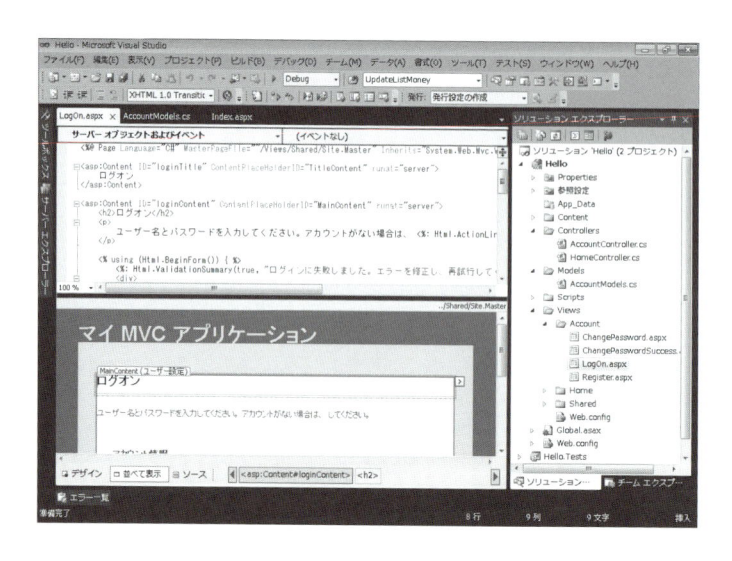

[Views] フォルダーには、ビュー（View）のファイルが配置されます。ASP.NETでのビューは拡張子が「.aspx」となるコードです。このファイルには、HTMLタグとインラインコード（<%と%>で囲まれたC#のコード）が含まれます。

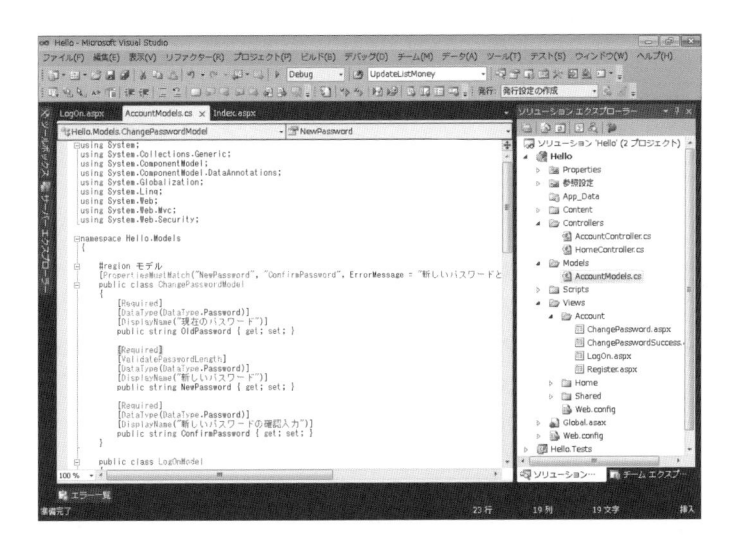

　[Models] フォルダーには、モデル（Model）のファイルが配置されます。ここで表示しているのは、ログオンを制御するためのモデルです。ここに配置されるファイルは、このように作成されるデータクラスや、データベースのテーブルなどになります。

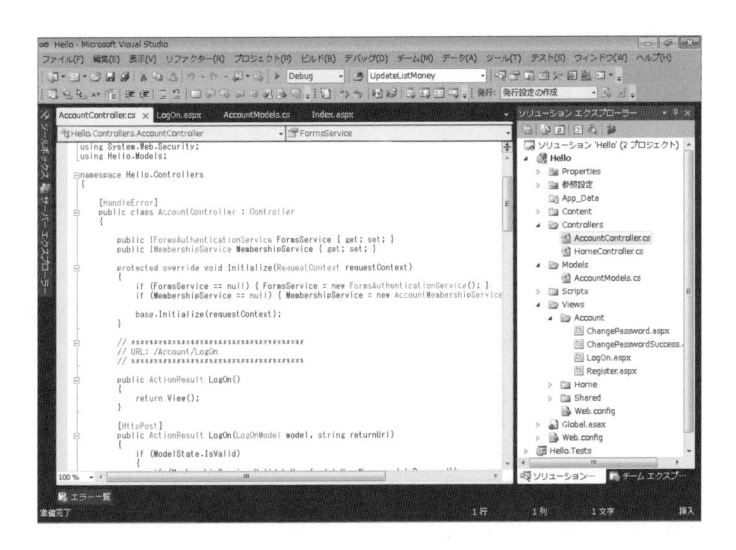

　[Controllers] フォルダーには、コントローラー（Controller）のファイルが配置されます。ビューとモデルを繋げるための処理を記述することになります。

3つのコンポーネントのつながり

では、少しコードを見ながら、3つのコンポーネントのつながりを見ていきましょう。AccountController.csに含まれる次のコードを見てください。

```
public ActionResult LogOn()
{
    return View();
}
```

ここではLogOnというメソッドを実行しています。このメソッドを実行すると、Viewが作成されます。これをASP.NET MVCでは「アクションメソッド」と呼びます。アクションメソッドは、このようにビューを作成する場合と、逆にビューからボタンクリックなどの操作で呼び出される場合に使われます。

LogOn.aspxのコードを見ると、次のようにモデルの参照をしています。

```
<div class="editor-field">
    <%: Html.TextBoxFor(m => m.UserName) %>
    <%: Html.ValidationMessageFor(m => m.UserName) %>
</div>
```

「.UserName」は、ログオンを制御するクラスのプロパティ名になります。このように、ビューからはモデルの各プロパティを直接参照することができます。具体的にモデルのAccountModels.csファイルを見てみると、次のようにプロパティを定義しています。

```
public class LogOnModel
{
    [Required]
    [DisplayName("ユーザー名")]
    public string UserName { get; set; }
        ...
}
```

3つのコンポーネントの関係は次の図のようになります。

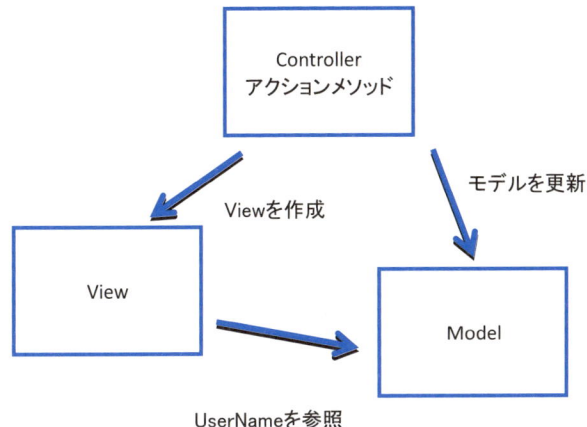

```
        ┌─────────────┐
        │ Controller  │
        │アクションメソッド│
        └─────────────┘
         ↙          ↘
    Viewを作成      モデルを更新
    ↙                  ↘
┌─────────┐         ┌─────────┐
│  View   │ ──────→ │  Model  │
└─────────┘         └─────────┘
        UserNameを参照
```

■3つのコンポーネントのつながり

　ASP.NET MVCアプリケーションでは、それぞれのコンポーネントが独立して実装され、MVCパターンのルールに従ってデータのやり取りをしています。

> **ヒント**
>
> **MVCパターンでのデータのやり取りのコツ**
>
> MVCパターンを扱う時には、いくつかのルールがあります。MVCパターンのルールに従うと、うまくデザイン部分（ビュー）とデータ部分（モデル）とが分離されて、それぞれを独立して修正することが可能になります。実際、ASP.NET MVCアプリケーションでは、ビューの部分は拡張子が.aspxとなるHTMLベースのコードを扱い、コントローラーやモデルの部分はC#のコードだけで記述します。これにより、コントローラーモデルをビルドしたアセンブリ（拡張子が.dllのファイル）に手を加えることなく、ビューを拡張することが可能になっています。
>
> これをうまく実現させるために2つのコツがあります。まず、ビューを表示する時のデータは、あらかじめモデルによって用意しておくことです。たとえば、商品の金額を表示するときに、直接ビューからデータベースに接続してはいけません。ビューで表示する項目はあらかじめモデルで準備しておくと、データベースの構造などからうまく分離できます。
>
> もう1つ、ユーザーがビューに対して何かのアクションを起こした場合（ボタンをクリックした時など）は、コントローラーを通してモデルのデータを変更します。ビューから直接モデルを変更しようとすると、データを操作するときのロジックやエラー処理などがビューに含まれてしまうため、ビューのコードが肥大化してしまいます。この部分は、コントローラーとして分離させます。
>
> この2つのコツを抑えるだけで、十分MVCパターンの恩恵を受けられますので活用してください。

ショッピングサイトの構成

第5章

1 ショッピングサイト
2 商品詳細の表示
3 ショッピングカートの機能
4 ユーザーによるViewの切り替え
5 データベースの準備

いよいよ本書のサンプルASP.NET MVCアプリケーションの作成に入ります。

この章で学習する内容と身に付くテクニック

この章では、サンプルサイト(日経BPショッピング)を作成する上で、必要な設計を行います。MVCパターンを活用したサイトが作れるように、全体の構成を設計していきます。主な学習内容は次のとおりです。

STEP 1 サンプルサイトを作成する上で、必要な機能を説明します。トップ画面での操作や、カテゴリに絞って画面を表示するなどのショッピングサイト特有の機能を学びます。

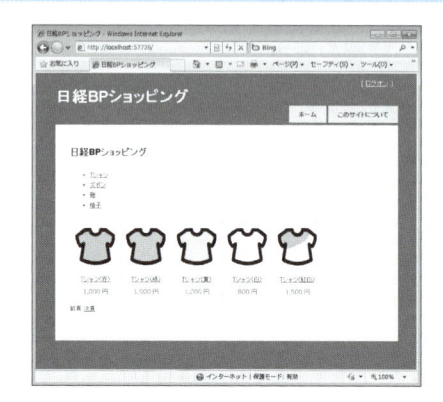

STEP 2 MVCパターンの利点として、Viewの切り替えの簡単さがあります。サンプルサイトを管理するユーザーを追加して、匿名ユーザー、一般ユーザー、管理ユーザーの3種類のViewを使い分けることを学びます。

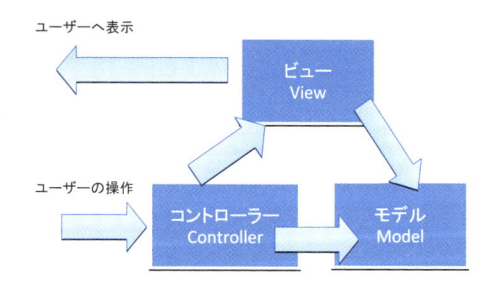

STEP 3 サンプルサイトで利用するデータベースの設定をします。SQL Server Management Studioを利用して、データベースの作成からテーブルの作成、データのインポートまでを行います。

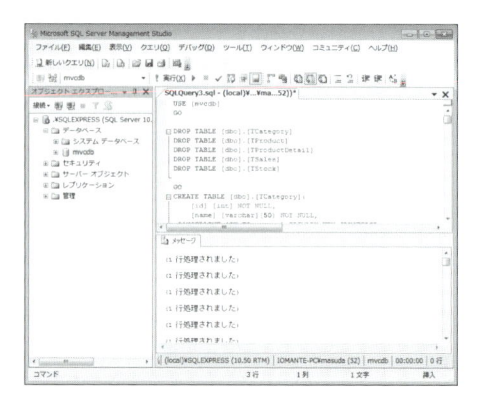

第5章　ショッピングサイトの構成　55

1 ショッピングサイト

　本書ではASP.NET MVCアプリケーションのサンプルとしてショッピングサイトを作成してきます。本当のショッピングサイトを作るためにはたくさんのプログラミングが必要になりますが、ここでは学習のために基本となる機能だけを実装していきましょう。

トップ画面

　トップ画面は、サイトの玄関となるページです。通常のショッピングサイトでは、新着情報や新しい商品などが陳列されています。これから作るショッピングサイトも、トップページは商品の一覧を並べていきます。

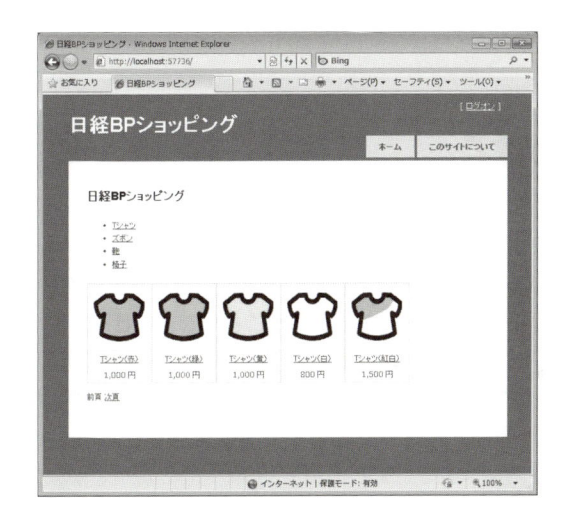

　通常のショッピングサイトでは、新着の商品や売れ筋の商品などが並んでいますが、今回作成するサンプルのショッピングサイトでは、プログラムを簡単にするため、すべての商品を表示させておくことにします。商品の情報としては、商品名、値段、そして商品画像を表示させることにしましょう。
　ただし、一度にたくさんの商品を表示させてしまうと、閲覧性が悪くなってしまいます。そこで、2つの方法で商品を表示できるようにします。

カテゴリで絞る

　1つは、カテゴリで絞って商品を表示させる方法です。通常のショッピングサイトでも「書籍」や「家電」、「パソコン」、「キッチン」などのカテゴリ分けがあらかじめされています。これと同じように、サンプルのショッピングサイトでも、カテゴリ分けして商品が表示されるページを作ります。

カテゴリ名をクリックすると、それぞれのカテゴリにある商品だけを表示するようにします。

ページ送りを付ける

　もう1つは、ページ送りを付けることです。たとえば、商品が数万点あると、すべての商品一度に表示させてしまうと、ページを表示するために長い時間が掛かってしまいます。数万点の商品を一度に表示させると、サーバーにも負担が掛かるし、ネットワークにも相当の負荷が掛かってしまいます。第一、1つのページに数万点も商品を表示させても、ユーザーが見つけることができません。

　このような場合は、ページ送りを作って、一度に表示できる商品の数を制限します。表示する商品数を抑えることによって、サーバーやネットワークへの負荷が低くなるし、ユーザーが閲覧しやすくなります。

　このように、トップ画面では、カテゴリ分けとページ送りの2つの機能を実装していきましょう。

2 商品詳細の表示

商品の一覧だけでは画像や説明などがなく、商品の詳しい情報がユーザーにわかりません。もっと詳しい情報をユーザーが見れるように、商品の詳細情報を表示するページを作りましょう。

詳細画面を作成する

トップページで表示する商品一覧とは別に、商品の詳しい情報を表示するページを別に作ります。これは、ユーザーがショッピングサイトで商品の一覧を見て、気に入った商品の詳しい情報を知りたいときに表示するページになります。

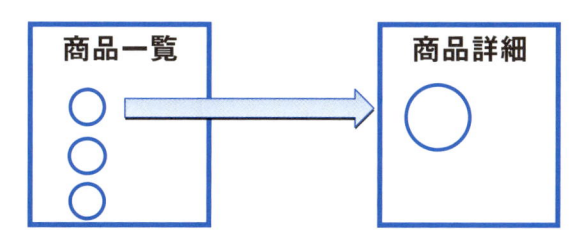

■商品一覧と詳細ページの関係

最近のショッピングサイトでは、商品の詳細ページにおすすめの商品やコメントなどを表示していますが、本書のショッピングサイトでは簡単にするために、商品の詳しい説明だけを表示するようにします。

商品の一覧とは違い、商品の画像の配置や商品名や値段の表示などのレイアウトを変えていきます。

商品の一覧で表示する情報と、商品の詳細ページで表示する情報のそれぞれが必要であることを覚えておいてください。

3 ショッピングカートの機能

ショッピングサイトで商品を買うための機能が、ショッピングカートの機能です。スーパーマーケットなどでカートに商品を集めておいて、レジでお金を払うという流れと同じ機能になります。

ショッピングカート

ショッピングカートには、3つの重要な機能があります。

- ●商品をカートに入れるための機能
- ●現在、カートに入っている商品の閲覧、追加、削除をする機能
- ●カートの商品を決済する機能

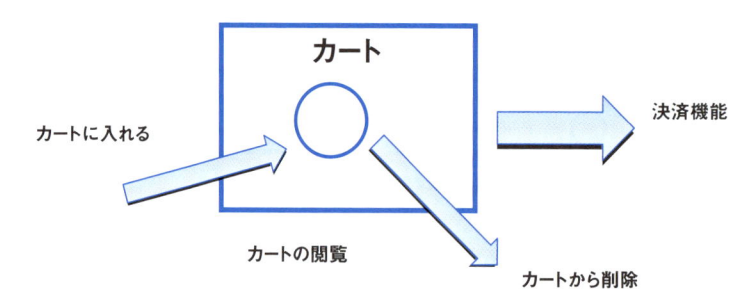

■ショッピングカートに必要な3つの機能

これらの3つについて、サンプルのショッピングサイトで実装していきます。

カートに入れる機能

ユーザーがショッピングサイトで商品を買いたいときには、まず「ショッピングカートに入れる」という動作をします。これは、商品の脇に「買う」あるいは「ショッピングカートへ」などのアイコンを使って実装します。「買う」ボタンをクリックすることによって、指定した商品がショッピングカートに追加されます。

ショッピングカートは、「セッション」を使って実装していきます。「セッション」とは、あるユーザーに紐付けたデータのことです。ユーザーごとにセッションが用意されるので、複数のユーザーが同時にアクセスをしてきても、ショッピングカートの中身が混じることはありません。

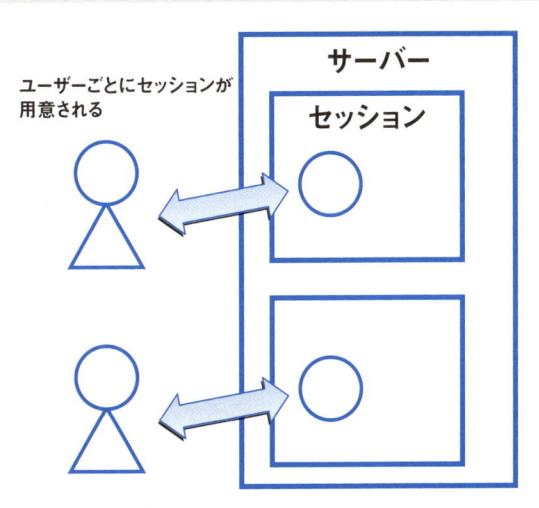

■セッションとユーザーの関係

　通常のWindowsアプリケーションの場合は、1つのアプリケーションを1人のユーザーが使う前提で作られていますが、Webサイトを使ったアプリケーションの場合は、不特定多数のユーザーが同時にアクセスすることを考慮する必要があります。

カートの商品を更新する機能

　スーパーマーケットでは、店内を歩いている間はショッピングカートに入れた商品を元の棚に戻すことができます。一度、棚からショッピングカートに入れた商品であっても、まだ決済をしていない段階であれば、いらないと思ったら棚に戻すことができます。

　同じようにショッピングサイトのカート機能でも、商品の削除ができるようにします。このために、ユーザーが利用しているショッピングカートを表示する機能が必要になります。

ショッピングカートは、セッションを使うために、商品の出し入れもこのセッションに対して操作を行います。商品を追加する場合は、セッションに商品情報を追加するようにし、商品を削除する場合は、セッションの商品情報を削除するようにします。

また、あらかじめ入っている商品の数量を変更できるようにもしましょう。

決済する機能

実際のスーパーマーケットでは、お店の中を回りながらショッピングカートに買いたい商品を入れていき、最後にレジに持って行ってお金を払います。これで商品を買ったことになり、持って帰ることができます。ショッピングサイトでも、ショッピングカートに商品が入ったままでは買ったことにはなりません。ユーザーが何らかの形（クレジット決済や銀行振り込みなど）で「買う」という動作をしたときに、ショッピングカートの商品を購入したことになります。

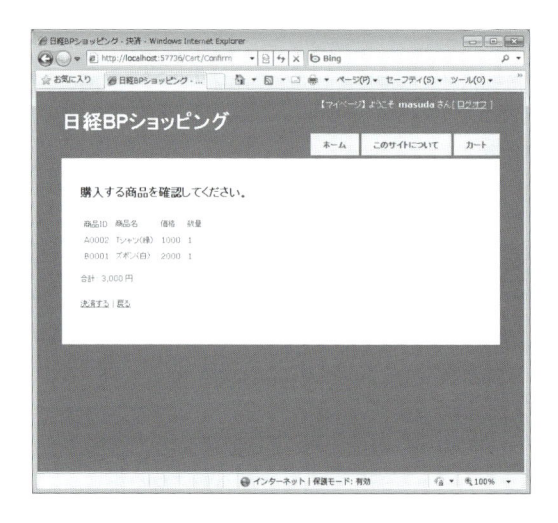

クレジットカード決済の機能を追加する場合は、クレジットカード会社のサイトに接続して決済がされたかどうかをチェックする必要がありますが、銀行振り込みなどの後払いの場合には、その場で購入を決定する仕組みだけを入れることになります。

購入履歴やユーザーへのメールの通知などは、ショッピングサイトとして便利な機能なのですが、本書では簡単のためにこれらの機能は割愛します。ユーザーに商品が購入できたことを知らせるための確認ページのみ表示させましょう。

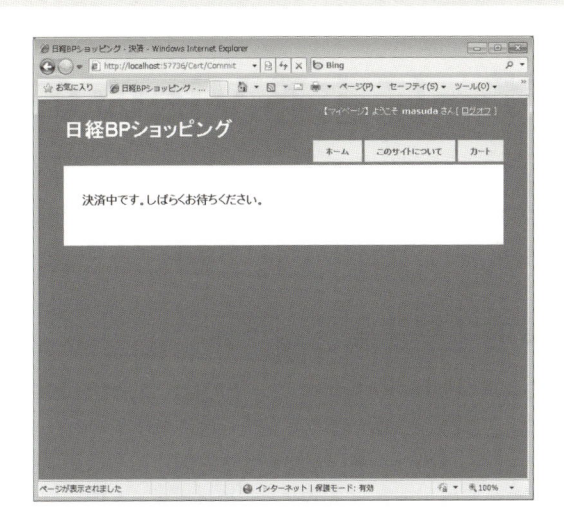

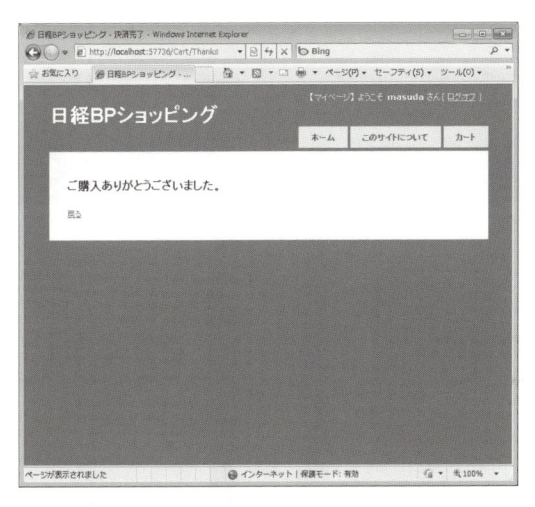

ショッピングカートの機能は、ユーザーに付属したセッション機能が要になります。セッションについては、詳しくは第10章で説明していきます。

ヒント

セッション機能とは

Webアプリケーションでは、HTTPプロトコルというデータのやり取りの方法を使っていますが、この方法にはセッションという考え方がありません。HTTPプロトコルでは、もともとブラウザ（クライアント）の1回の要求（リクエスト）に対して、1つのデータを送るという単純な構造のために、現在使われているショッピングカートのような複数のページに渡って商品のデータを保持しておくという機能が用意されていません。

このため、データを一定期間保持しておくためには、ASP.NETで用意されているセッション機能と呼ばれるものを使います。

セッション機能は、ASP.NET以外にもPHPやJSP（Java）でWebサイトを作成する場合にも用意されている重要な機能です。それぞれ実現方法が異なりますが、使い方は似ているので他の言語でも応用ができます。

4 ユーザーによる View の切り替え

　ASP.NET MVC アプリケーションでは、モデルとビューが切り離された仕組みになっています。この仕組みを利用すると、同じモデルに対して、ユーザーに適したビューを作成できます。

ログイン時の表示切り替え

　ショッピングサイトなどの会員機能が付いた Web サイトでは、ユーザーがログインしていない状態とログインしている状態があります。この2つの状態によって、画面を変えていきましょう。
　ログインしていない状態では、一般のユーザーが閲覧すると同じように商品の閲覧のみの画面にします。
　ログインしている状態では商品を購入するためのボタンが見えるようにして、ショッピングカートに商品を入れられるようにしましょう。

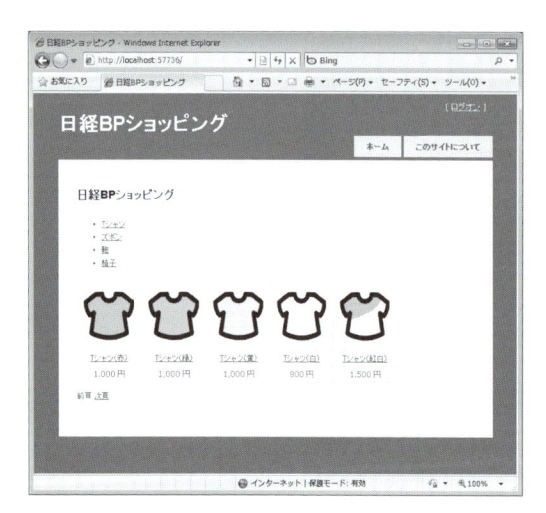

■ログインしていない状態 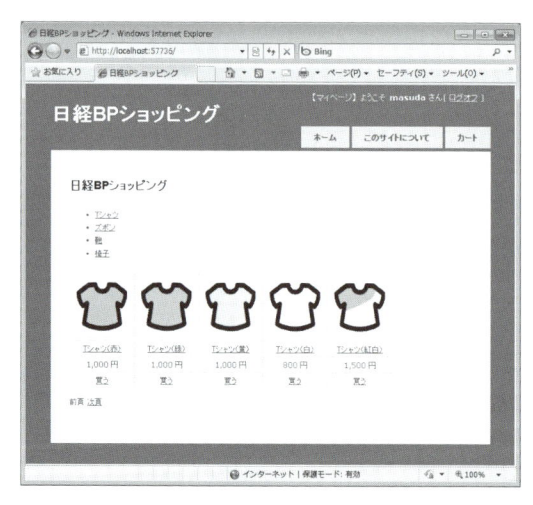　　　　　　　　　■ログインしている状態

　この他にも一般の会員制のサイトには、ログインしている場合だけ商品に対するコメントが付けられたり、さらに商品に対する詳しい記事が読めるような機能が用意されています。本書のサンプルサイトでは、これらの機能は実装しませんが、同じモデルを使って、条件によって異なるビューを簡単に表示させることが ASP.NET MVC では可能です。

管理ユーザーの場合の表示

　商品の情報を編集するために、管理ユーザー（Administrator）を用意します。同じ画面を開いても、一般の会員ユーザーの場合は、商品の購入ボタンなどが表示されますが、管理ユーザーの場合は、商品の詳細情報を編集できるようにします。

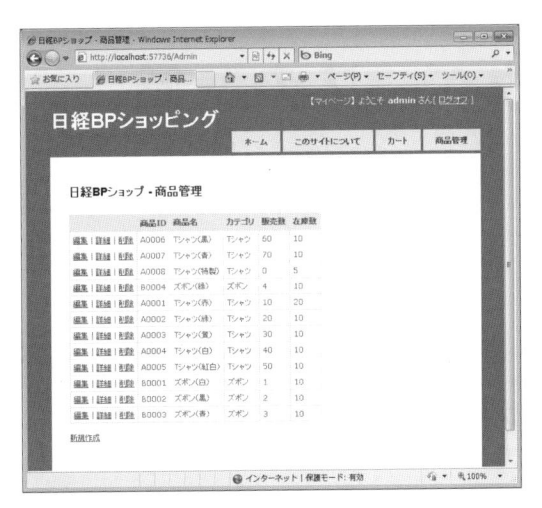

■管理ユーザーのページ

複雑な管理をしたい場合には、マスター管理などの特別なページを用意するほうが効率がよいのですが、今回のように商品情報を直接編集するような場合は、ビューを切り替える方法が使えます。

管理ユーザーでログインすることによって、新しい商品の追加や既存の商品の削除、商品情報の変更などを実装していきます。

■商品一覧のページ

実際の運用では、管理ユーザーは「役割（Role）」として実装するほうがよいのですが、本書のサンプルサイトでは簡単にするために「admin」という特定のユーザー名を使います。このユーザー名でログインすることによって、商品情報の更新が可能になるようにします。

5 データベースの準備

　サンプルサイトを作成するにあたって、本書ではSQL Server 2008 Express Editionのデータベースを使います。サンプルのショッピングサイトを作成する前に、ショッピングサイトで利用するデータベースを構築しましょう。

SQL Server 2008 Express Editionの確認

　Visual Studio 2010をインストールすると、自動的にSQL Server 2008 Express Editionがインストールされます。ここでは、事前にインストールされているSQL Server 2008 Express Editionを確認しましょう。

❶ ［スタート］ボタンをクリックし、［すべてのプログラム］－［Microsoft SQL Server 2008］あるいは［Microsoft SQL Server 2008 R2］をクリックする。

❷ ［構成ツール］－［SQL Server構成マネージャー］をクリックする。

▶ ［SQL Server Configuration Manager］が表示される。

❸ 左のツリーで［SQL Server のサービス］をクリックする。

❹ 「SQL Server (SQLEXPRESS)」が実行中であることを確認する。

ヒント

SQL Server 2008 R2 Express Editionへのアップグレード

執筆時点（2010年10月）では、SQL Serverの最新バージョンは「2008 R2」になります。Visual Studio 2010に同梱されているデータベースは「2008」になりますが、本書ではどちらのバージョンでも利用できます。
「2008 R2」へアップグレードする場合は、Microsoft SQL Server 2008 R2 RTM - Express with Management Tools (http://www.microsoft.com/downloads/details.aspx?displaylang=ja&FamilyID=967225eb-207b-4950-91df-eeb5f35a80ee) よりダウンロードして、アップロードを行ってください。この時に、SQL Server 2008 Express Editionをアンインストールする必要はありません。

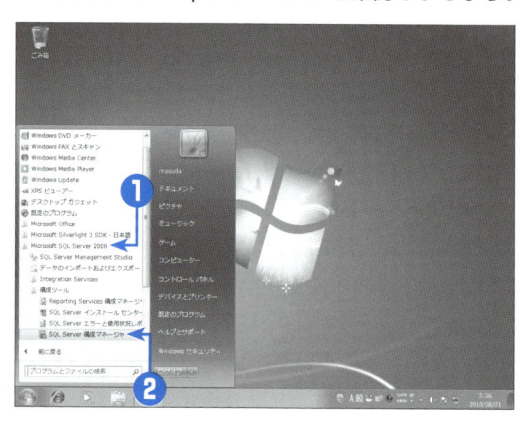

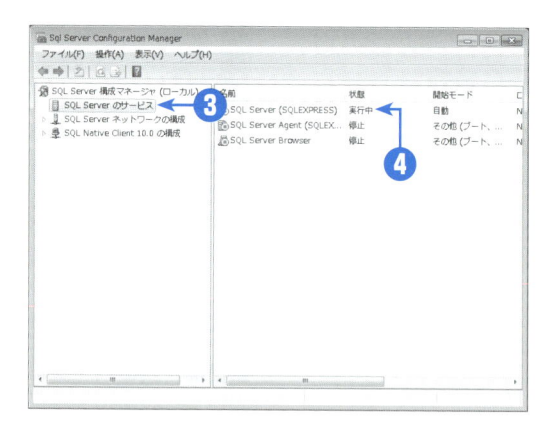

SQL Server Management Studioの設定

　Visual Studio 2010にはデータベースを扱う［サーバーエクスプローラー］が用意されていますが、データのインポート機能などは、無償で提供されている「SQL Server Management Studio」を利用すると便利です。いらなくなったデータベースの削除やログオンユーザーなどの管理ができます。SQL Server Management Studioをインストールしてみましょう。

❶ ［スタート］ボタンをクリックして、［すべてのプログラム］－［Microsoft SQL Server 2008］あるいは［Microsoft SQL Server 2008 R2］をクリックする。

❷ ［SQL Server Management Studio］がある場合は、これをクリックして起動する。［SQL Server Management Studio］がない場合は、「Microsoft SQL Server 2008 Management Studio Express」をWebサイト（http://www.microsoft.com/downloads/details.aspx?FamilyID=08e52ac2-1d62-45f6-9a4a-4b76a8564a2b&displaylang=ja）からダウンロードしてインストールする。

❸ ［SQL Server Management Studio］を起動して、サーバー名として.¥SQLEXPRESSを入力して、［接続］ボタンをクリックする。

❹ データベースに接続できることを確認する。

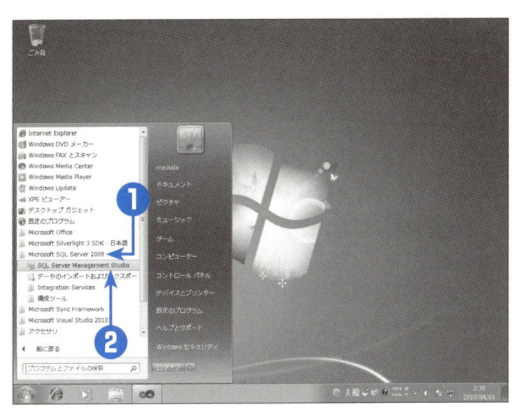

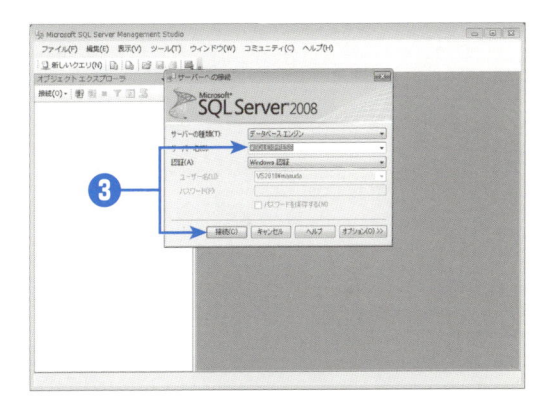

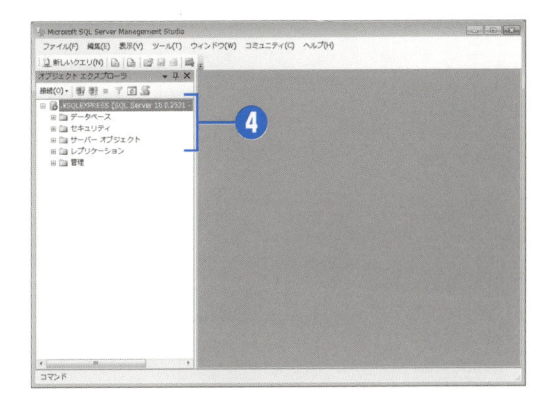

データベースの作成

最初に本書で使うmvcdbデータベースを作成しましょう。

① [オブジェクトエクスプローラー] の [データベース] を右クリックして、[新しいデータベース] をクリックする。

▶ [新しいデータベース] ダイアログボックスが開かれる。

② データベース名に **mvcdb** を設定して、[OK] ボタンをクリックする。

③ [オブジェクトエクスプローラー] の [データベース] に、「mvcdb」が作成されることを確認する。

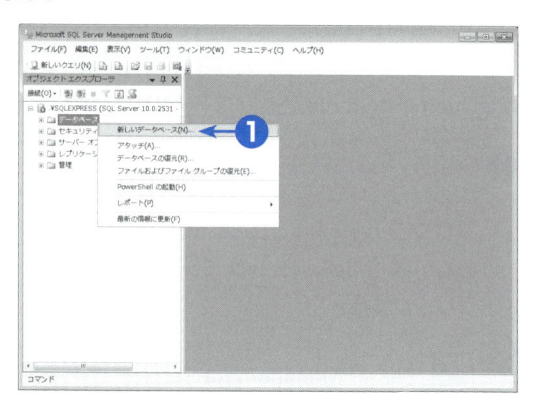

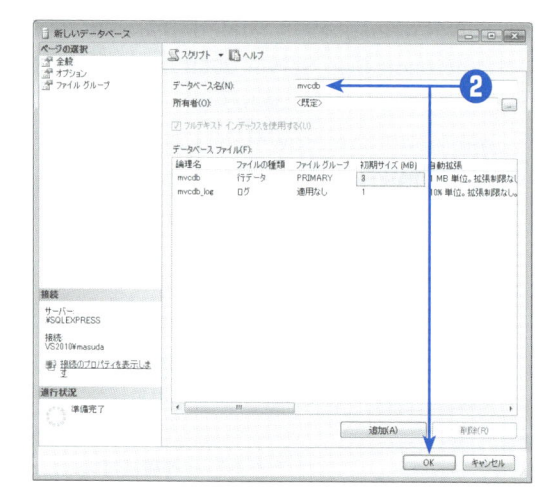

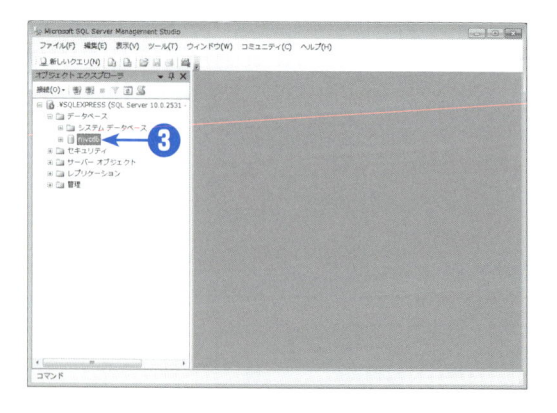

データのインポート

作成したデータベースに、本書で使うデータをインポートします。日経BP社のWebサイトからダウンロードした次のファイルをインポートします。

参考ファイル
￥mvc2￥mvcdb.sql

❶ [オブジェクトエクスプローラー]の[データベース]−[mvcdb]を右クリックして、[新しいクエリ]をクリックする。

▶ クエリを実行するウィンドウが開かれる。

❷ メモ帳で[c:￥mvc2￥mvcdb.sql]を開き、内容をクリップボードにコピーする。

❸ SQL Server Management Studioのクエリのウィンドウにコピーする。

❹ ツールバーの[実行]ボタンをクリックして、テーブルを作成する。

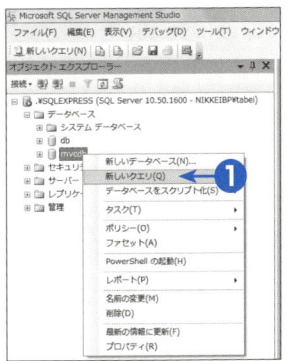

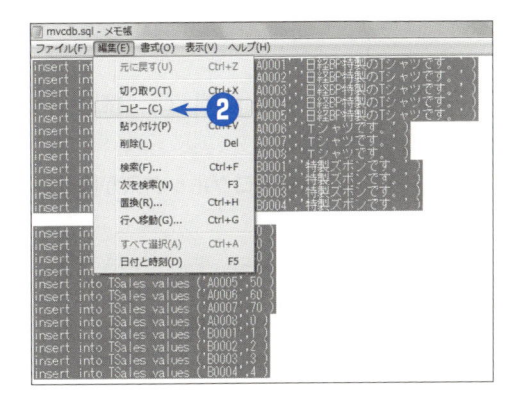

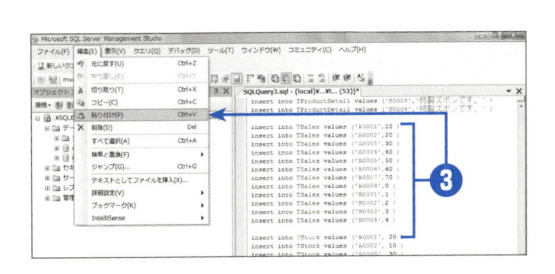

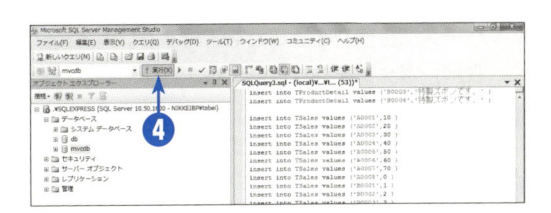

❺ [オブジェクトエクスプローラ]にテーブルが作成されていることを確認する。

❻ SQL Server Management Studioを終了する。「以下の項目への変更を保存しますか？」と尋ねられるので、[いいえ]をクリックする。

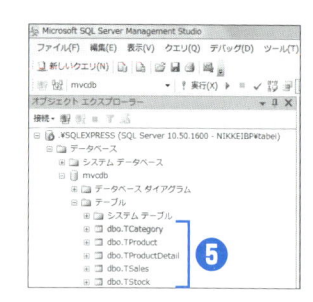

Visual Studio 2010の設定

SQL Serverにインポートしたデータを Visual Studio 2010 で参照できるようにします。

❶ Visual Studio 2010を起動して[サーバーエクスプローラー]を開く。

❷ [データ接続]を右クリックして、[接続の追加]を選択する。

▶ [接続の追加]ダイアログボックスが開かれることを確認する。

❸ [データソース]が[Microsoft SQL Server (SqlClient)]であることを確認する。違う設定の場合は、[変更]をクリックして、[Microsoft SQL Server]を選択し、[OK]をクリックする。

❹ [サーバー名]に、.¥sqlexpressと入力する。

❺ データベースへの接続の[データベース名の選択または入力]のドロップダウンリストから[mvcdb]を選択する。

❻ [テスト接続]ボタンをクリックして、データベースに接続できることを確認する。確認後は[OK]ボタンをクリックする。

❼ [OK]ボタンをクリックする。

❽ [サーバーエクスプローラー]に、追加したデータベース「＜コンピューター名＞¥sqlexpress.mvcdb.dbo」が追加されたことを確認する。

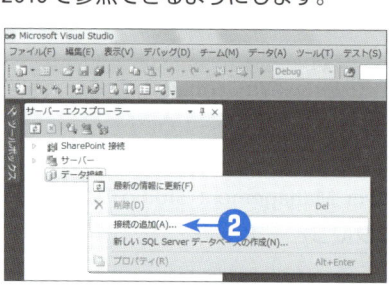

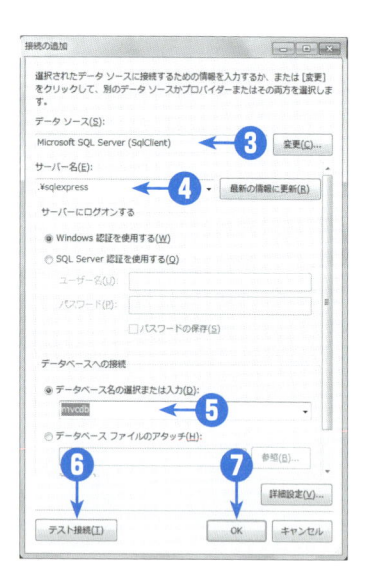

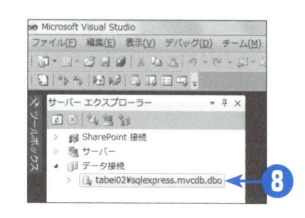

これでデータベースの準備は整いました。いよいよ次の章からショッピングサイトを作成していきます。

商品一覧の表示

第6章

1. トップ画面の作成
2. 商品のリスト表示
3. データベースからの表示
4. ビューの記述の変更
5. ページ送りを付ける
6. 画像を表示する

この章では、サンプルのショッピングサイトのトップ画面を作成していきます。

この章で学習する内容と身に付くテクニック

この章では、サンプルのショッピングサイトのトップ画面を作成していきます。統合開発環境で作成されるサンプルのプロジェクトを使い、商品の一覧リストが表示できるところまでを作成します。主な学習内容は次のとおりです。

STEP 1 最初にトップ画面のタイトルを変更します。サンプルサイトではマスターページを利用しているので、1つの変更ですべてのタイトルが変更できます。

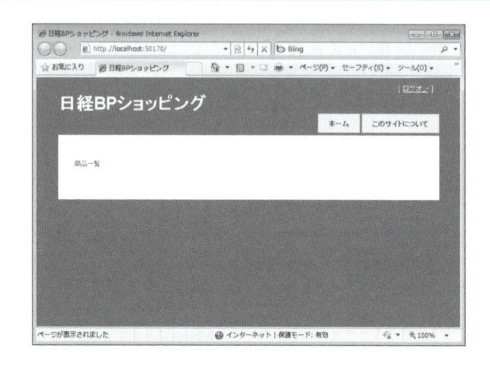

STEP 2 トップページに商品の一覧を表示します。繰り返し処理を使った商品の表示から、データベースに接続した時の表示までを一気に作ります。LINQ to SQLの機能を使うと、データベースが簡単に扱えます。

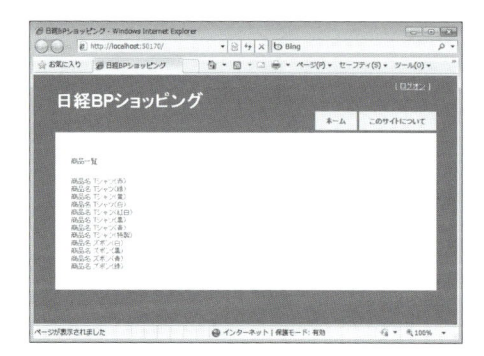

STEP 3 トップ画面のViewを少しずつ整えて、商品の画像を表示させるところまで作ります。HTMLのimgタグを利用して、画像を表示させます。

1 トップ画面の作成

　ここからは、サンプルのショッピングサイトを作成していきます。ショッピングサイトの名前は「日経BPショッピング」にしておきましょう。最初は統合開発環境を使ってプロジェクトを作り、タイトルを変更するところまでを作成します。

ショッピングサイトのプロジェクトを作成する

　第3章で、Helloプロジェクトを作成したときと同じように、「スタートページ」を使ってショッピングサイトのプロジェクトを作成しましょう。

❶ スタートページの［新しいプロジェクト］をクリックする。
　▶［新しいプロジェクト］ダイアログボックスが表示される。

❷ ［新しいプロジェクト］ダイアログボックスで、［インストールされたテンプレート］ボックスの［Visual C#］－［Web］をクリックする。

❸ ［ASP.NET MVC 2 Webアプリケーション］をクリックする。

❹ ［名前］ボックスに **MvcShopping** と入力する。

❺ ［ソリューションのディレクトリを作成］チェックボックスがオンになっていることを確認する。

❻ ［ソリューション名］ボックスに［プロジェクト名］ボックスと同じ内容が表示されていることを確認する。

❼ ［OK］をクリックする。
　▶［単体テストプロジェクトの作成］ダイアログボックスが表示される。

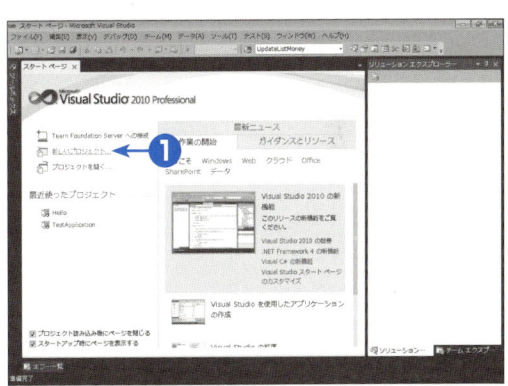

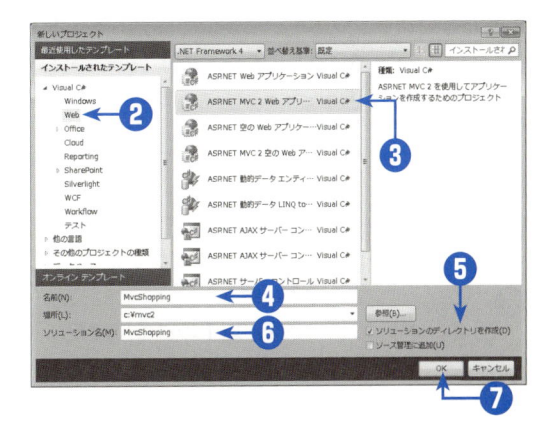

❽

[単体プロジェクトを作成する] オプションを
選択したまま、[OK] ボタンをクリックする。

▸ MvcShopping プロジェクトが作成される。

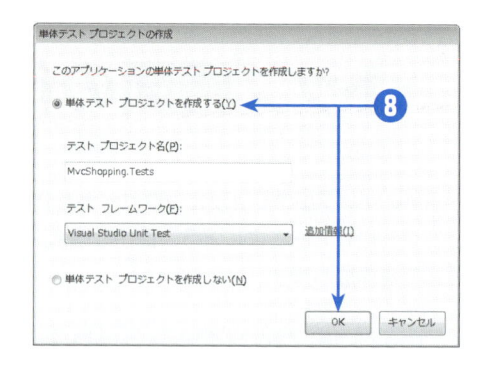

トップページのビューを変更する

あらかじめトップページに表示されている「ホーム ページ」や「マイ MVC アプリケーション」の文字を
「日経BPショッピング」に変更します。

❶

[ソリューションエクスプローラー] で [MvcShopping] – [Views] – [Home] – [Index.aspx] をクリッ
クする。

❷

[コードの表示] ボタンをクリックする。

❸

Index.aspxのコードを、以下のように変更する（色文字部分）。

```
<%@ Page Language="C#" MasterPageFile="~/Views/Shared/Site.Master" Inherits= →
"System.Web.Mvc.ViewPage" %>

<asp:Content ID="Content1" ContentPlaceHolderID="TitleContent" runat="server">
    日経BPショッピング                    ◀━━━ 1
</asp:Content>

<asp:Content ID="Content2" ContentPlaceHolderID="MainContent" runat="server">
    <p>
        商品一覧                          ◀━━━ 2
    </p>
</asp:Content>
```

このとき、自動生成された
<h2><%: ViewData["Message"] %></h2>
の1行は削除しておく。

❹ ソリューションエクスプローラーで［MvcShopping］－［Views］－［Shared］－［Site.Master］をクリックする。

❺ ［コードの表示］ボタンをクリックする。

❻ Site.Masterのコードを、以下のように変更する（色文字部分）。

```
<body>
    <div class="page">
        <div id="header">
            <div id="title">
                <h1>日経BPショッピング</h1>             ← 3
            </div>
```

コードの解説

1
```
<asp:Content ID="Content1" ContentPlaceHolderID="TitleContent" runat="server">
    日経BPショッピング
</asp:Content>
```

ブラウザに表示されるタイトルを設定します。商品名などを入れる場合は、ここを変更していきます。

2
```
<p>
    商品一覧
</p>
```

トップページに表示する商品一覧の位置を示しておきます。

3
```
<div id="title">
    <h1>日経BPショッピング</h1>
</div>
```

統合開発環境で作成するASP.NET MVCアプリケーションでは、マスターページと呼ばれるテンプレートが使われています。マスターページを使うと、Webサイトのヘッダー部（タイトル画像など）やフッター部（コピーライトの表示や連絡先など）を統一的に扱うことができます。
　ここでは、タイトル部分をマスターページにより「日経BPショッピング」に統一しています。

動作の確認

MvcShoppingアプリケーションを実行すると、Internet Explorerが表示されます。Index.aspxとSiter.Masterに設定した「日経BPショッピング」が表示されることを確認しましょう。

❶
[標準] ツールバーの [デバッグ開始] ボタンをクリックする。

❷
Internet Explorerが表示されることを確認する。

❸
ページに変更した内容が表示されていることを確認する。

❹
Internet Explorerの閉じるボタンをクリックする。

→ プログラムが終了し、統合開発環境に戻る。

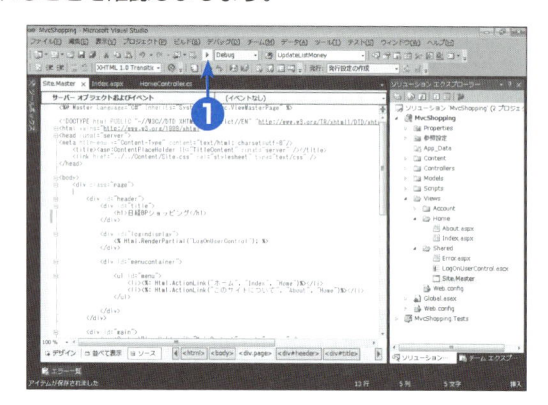

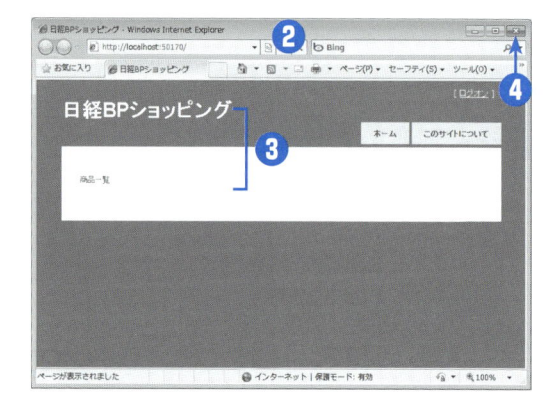

2 商品のリスト表示

　次にトップページ（Home/Index.aspx）に、商品一覧を表示しましょう。いきなりデータベースに接続して商品一覧を表示することは難しいので、最初は仮のデータを表示させます。繰り返し文（for文）を使い、「商品その1」から「商品その10」までを表示させます。

仮の商品一覧を表示する

❶ コードエディターにViews/Home/Index.aspxファイルを表示する。

❷ Index.aspxファイルに次のコードを記述する（色文字部分）。

```
<p>
<%                                          1
    for (int i = 0; i < 10; i++)            2
    {
        Response.Write(                     3
            string.Format("商品その{0}<br/>", i + 1));   4
    }
%>                                          5
</p>
```

❸ ［ビルド］メニューの［MvcShoppingのビルド］をクリックする。

▶ 問題なくビルドされることを確認する。

コードの解説

1 `<%`

　Index.aspxのように拡張子が「.aspx」のファイルは「MVCビューページ」になります。ビューページには、画面にデータを表示させるための記法があり、「<%」と「%>」の間に、C#のコードを記述します。

2

```
    for (int i = 0; i < 10; i++)
    {
```

繰り返し処理をしている部分です。C#では繰り返しを行うために、forステートメントを使います。ここでは、「i」という名前の変数を宣言しておいて、0から10未満（0から9まで）の繰り返しを行っています。「i++」というのは、「iという変数の値を、1ずつ増やす」という意味です。

構文　forステートメント

```
for ( ＜初期値＞; ＜条件＞; ＜反復処理＞ )
{
        ＜繰り返し処理＞
}
```

3　　　　　　　Response.Write(

ビューに文字列を表示するための記述です。ResponseというオブジェクトのWriteメソッドを利用しています。Responseオブジェクトは、ビューに対していろいろな出力するためのオブジェクトです。この中で、ビューに出力するためのWriteメソッドを使っています。

構文　Response.Writeメソッド

```
Response.Write( ＜文字列＞ )
```

4　　　　　　　string.Format("商品その{0}
", i + 1));

ビューに表示するための文字列を整形しているところです。「string.Format」は、文字列のクラス（stringクラス）の整形用のメソッド（Formatメソッド）を使う、という意味になります。文字列を整形するための定番の処理なので覚えておいてください。

「商品その{0}」という書式は、「{0}」の部分に、引数（ここでは「i+1」）の値を代入するという意味になります。たとえば、変数iの値が「0」の場合には、「商品その1」という整形結果になります。

書式に含まれている「
」は改行を示すHTMLタグです。HTMLでは改行コードを入れても、そのままでは改行されないため、このようなタグが必要になります。

構文　string.Formatメソッド

```
string.Format( ＜書式文字列＞, 引数 ... )
```

5　　　%>

C#のコード記述の終わりを示します。これ以降は、通常のHTMLタグの表記になります。

動作の確認

では、仮の商品のリストを表示させてみましょう。「商品その1」から「商品その10」まで表示できれば成功です。

❶ ［標準］ツールバーの［デバッグ開始］ボタンをクリックする。

❷ Internet Explorerが表示されることを確認する。

❸ ページに変更した内容が表示されていることを確認する。

❹ Internet Explorerの閉じるボタンをクリックする。

▶ プログラムが終了し、統合開発環境に戻る。

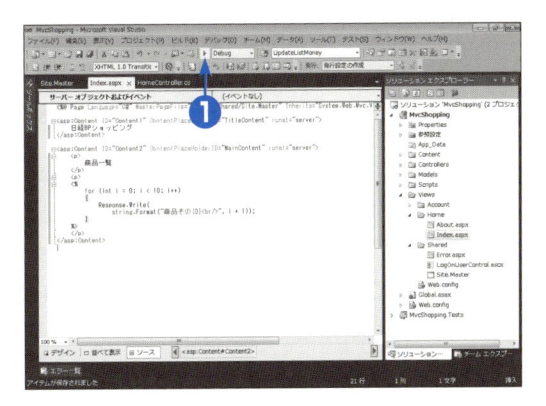

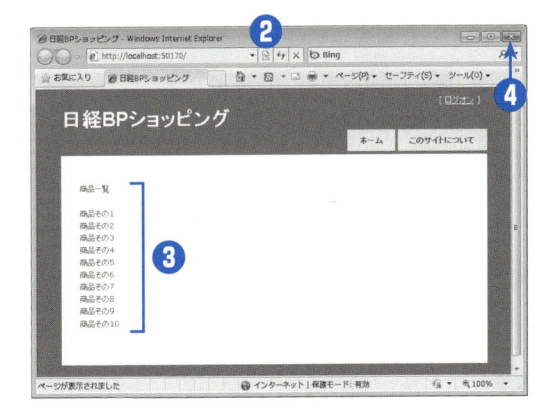

3 データベースからの表示

次のデータベースから商品一覧を取得して、トップページに表示させてみましょう。少し手順が長くなりますが、注意深く手順どおりに作成してみましょう。データクラスの作成、モデルの作成、データベースへの接続、コントローラでのデータ取得、そしてビューへの表示までを一気に作成していきます。

データクラスを作成する

［サーバーエクスプローラー］を利用してデータクラス（LINQ to SQLクラス）を作成します。このデータクラスを使って、データベースから商品データなどを抽出します。

❶ ［ソリューションエクスプローラー］で［Models］を右クリックして、［追加］-［新しい項目］をクリックする。

▶ ［新しい項目の追加］ダイアログボックスが表示される。

❷ ［インストールされたテンプレート］リストから［Visual C#］-［データ］をクリックする。

❸ 中央のリストで、［LINQ to SQLクラス］を選択する。

❹ ［追加］ボタンをクリックする

▶ ［ソリューションエクスプローラー］にデータクラスが追加される。

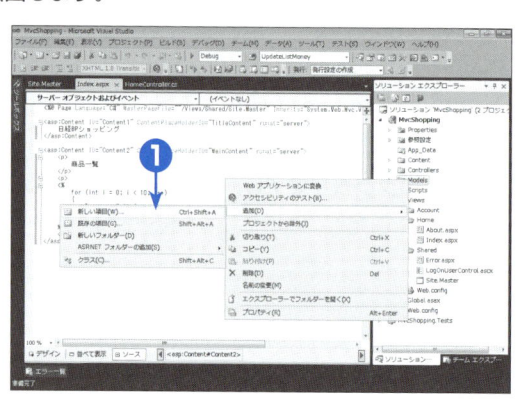

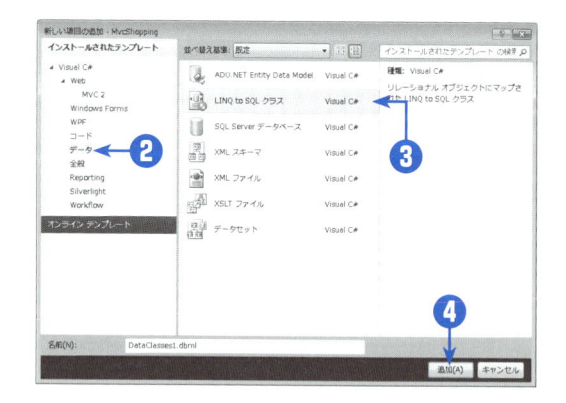

第6章　商品一覧の表示

❺ ［サーバーエクスプローラー］を表示させ、［データ接続］−［＜コンピューター名＞¥sqlexpress.mvcdb.do］−［テーブル］のツリーを開く。

❻ ［TProduct］テーブルを、データクラスの上にドラッグアンドドロップする。

❼ ［TProduct］テーブルのデータクラスが作成されることを確認する。

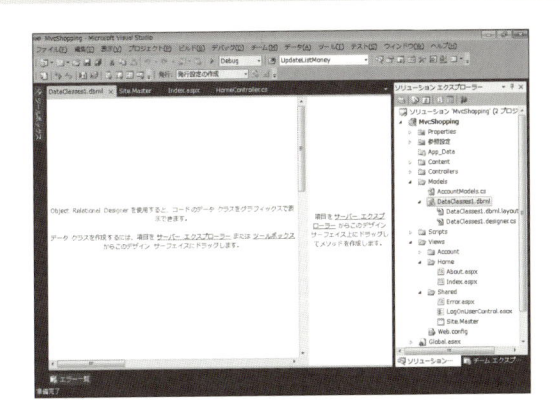

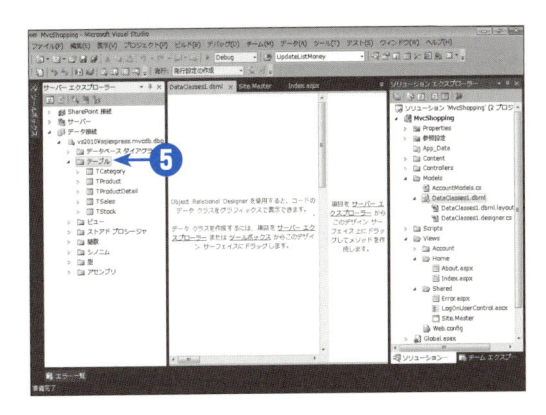

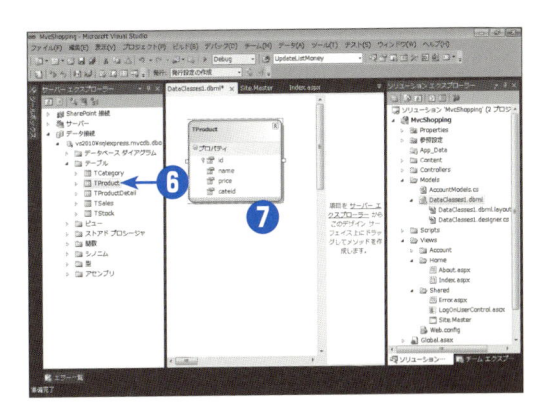

商品一覧のためのモデルを作成する

次に商品一覧を表示するためのモデルを作成します。Home/Index.aspxのページに表示する一覧に結び付けられるモデルになります。モデルの名前はHomeModelsにしましょう。

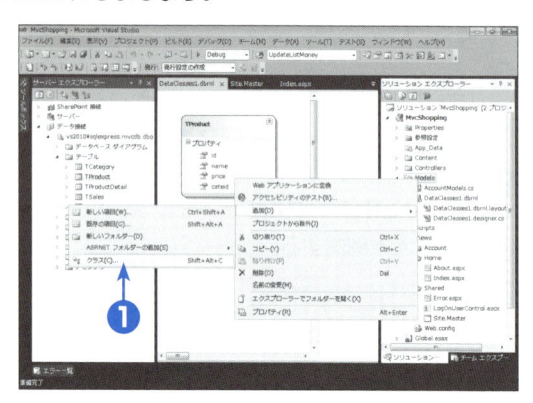

❶ [ソリューションエクスプローラー] を開き、[Models] を右クリックして、[追加]-[クラス] をクリックする。
　▶ [新しい項目の追加] ダイアログボックスが表示される。

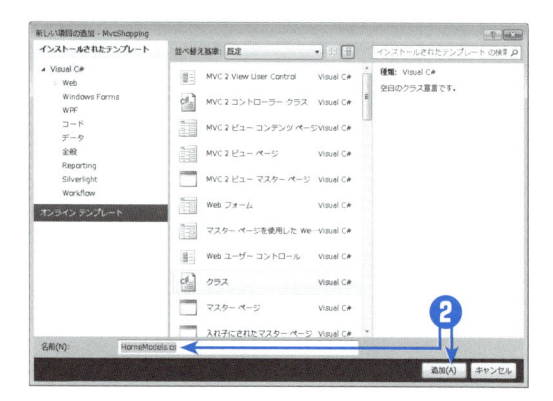

❷ [名前] に **HomeModels** と入力して、[追加] ボタンをクリックする。

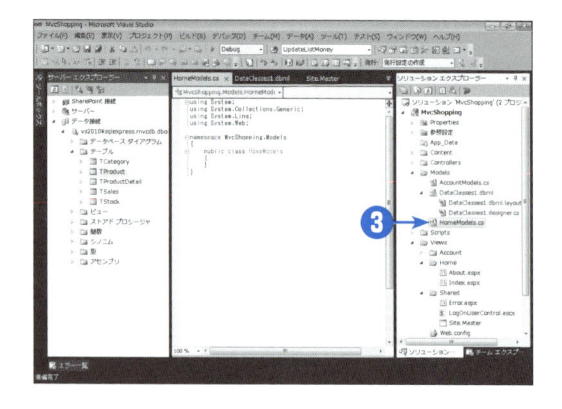

❸ [Models] フォルダーに、HomeModels.cs ファイルが作成されることを確認する。

❹ HomeModels.csファイルに次のコードを記述する（色文字部分）。

```
namespace MvcShopping.Models
{
    /// <summary>
    /// 商品情報のモデルクラス           ←  ❶
    /// </summary>
    public class ProductModel           ←  ❷
    {
        // 商品リスト
        public IQueryable<TProduct> Products { get; set; }   ←  ❸
    }
}
```

❺ ［ビルド］メニューの［MvcShoppingのビルド］をクリックする。

▶ 問題なくビルドされることを確認する。

コードの解説

❶
```
/// <summary>
/// 商品情報のモデルクラス
/// </summary>
```

　クラスを説明するときのコメントになります。統合開発環境では「///」のように「/」(スラッシュ) を3つ連続させたときに、自動的に「<summary>」や「</summary>」のような、コメントが付きます。これはドキュメントを作成するときのマーキングになります。
　C#でのコメントは、1行コメントするために「//」(2つのスラッシュ)を使うか、複数行のコメントのために「/*」と「*/」を使います。

構文　C#のコメント

```
構文
// <コメント>

/* <コメント> */

/*
   <複数行のコメント>
*/

/// <summary>
/// </summary>
```

2 `public class ProductModel`

モデルを示すためのクラスです。既定でクラス名はProductModelとなります。クラスの記述は、「class」というキーワードと、クラスのアクセス範囲を指定するための「public」で記述します。publicは、「他のアセンブリ（DLL）からでもこのクラスを使える」という意味です。逆に、非公開にしたい場合は「privete」と記述します。

構文　クラスの定義

```
// 公開するクラス
public class ＜クラス名＞
{
    ...
}
// 非公開のクラス
priate class ＜クラス名＞
{
    ...
}
```

3
```
// 商品リスト
public IQueryable<TProduct> Products { get; set; }
```

商品一覧のデータを持つためのプロパティです。このプロパティは「public」の指定により公開され、型が「IQueryable<TProduct>」になります。この記述の仕方は、少し奇妙な書き方に思えるでしょうが、後の章で詳しく説明します。ここでは、こういう型があるものだと思ってください。

プロパティの名前が「Products」になります。C#のクラスには、メンバーとプロパティ、メソッドの3種類がありますが、プロパティは主に値の取得や設定を行う役目をします。

「{ get; set; }」という書き方は、Productsプロパティが読み書きできることを簡略に示しています。

構文　プロパティの簡易定義

```
// 取得と設定の両方
public ＜型＞ ＜プロパティ名＞ { get; set; }

// 取得のみ
public ＜型＞ ＜プロパティ名＞ { get; }
```

構文　プロパティの通常の定義

```
// 取得と設定の両方
public ＜型＞ ＜プロパティ名＞
{
    get
    {
        return ＜内部メンバー＞;
    }
    set
    {
        ＜内部メンバー＞ = vlaue;
    }
}
```

コントローラーを作成する

　商品一覧のモデル（ProductModelクラス）と商品一覧を表示するビュー（Index.aspx）をつなぎ合わせるコントローラーを作成していきましょう。Index.aspxに対応するコントローラーは、Controllers/HomeController.csに記述されています。

❶ コードエディターにControllers/HomeController.csファイルを表示する。

❷ HomeController.csファイルに次のコードを記述する（色文字部分）。

```csharp
using System.Configuration;              // 1
using System.Data.Linq;
using MvcShopping.Models;

public ActionResult Index()
{
    // web.config から接続文字列を取得
    string cnstr = ConfigurationManager.ConnectionStrings[   // 2
        "mvcdbConnectionString"].ConnectionString;
    // データベースに接続する
    DataContext dc = new DataContext(cnstr);                 // 3
    // 商品一覧を取得
    ProductModel model = new ProductModel();                 // 4
    model.Products = dc.GetTable<TProduct>();

    // モデルを設定する
    return View(model);                                      // 5
}
```

❸ ［ビルド］メニューの［MvcShoppingのビルド］をクリックする。

▶ 問題なくビルドされることを確認する。

コードの解説

1
```
using System.Configuration;
using System.Data.Linq;
using MvcShopping.Models;
```

　これから使う各クラスのための名前空間です。ライブラリを便利に使うためのお約束のようなもので、「using」に続けて、利用する名前空間を記述します。

2
```
        // web.config から接続文字列を取得
        string cnstr = ConfigurationManager.ConnectionStrings[
            "mvcdbConnectionString"].ConnectionString;
```

　最初にデータベースに接続するための接続文字列を取得します。ここでは、web.configという設定ファイルから、接続文字列を取得するようにしています。少し長いですが、インテリセンスを利用してコードを書くとよいでしょう。

3
```
        // データベースに接続する
        DataContext dc = new DataContext(cnstr);
```

　LINQ to SQLクラスを使うときのデータコンテキストになります。先に取得した接続文字列を渡してオブジェクトを作成します。ここで使われるnewというキーワードが、新しくインスタンスを作成する、という意味になります。書籍によっては「オブジェクトを生成する」という言い方もされます。

> **構文　インスタンスを生成**
>
> ```
> // 引数がない場合
> <クラス名> <変数名> = new <クラス名>()
>
> // 引数がある場合
> <クラス名> <変数名> = new <クラス名>(
>    引数 )
> ```

4
```
        // 商品一覧を取得
        ProductModel model = new ProductModel();
        model.Products = dc.GetTable<TProduct>();
```

　先ほど作成した商品のテーブル（TProductテーブル）を読み込んでいる部分です。モデルとなるProductModelクラスのインスタンスを生成した後に、GetTableメソッドを使用して、TProductテーブルの内容を取得します。テーブルの内容は、Productsプロパティに設定しておきます。

5
```
        // モデルを設定する
        return View(model);
```

　ビュー（Index.aspx）に、モデルを設定するために「View(model)」のように引数に、生成したモデルを指定します。こうすることによって、ビュー（index.aspx）でモデルのデータ（ProductModel）が利用できるようになります。

ヒント

[選択した項目をバインドするオプション] を有効活用しよう

最初のうちは、どのクラスがどの名前空間にあるのかわからず苦労します。そのため、あらかじめ❷以降のクラスを利用した後に、図のように [選択した項目をバインドするオプション] を使うと、素早く名前空間を設定できます。

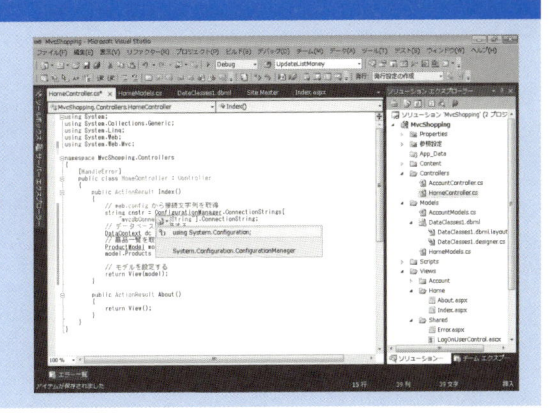

ビューを設定する

最後にモデルに設定した商品一覧のデータ（Products）を使って、画面に一覧を表示させます。表示させるトップ画面のビューはViews/Home/Index.aspxになります。

❶ コードエディターに Views/Home/Index.aspx ファイルを表示する。

❷ Index.aspx ファイルに次のコードを記述する（色文字部分）。

```
<%@ Page Language="C#" MasterPageFile="~/Views/Shared/Site.Master"
    Inherits="System.Web.Mvc.ViewPage<ProductModel>" %>     1
<%@ Import Namespace="MvcShopping.Models" %>               2

<asp:Content ID="Content1" ContentPlaceHolderID="TitleContent" runat="server">
    日経BPショッピング
</asp:Content>

...省略

<%                                                          3
foreach (var item in Model.Products)                        4
{
    Response.Write(
        string.Format("商品名 {0}<br/>", item.name));       5
}
%>                                                          6
</p>
</asp:Content>
```

❸ [ビルド] メニューの [MvcShoppingのビルド] をクリックする。

▶ 問題なくビルドされることを確認する。

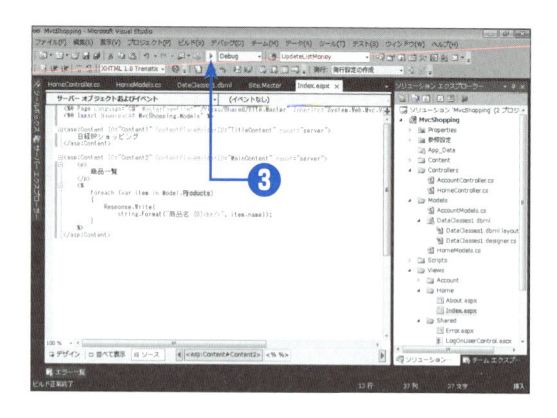

コードの解説

1 `<%@ Page Language="C#" MasterPageFile="~/Views/Shared/Site.Master" Inherits="System.Web.Mvc.ViewPage<ProductModel>" %>`

コントローラーから渡されるモデルの型を明確にするために「<ProductModel>」の記述を追加します。こうすることにより、ビューで使うモデルの型が固定化できます。

2 `<%@ Import Namespace="MvcShopping.Models" %>`

モデルの名前空間を使うための記述です。C# の先頭行に「using MvcShopping.Models;」と記述することと同じ効果があります。利用する名前空間を指定すると、コードでのクラスの記述が短くなります。ここでは、ProductModelというクラスを使いますが、この名前空間の指定がない場合は、常に「MvcShopping.Models.ProductModel」のように長い記述が必要になります。

3 `<%`

仮の商品一覧を書いたときのように、ここからC#のコードが始まるという印になります。

4 `foreach (var item in Model.Products)`
`{`

すべての商品一覧を表示するための繰り返し処理です。仮の商品一覧を表示するときはforステートメントを使いましたが、ここではforeachステートメントを使います。foreachステートメントは、コレクションと呼ばれる要素の集まりに対して、1つずつ処理ができる構文になります。それぞれの要素が、iという変数で参照できます。要素の型は、varという暗黙の型を使い、コンパイラが自動的に型を設定します。ここでは、「ver item」と「TProduct item」と同じ機能になります。

構文　foreachステートメント

```
foreach ( <型> <変数> in <コレクション> )
{
        <繰り返し処理>
}
```

5
```
        Response.Write(
            string.Format("商品名 {0}<br/>", item.name));
```

商品名を表示するために、Response.Writeメソッドを利用しています。商品名は、nameプロパティになります。このnameプロパティは、TProductテーブルのname列と一致しています。

6　`%>`

C#のコードが終了する印を書いて、修正部分は終わりになります。

動作の確認

では、商品の一覧を表示させてみましょう。TProductテーブルのすべての商品名が表示されれば成功です。

❶ ［標準］ツールバーの［デバッグ開始］ボタンをクリックする。

❷ Internet Explorerが表示されることを確認する。

❸ ページに変更した内容が表示されていることを確認する。

❹ Internet Explorerの閉じるボタンをクリックする。

▶ プログラムが終了し、統合開発環境に戻る。

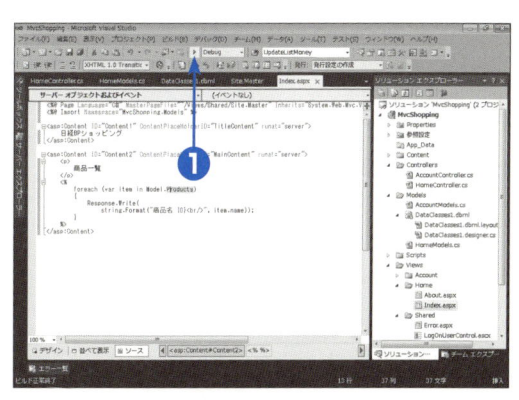

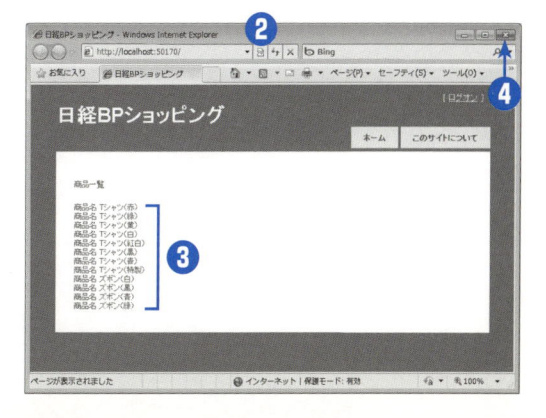

モデル、コントローラー、ビューの関係を追う

　うまく動作しましたか？ コンパイルエラーがでる場合は、もう一度コードを見直してみてください。ここで、モデル、コントローラー、ビューの関係を復習しておきましょう。データベースから商品の情報を取得したのちに、どのような流れでデータが伝わるのかを図解します。

❶ データベースからDetaContextを使って商品データを取得する

❷ モデルに商品データを設定する（ProductModeクラス）

❸ コントローラーがビューにモデルを設定する（HomeControllerクラス）

❹ ビューが商品データ（ProductModel）を参照して表示する（Index.aspx）

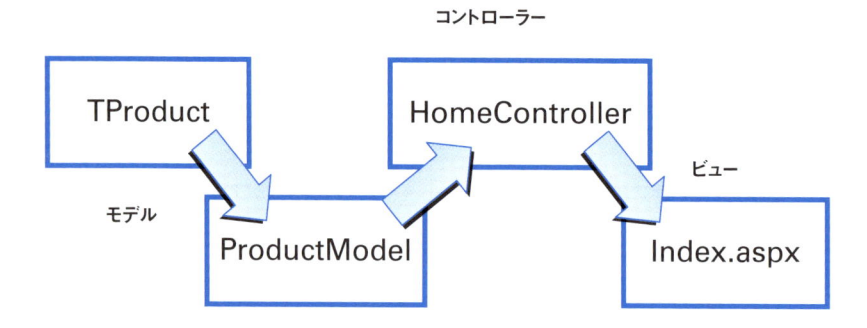

```
                    コントローラー
   TProduct         HomeController
                                         ビュー
   モデル
           ProductModel           Index.aspx
```

　データの流れが把握できましたか。商品データを表示する場合には、コントローラーは直接関わらず、ビューから直接モデルのデータを扱っています。

4 ビューの記述の変更

　ショッピングサイトの表示はResponse.Writeメソッドを使って記述していましたが、これはHTMLタグが複雑になってくると、修正が難しくなってしまいます。そこでASP.NETでインラインコードを書ける「<%:」と「%>」を使って書き直してみましょう。

■ トップページのビューを変更する

　トップページのビュー（Views/Home/Index.aspx）を書き換えていきましょう。

① コードエディターにViews/Home/Index.aspxファイルを表示する。

② Index.aspxファイルに次のコードを記述する（色文字部分）。

```
<% foreach (var item in Model.Products)     ← 1
       { %>
          商品名 <%: item.name%><br />      ← 2
<% } %>       ← 3
```

③ ［ビルド］メニューの［MvcShoppingのビルド］をクリックする。
　▶ 問題なくビルドされることを確認する。

■ コードの解説

1
```
<% foreach (var item in Model.Products )
       { %>
```

　繰り返し処理をするforeachステートメントです。前回の記述と異なるところは、繰り返し処理を記述する部分です。ブロックを示す「{」の次に「%>」で、インラインコードを閉じていることです。

2　　　　　　商品名 <%: item.name %>

　商品名を表示しているところを、「商品名」というラベル部分と、商品名自身を表示する「item.name」の変数、改行を示すタグの3つに分けます。C#の変数を直接表示する場合は、「<%:」で始めます。単純な表示の場合は、このインライン表示を使うことのより、作成するHTML構造がわかりやすくなります。

構文 インラインで変数を出力

<%: <変数名> %>

3 <% } %>

繰り返し処理の記述が終わったので、foreachステートメントのブロックを「}」で閉じます。このとき、「}」だけを「<%」と「%>」で囲み、インライン記述にします。

動作の確認

では、商品の一覧を表示させてみましょう。先に作成したビューのコードと同様に、TProductテーブルのすべての商品名が表示されれば成功です。

❶
[標準] ツールバーの [デバッグ開始] ボタンをクリックする。

❷
Internet Explorerが表示されることを確認する。

❸
ページに変更した内容が表示されていることを確認する。

❹
Internet Explorerの閉じるボタンをクリックする。

➡ プログラムが終了し、統合開発環境に戻る。

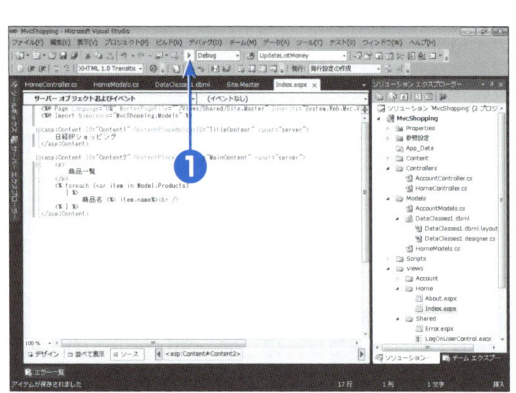

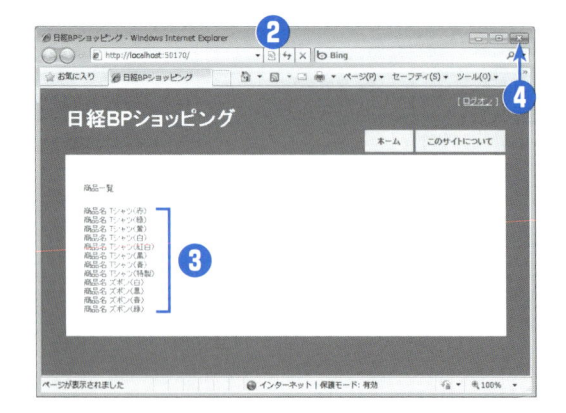

5 ページ送りを付ける

ショッピングサイトで商品数は非常に膨大になります。このサンプルでは数十の商品しかありませんが、本格的なショッピングサイトでは、数十万、数百万の商品数になります。これらの商品をすべて表示してしまうと、画面の表示に時間が掛かってしまいます。

それの対策として、ここではページ送りの機能を付けてみましょう。10件ごとに商品を表示できるようにします。

モデルクラスを変更する

商品情報のモデルクラス（ProductModel）を変更しましょう。現在表示しているページと、前後のページへ移動できるかを確認できるプロパティを追加します。これらは、ビューで「前頁」や「次頁」の表示をするときに使います。

❶ コードエディターに Models/HomeModels.cs ファイルを表示する。

❷ HomeModels.cs ファイルに次のコードを記述する（色文字部分）。

```
/// <summary>
/// 商品情報のモデルクラス
/// </summary>
public class ProductModel
{
    // 商品リスト
    public IQueryable<TProduct> Products { get; set; }
    // カレントページ
    public int CurrentPage { get; set; }        ← 1
    // 前ページがあるか
    public bool HasPrevPage { get; set; }        ← 2
    // 次ページがあるか
    public bool HasNextPage { get; set; }        ← 3
}
```

❸ ［ビルド］メニューの［MvcShoppingのビルド］をクリックする。

▶ 問題なくビルドされることを確認する。

コードの解説

1
```
// カレントページ
public int CurrentPage { get; set; }
```

現在のページ番号を保持します。コントローラーで、指定したページの商品を取得する時に使います。

2
```
// 前ページがあるか
public bool HasPrevPage { get; set; }
```

カレントページよりも前のページがあるかを保持します。たとえば、先頭のページ（0ページ）の場合は、false（偽）の値になります。

3
```
// 次ページがあるか
public bool HasNextPage { get; set; }
```

カレントページよりも後ろのページがあるかを保持します。最終ページに達したら、偽（false）の値になります。

コントローラークラスを変更する

データベースから商品を取得しているコントローラーのクラスを変更します。ページ送りは、「http://localhost/Home/?page=1」のように、「page=＜ページ番号＞」の形で渡せるようにします。

❶ コードエディターに Controllers/HomeController.cs ファイルを表示する。

❷ HomeController.cs ファイルに次のコードを記述する（色文字部分）。

```csharp
public ActionResult Index(int? page)   // 1
{
    // web.config から接続文字列を取得
    string cnstr = ConfigurationManager.ConnectionStrings[
        "mvcdbConnectionString"].ConnectionString;
    // データベースに接続する
    DataContext dc = new DataContext(cnstr);
    // 商品一覧を取得
    ProductModel model = new ProductModel();
    model.Products = dc.GetTable<TProduct>();

    // 1ページに表示する商品数
    int max_item = 5;                               // 2
    // 表示中のページ
    int cur_page = page ?? 0;                       // 3
    int max = dc.GetTable<TProduct>().Count();
```

```
        // 指定ページの商品数を取得する
        model.Products = (from p in dc.GetTable<TProduct>()    ←――――― 4
                          select p).Skip(cur_page * max_item).Take(max_item);

        // カレントページの設定
        model.CurrentPage = cur_page;    ←―――――――――――――――――――――――――― 5
        // 前頁が存在するか
        if (cur_page == 0)    ←――――――――――――――――――――――――――――――――――― 6
        {
            model.HasPrevPage = false;
        }
        else
        {
            model.HasPrevPage = true;
        }
        // 次頁が存在するか
        if (cur_page * max_item + max_item < max)    ←――――――――――――― 7
        {
            model.HasNextPage = true;
        }
        else
        {
            model.HasNextPage = false;
        }

        // モデルを設定する
        return View(model);
    }
```

❸ ツールバーの［デバッグ開始］をクリックする。

▶ 単体試験用のプロジェクト MvcShopping.Tests プロジェクトでエラーが発生する。

❹ 「ビルドエラーが発生しました。続行して、最後に成功したビルドを実行しますか？」に、［いいえ］をクリックする。

❺ 「引数を 0 個指定できる、メソッド 'Index' のオーバーロードはありません」のエラーをダブルクリックして、MvcShopping.Tests プロジェクトの HomeControllerTest.cs ファイルを開く。

❻ HomeControllerTest.cs ファイルに次のコードがあることを確認する。

```
public void Index()
{
    // 準備
    HomeController controller = new HomeController();

    // 実行
    ViewResult result = controller.Index() as ViewResult;

    // アサート
    ViewDataDictionary viewData = result.ViewData;
    Assert.AreEqual("ASP.NET MVC へようこそ", viewData["Message"]);
}
```

Indexメソッドの引数がない場合に、コンパイルエラーが起こっています。これに対処するために、引数がないIndexメソッドをもう一度作ります。

❼ HomeControllerTest.cs ファイルに次のコードを記述する（色文字部分）。

```csharp
public void Index()
{
    // 準備
    HomeController controller = new HomeController();

    // 実行
    ViewResult result = controller.Index(null) as ViewResult;    ◀── ❽

    // アサート
    ViewDataDictionary viewData = result.ViewData;
    Assert.AreEqual("ASP.NET MVC へようこそ", viewData["Message"]);
}
```

❽ ［ビルド］メニューの［MvcShoppingのビルド］をクリックする。

▶ 問題なくビルドされることを確認する。

コードの解説

❶
```csharp
public ActionResult Index(int? page)
{
```

コントローラーの呼び出し時にページ番号を渡せるように引数を設定します。ブラウザでURLアドレスに「page=0」のように指定したときに、引数のpageが設定されます。何も指定しない場合は、nullとなります。「int?」とは、nullを許容するint型の意味です。通常のint型の場合は、0や10などの数値を扱いますが、int?型は、数値に加えてnullという特別な値も扱える型です。なおVisual Studio 2010 のASP.NET MVC2からは、「Index(int page = 0)」のようなデフォルト引数が使えるようになりました。

構文 nullを許容する型

```
int?    <変数>
string? <変数>
double? <変数>
```

nullを許容する型です。int型だけではなく、string型（文字列の型）、double型（実数値の型）にもnullを許容する型があります。主にデータベースとの連携をする時に使われます。

❷
```csharp
        // 1ページに表示する商品数
        int max_item = 5;
```

1ページに表示するページ数を設定します。ここでは暫定的に5項目を表示するようにします。

3
```
// 表示中のページ
int cur_page = page ?? 0;          ← 3
```

Indexメソッドの引数をチェックします。page変数の値がnullの場合は0に、それ以外の場合はpage変数の値そのものになります。

構文 null値の場合に値を代入する

＜変数＞ = ＜チェックする変数＞ ?? ＜nullの場合の値＞
チェック対象の変数が、nullかどうかによって値の設定を変えます。nullの場合は「nullの場合の値」を設定します。それ以外のnullではない場合は、そのままになります。ifステートメントを使った、次の文と同じになります。

```
if ( ＜チェックする変数＞ == null )
{
    ＜変数＞ = ＜nullの場合の値＞
}
else
{
    ＜変数＞ = ＜チェックする変数＞
}
```

4
```
// 指定ページの商品数を取得する
model.Products = (from p in dc.GetTable<TProduct>()
                  select p).Skip(cur_page * max_item).Take(max_item);
```

指定したページの商品を表示するために、LINQの関数を使います。Skipメソッドで指定した行まで飛ばして、Takeメソッドで指定した行だけ取得します。この場合は、カレントページから5件分のデータを取得します。少し難しい書き方ですが、定番の書き方なので、そのまま覚えてしまってください。

構文 SkipメソッドとTakeメソッド

＜テーブル＞.Skip(＜読み飛ばす行数＞).Take(＜取得する行数＞)
指定のテーブルから、部分的にデータを取得します。Skipメソッドで読み飛ばす行数を指定し、Takeメソッドで取得する行数を設定します。

5
```
// カレントページの設定
model.CurrentPage = cur_page;
```

さきほど作成したモデルのプロパティに、カレントページの設定を代入します。

6
```
// 前頁が存在するか
if (cur_page == 0)
{
    model.HasPrevPage = false;
}
else
{
    model.HasPrevPage = true;
}
```

カレントページをチェックして、前頁があるかを保存します。前頁がある場合はture（真）、前頁がない場合はfalse（偽）を設定します。

7
```
// 次頁が存在するか
if (cur_page * max_item + max_item < max)
{
    model.HasNextPage = true;
}
else
{
    model.HasNextPage = false;
}
```

同様に、カレントページをチェックして、次頁があるかを保存します。次頁がある場合はture（真）、次頁がない場合はfalse（偽）を設定します。

ヒント

ifステートメントを簡略に記述する

前後のページの有無を設定するためにifステートメントを使いましたが、少しコードが長くなってしまいます。これを簡略化するために、「?」と「:」（コロン）を使って短く書けます。

  model.HasPrevPage = (cur_page == 0)? false: true ;

のように、

  （＜条件式＞）? 真の時の値: 偽の時の値

として1行で書くことができます。

8
```
// 実行
ViewResult result = controller.Index(null) as ViewResult;
```

テストコードでは、引数がないIndexメソッドとなっていたためにコンパイルエラーが出ていました。Indexメソッドに「null」を指定するように変更します。

ビュークラスを変更する

モデルクラスとコントローラークラスの修正が終わったので、表示をするためのビュークラスの変更をしましょう。ページ送りのための「前頁」と「次頁」が表示されるように変更します。

❶ コードエディターにViews/Home/Index.aspxファイルを表示する。

❷ Index.aspxファイルに次のコードを記述する（色文字部分）。

```
<% if (Model.HasPrevPage)          ← 1
   { %>
   <%: Html.ActionLink("前頁", "/", new { page = Model.CurrentPage - 1 })%>   ← 2
<% } else { %>
        前頁          ← 3
<% } %>

<% if ( Model.HasNextPage )         ← 4
   { %>
   <%: Html.ActionLink("次頁", "/", new { page = Model.CurrentPage + 1 }) %>   ← 5
<% } else { %>
     次頁             ← 6
<% } %>
```

3 [ビルド] メニューの [MvcShoppingのビルド] をクリックする。

▶ 問題なくビルドされることを確認する。

コードの解説

1
```
<% if (Model.HasPrevPage)
   { %>
```

モデルクラスの前頁の存在を示すプロパティをチェックします。HasPrevPageプロパティは、bool型なのでifステートメントに直接、条件文として指定ができます。比較演算子を使って、明示的にtureやfalseと比較することもできます。

```
<% if (Model.HasPrevPage == ture)
   { %>
```

2
```
<%: Html.ActionLink("前頁", "/", new { page = Model.CurrentPage - 1 })%>
```

前頁があるときに、前頁へのリンクを表示します。リンク（aタグ）を作成する場合は、HtmlクラスのActionLinkメソッドを使います。このメソッドを使うことによって、ASP.NET MVCのリンクを簡単に作成できます。

通常は、表示する文字列（「前頁」など）とアクション（「"/"」など）を指定します。今回のようにpage引数を指定する場合は、new演算子を使って無名オブジェクトで指定します。データは、そのまま表示するための「<%:」を使います。

構文 ActionLinkメソッド

```
Html.ActionLink( <表示する文字列>, <アクション> )
Html.ActionLink( <表示する文字列>, <アクション>, <引数> )
Aタグを生成します。次のように変換されます。
<a href="<整形済みのアクション>"><表示する文字列></a>
```

3
```
    <% } else { %>
            前頁
    <% } %>
```

　前頁がないときの表示です。リンクを付けずに、「前頁」という文字列だけを表示します。ifステートメントに対応するelseや括弧も、1つずつ「<%」と「%>」で囲みます。

4
```
    <%   if ( Model.HasNextPage )
        { %>
```

　同様に、モデルクラスの次頁の存在を示すプロパティをチェックします。HasNextPageプロパティをチェックして、リンクした表示と、リンクのない表示を切り替えます。

5
```
    <%: Html.ActionLink("次頁", "/", new { page = Model.CurrentPage + 1 }) %>
```

　次頁のリンク先は、カレントページに1頁加えたページ番号になります。

6
```
    <% } else { %>
            次頁
    <% } %>
```

　前頁と同様に、後頁がないときの表示を作ります。書き方は前頁と同じです。

動作の確認

では、ページ送りを表示した商品の一覧を表示させてみましょう。ページを表示した後で、「次頁」がリンクできれば成功です。最後のページまで遷移した後に、「前頁」で先頭ページまで戻ってみましょう。

❶ [標準] ツールバーの [デバッグ開始] ボタンをクリックする。

❷ Internet Explorerが表示されることを確認する。

❸ 最初のページが表示されていることを確認する。

❹ [次頁] をクリックしたときに、ページが切り替わることを確認する。

❺ Internet Explorerの閉じるボタンをクリックする。

　　▶ プログラムが終了し、統合開発環境に戻る。

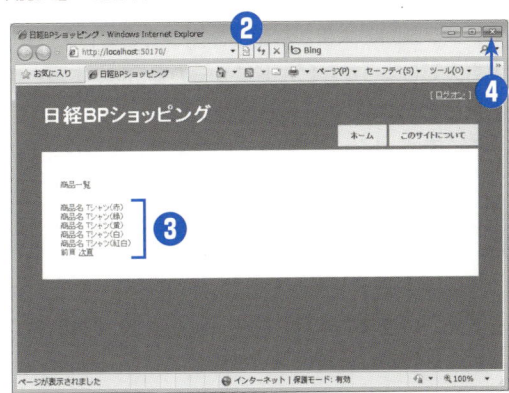

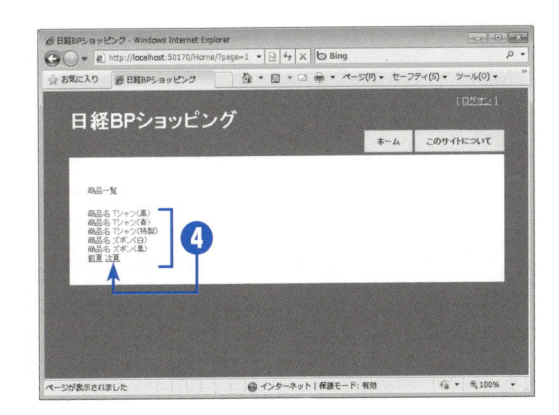

6 画像を表示する

　トップ画面の大まかな部品は揃ってきました。いきなり難しいプログラムコードがたくさん出てきましたが大丈夫でしょうか。ビルドエラーの場合は、本書と自分のコード、サンプルコードなどを見比べながら間違いを修正してください。
　ここでは、ビューを変えていきます。単純な表示だった商品一覧を少しカラフルにデザインしていきます。

■ビュークラスを変更する

　今回は、モデルクラスとコントローラークラスはそのままの状態で使います。ビュークラスを使って画面を変えていきましょう。現在、画面には「商品名」しか表示していませんが、データには、

- カテゴリID
- 価格

が既に入っています。これを利用して、商品の価格と画像を表示していきましょう。

❶ ［ソリューションエクスプローラー］でMvcShoppingプロジェクトを右クリックして、［追加］－［新しいフォルダー］をクリックする。

▶「NewFolder1」という名前のフォルダーが作成される。

❷ フォルダー名を **Images** に変更する。

❸ ［Images］フォルダーを右クリックして、［エクスプローラーでフォルダーを開く］をクリックする。

▶指定したフォルダーをエクスプローラーが開く。

❹ 日経BP社のWebサイトからダウンロードした¥mvc2¥Imagesフォルダーの画像ファイルをコピーする。

❺ コードエディターにViews/Home/Index.aspxファイルを表示する。

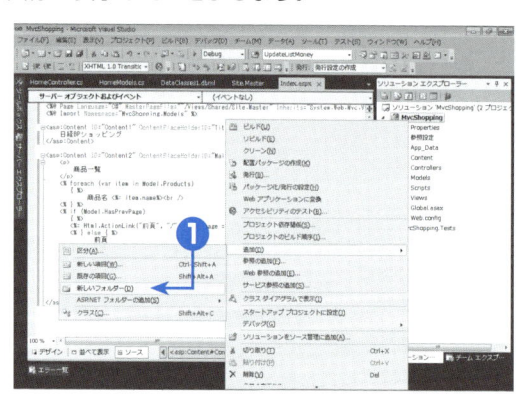

❻
Index.aspxファイルに次のコードを記述する（色文字部分）。

```
<% foreach (var item in Model.Products )
    { %>
    <p>                                           ←1
        商品名 <%: item.name %>
        価格 <%: item.price %>                    ←2
        <img src="/Images/<%: item.id %>.jpg" alt="" />   ←3
    </p>
<% } %>
```

❼
［ビルド］メニューの［MvcShoppingのビルド］をクリックする。

▶ 問題なくビルドされることを確認する。

コードの解説

1　　`<p>`

商品名、価格、商品の画像を1つの段落にするPタグです。HTMLのタグで囲んでおきます。

2　　`価格 <%: item.price %>`

商品の価格を表示するための記述です。変数itemは、商品情報のテーブルになるので、priceの列が価格になります。

3　　`<img src="/Images/<%: item.id %>.jpg" alt=""/>`　　←3

商品の画像を表示するための記述です。IMGタグを使って画像を表示します。画像のURLは、SRC属性に指定するために、「src="/Images/A0001.jpg"」のように書きます。ここでは、画像ファイルは商品IDに「.jpg」を付けた形式としています。

動作の確認

では、ページ送りを表示した商品の一覧を表示させてみましょう。ページを表示した時に、商品の価格と画像が表示できていれば成功です。また、前頁、次頁のリンクを押して、商品が切り替わることを確認しましょう。

❶ ［標準］ツールバーの［デバッグ開始］ボタンをクリックする。

❷ Internet Explorerが表示されることを確認する。

❸ ページに変更した内容が表示されていることを確認する。

❹ Internet Explorerの閉じるボタンをクリックする。

　▶ プログラムが終了し、統合開発環境に戻る。

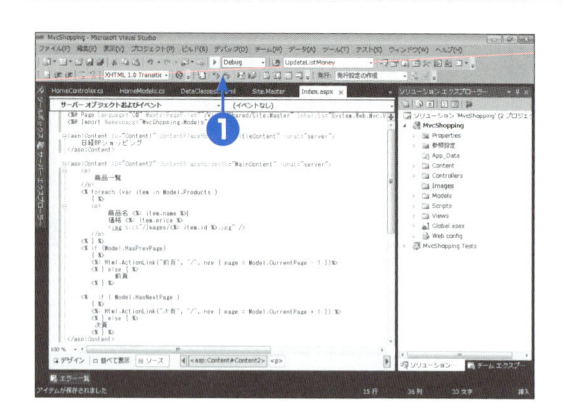

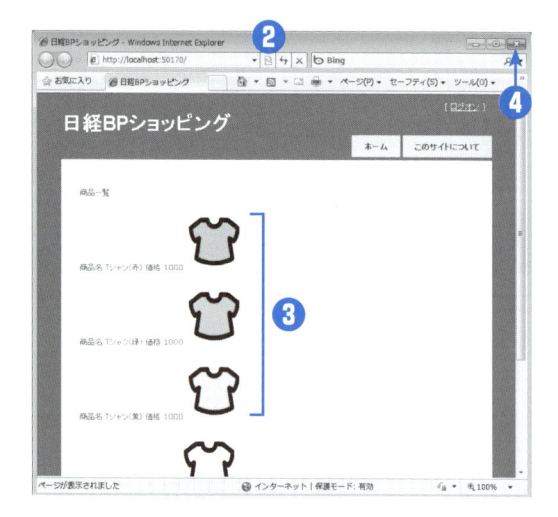

価格の表示形式を変更する

　商品名、価格、商品画像の3つが表示できたので、少しデザインを変えてみましょう。次の図のように、商品画像を表示させ、画像の下に商品名と価格を表示するように変更します。デザインをするために、簡単のためTABLEタグを使っていきます。

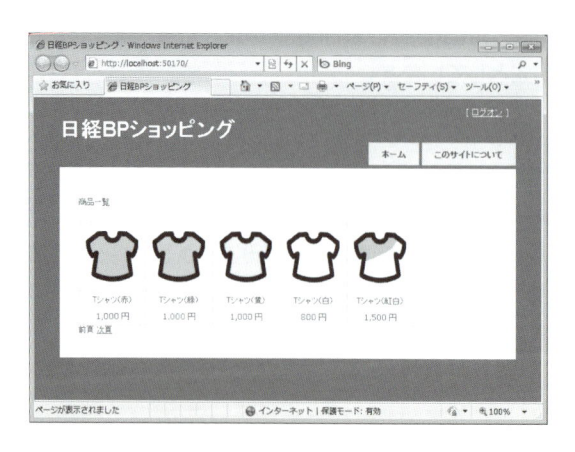

第6章　商品一覧の表示

❶ コードエディターに Views/Home/Index.aspx ファイルを表示する。

❷ Index.aspx ファイルに対して、先ほど追加したコードを削除し、次のコードを記述する（色文字部分）。

```
<% foreach (var item in Model.Products )
   { %>
     <table align="left">                                                    【1】
       <tr>
         <td align="center"><img src="/Images/<%: item.id %>.jpg" alt="" />
         </td>                                                               【2】
       </tr>
       <tr>
         <td align="center"><%: item.name %></td>                            【3】
       </tr>
       <tr>
         <td align="center"><%: string.Format("{0:#,###} 円", item.price ) %>
         </td>                                                               【4】
       </tr>
     </table>
<% } %>
<br clear="left" />                                                          【5】
```

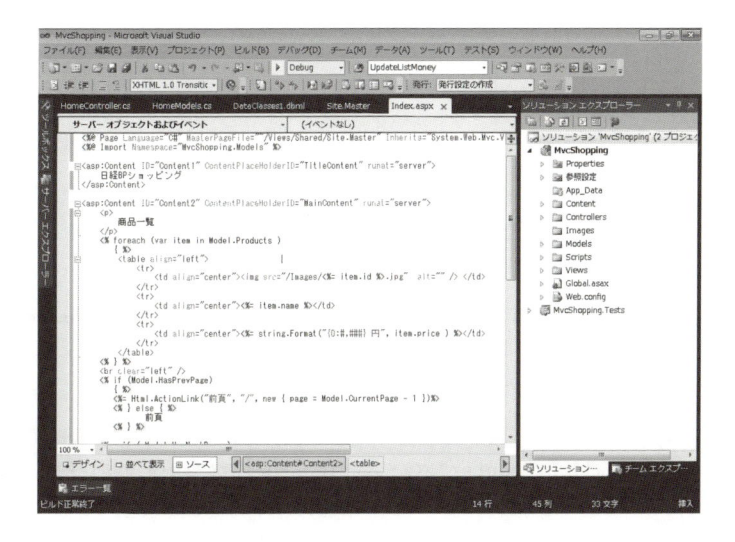

コードの解説

1
```
<table align="left">
```

商品画像、商品名、価格をひとまとめにするために、TABLEタグを使います。TABLEを横に並べるために、「align="left"」という属性を設定しています。

> **注意**
>
> **TABLEタグのalign属性**
>
> HTML4.01では、TABLEタグのalignタグは非推奨ですが、本書ではプログラムを簡単にするためにTABLEタグ等を利用しています。実際にショッピングサイトを作成する場合は、CSSを利用してください。本書のプログラムを実行すると、「検証(XHTML 1.0 Transitional)：属性'aline'は古い形式と見なされます。新しいコンストラクタの使用を推奨します。」というメッセージが表示されますが、気にせず進めてください。なお、brタグのclear属性についても、同様のメッセージが表示されますが、ここもHTMLLが簡単になるようにbrタグを使っています。気にせず進めてください。

2
```
<tr>
    <td align="center"><img src="/Images/<%: item.id %>.jpg" alt=
"" /></td>
</tr>
```

商品の画像を表示する場所になります。

3
```
<tr>
    <td align="center"><%: item.name %></td>
</tr>
```

商品名を表示する場所になります。中央揃えをするために、TRタグに「align="center"」を設定しています。

4
```
<tr>
    <td align="center"><%: string.Format("{0:#,###} 円", item.price
) %></td>
</tr>
```

価格を表示している場所になります。価格は「1,000 円」のように、区切りにカンマを入れて表示させています。

5
```
<br clear="left" />
```

商品の表示が終わったあとに、回り込みを解除するため、「clear="left"」を指定しています。

動作の確認

　では、整形済みの商品一覧を表示させてみましょう。商品名や画像、価格がきれいに並んでいれば成功です。このように画面のレイアウトについては、モデルクラスやコントローラークラスを一切変更することなく、デザインを変更することができます。

❶ ［標準］ツールバーの［デバッグ開始］ボタンをクリックする。

❷ Internet Explorerが表示されることを確認する。

❸ ページに変更した内容が表示されていることを確認する。

❹ Internet Explorerの閉じるボタンをクリックする。

　▶ プログラムが終了し、統合開発環境に戻る。

カテゴリ分け

第 7 章

1. 商品をカテゴリで分けて表示
2. カテゴリの一覧を表示
3. カテゴリ内の商品を表示
4. カテゴリ情報をキャッシュする

たくさんの商品がある場合、すべての商品を一度に表示しようとするとページが重くなってしまいます。商品をカテゴリごとに分けて、表示できるようにしましょう。

この章で学習する内容 と 身に付くテクニック

　この章では、商品をカテゴリごとに分けて表示させていきます。ショッピングサイトには多くの商品があるのでカテゴリごとに分けることは必須になります。カテゴリの一覧表示から、カテゴリのデータキャッシュまでを作成しましょう。

STEP 1 モデルに商品テーブル（TProduct）の他にカテゴリテーブル（TCategory）を追加します。このモデルを使って、カテゴリの一覧ををトップページに表示させます。

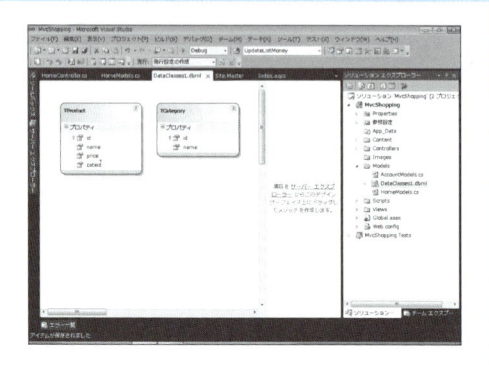

STEP 2 カテゴリをクリックしたときに、表示する商品をカテゴリで絞るようにします。カテゴリのIDを指定することで、特定のカテゴリのデータを商品テーブルから検索します。

STEP 3 カテゴリのようなあまり変化しないテーブルは、一般にキャッシュを使ってメモリ上に保存しておきます。こうすることにより、無駄なデータベースアクセスが減り、サーバーのレスポンスがよくなります。カテゴリのデータをキャッシュするように、ショッピングサイトを作り変えます。

1 商品をカテゴリで分けて表示

　ショッピングサイトで商品の一覧が表示できるようになったので、今度はカテゴリに分けて表示できるようにしましょう。サンプルデータには数件の商品しかありませんが、それでもページ送りだけで商品をめくっていくのでは時間が掛かりすぎます。
　それぞれのカテゴリにジャンプするリンクを用意して、カテゴリに絞った商品が表示されるようにします。

どのようにカテゴリを表示するか

　ASP.NET MVCではビューに対して、1つのモデルクラスが割り当てられています。現在、商品情報を表示するためのモデルクラスには、商品リストのテーブル（TProduct）のデータが入っているので、これに加えてカテゴリのテーブル（TCategory）のデータを追加します。

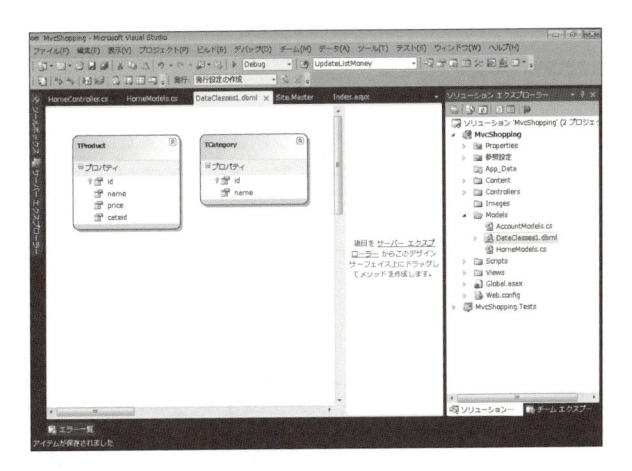

■モデルにカテゴリを追加

　次にコントローラーでデータベースからデータを抽出していますが、ここでカテゴリの情報も一緒に読み込みましょう。そして、モデルクラスにカテゴリのデータを設定します。
　カテゴリの選択は、ページ送りと同じようにアドレスのクエリで設定します。

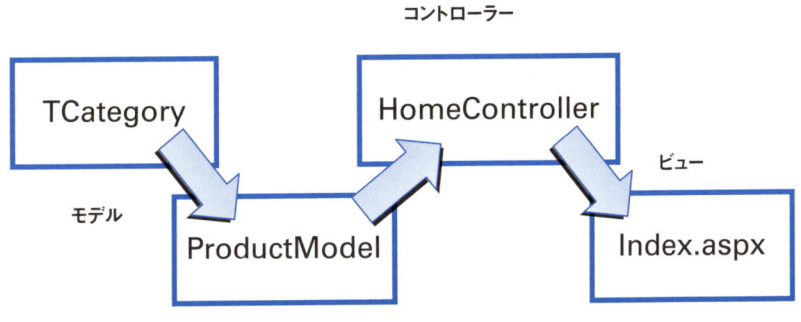

■コントローラークラスでカテゴリを読み込み

カテゴリの指定の仕方

ページ送りの場合は「page」というキーを使いました。カテゴリの場合は「category」というキーで指定しましょう。

- ●ページを指定する場合
  http://localhost/?page=5

- ●カテゴリを指定する場合
  http://localhost/?category=2

- ●ページとカテゴリを同時に指定する場合
  http://localhost/?page=5&category=2

上記のように、クエリ文字列で複数のキーと値のペアを設定する場合は「&」でつなげます。

ビューへのカテゴリの表示

ビューに対してカテゴリを表示する方法はいくつかありますが、本書ではデータベースから取得したカテゴリをリストとして表示します。カラフルな画像を使ってもよいのですが、あらかじめ画像ファイルを用意しなければならず、少々手間が掛かります。

カテゴリをリストにして表示する場合は、商品一覧を表示したときと同じようにforeachステートメントを使って、繰り返し処理を行います。

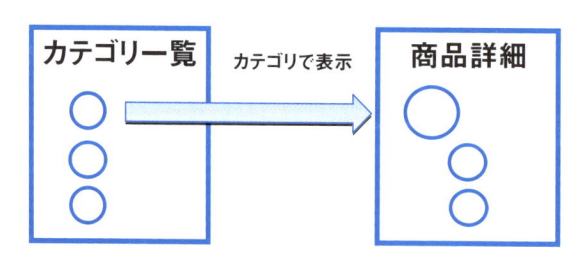

■カテゴリのリストイメージ

カテゴリをクリックしたときに、categoryというキーに値を設定して呼び出すようにします。
さて、次にカテゴリを表示するためのモデルクラスを修正していきます。

2 カテゴリの一覧を表示

ここではモデルクラスにカテゴリの情報を追加します。カテゴリのテーブルは「TCategroy」になります。

データクラスを作成する

最初にLINQ to SQLのTCategoryクラスを作ります。

❶ [ソリューションエクスプローラー]で[Models]
－[DataClasses1.dbml]をダブルクリックする。
➡ 既存のデータクラス(TProduct)が表示される。

❷ [サーバーエクスプローラー] を表示させ、[データ接続]－[＜コンピュータ名＞¥sqlexpress.mvcdb.do]－[テーブル] のツリーを開く。

❸ [TCategory] テーブルを、データクラスの上にドラッグアンドドロップする。

❹ [TCategory] テーブルのデータクラスが作成されることを確認する。

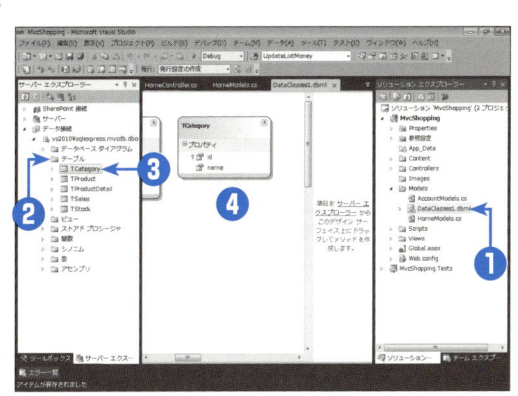

モデルクラスを変更する

次の作成したカテゴリのデータクラス（TCategory）を使って、モデルクラスを変更していきます。

❶ コードエディターにModels/HomeModels.csファイルを表示する。

❷ HomeModels.csファイルに次のコードを記述する（色文字部分）。

```
public class ProductModel
{
    // 商品リスト
    public IQueryable<TProduct> Products { get; set; }
    // カテゴリ
    public IQueryable<TCategory> Categories { get; set; }    ← 1
    // カレントページ
    public int CurrentPage { get; set; }
    // 次ページがあるか
    public bool HasNextPage { get; set; }
    // 前ページがあるか
    public bool HasPrevPage { get; set; }
}
```

❸
[ビルド] メニューの [MvcShoppingのビルド] をクリックする。
▶ 問題なくビルドされることを確認する。

コードの解説

1
```
        // カテゴリ
        public IQueryable<TCategory> Categories { get; set; }
```

カテゴリの一覧を保持するプロパティです。
コントローラーでカテゴリのデータを読み込んで設定します。

コントローラークラスを変更する

データベースからカテゴリを取得するコントローラーのクラスを変更します。カテゴリを読み込んで、モデルクラスのCategoriesプロパティに設定します。

❶
コードエディターにControllers/HomeController.csファイルを表示する。

❷
HomeController.csファイルに次のコードを記述する（色文字部分）。

```
// データベースに接続する
DataContext dc = new DataContext(cnstr);
// 商品一覧を取得
ProductModel model = new ProductModel();
model.Products = dc.GetTable<TProduct>();
// カテゴリ一覧を取得
model.Categories = dc.GetTable<TCategory>().OrderBy(c => c.id);            1
```

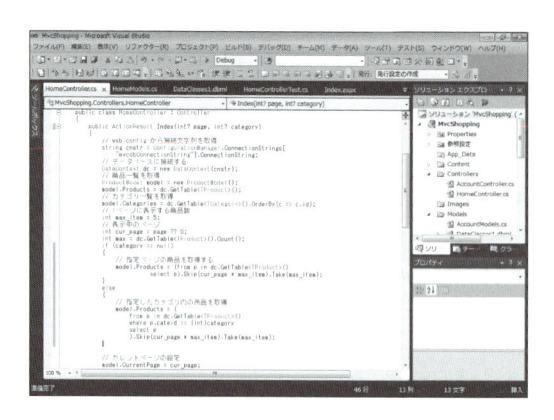

❸
[ビルド] メニューの [MvcShoppingのビルド] をクリックする。
▶ 問題なくビルドされることを確認する。

コードの解説

1
```
//  カテゴリ一覧を取得
model.Categories = dc.GetTable<TCategory>().OrderBy(c => c.id);
```

データベースから読み込んだカテゴリのデータをCategoryiesプロパティに設定します。
カテゴリの順番は、OrderByメソッドを使いid順にします。

ビューを変更する

　モデルに設定されているカテゴリのデータを使って、ビューにカテゴリ一覧を表示させます。ここでは、まだカテゴリへのリンクは実装しません。カテゴリ名の表示だけにします。

❶ コードエディターにViews/Home/Index.aspxファイルを表示する。

❷ Index.aspxファイルに次のコードを記述する（色文字部分）。

```
<p>
    商品一覧
</p>
<ul>
<% foreach (var item in Model.Categories)    ← 1
    { %>
        <li><%: item.name %></li>            ← 2
<% } %>                                      ← 3
</ul>
```

❸ ［ビルド］メニューの［MvcShoppingのビルド］をクリックする。
　▶ 問題なくビルドされることを確認する。

コードの解説

1
```
<ul>
<% foreach (var item in Model.Categories)
    { %>
```

　カテゴリのデータを1つずつ処理するためにforeachステートメントを使います。繰り返し処理内のデータは、変数itemに代入されます。

2
```
<li><%: item.name %></li>
```

カテゴリ名を表示します。カテゴリ名のnameプロパティの値をそのまま表示させるために「<%:」を使います。

3
```
<% } %>
</ul>
```

foreachステートメントの処理ブロックを閉じます。

動作の確認

では、カテゴリの一覧を表示させてみましょう。商品名の前にカテゴリの一覧が表示されれば成功です。

1 ［標準］ツールバーの［デバッグ開始］ボタンをクリックする。

2 Internet Explorerが表示されることを確認する。

3 ページに変更した内容が表示されていることを確認する。

4 Internet Explorerの閉じるボタンをクリックする。

　▶ プログラムが終了し、統合開発環境に戻る。

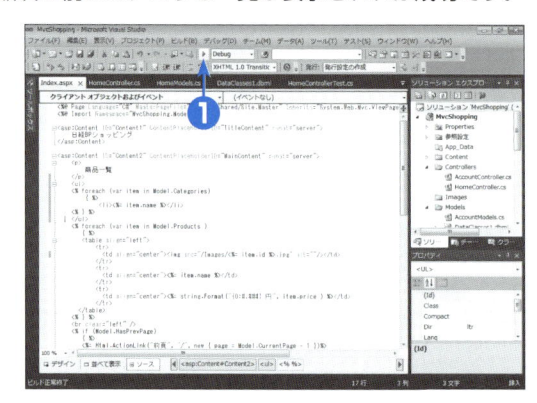

3 カテゴリ内の商品を表示

次にカテゴリ内の商品に絞って、商品一覧を表示させましょう。カテゴリをクリックすると、指定したカテゴリ内の商品のみが表示されるようにします。

モデルクラスを変更する

まず、モデルクラスにカテゴリIDを保存できるようにします。

❶ コードエディターにModels/HomeModels.csファイルを表示する。

❷ HomeModels.csファイルに次のコードを記述する（色文字部分）。

```
/// <summary>
/// 商品情報のモデルクラス
/// </summary>
public class ProductModel
{
    // 商品リスト
    public IQueryable<TProduct> Products { get; set; }
    // カテゴリ
    public IQueryable<TCategory> Categories { get; set; }
    // カレントページ
    public int CurrentPage { get; set; }
    // 前ページがあるか
    public bool HasPrevPage { get; set; }
    // 次ページがあるか
    public bool HasNextPage { get; set; }
    // カテゴリID
    public int? Category { get; set; }    ◀ 1
}
```

❸ ［ビルド］メニューの［MvcShoppingのビルド］をクリックする。

▶ 問題なくビルドされることを確認する。

コードの解説

1
```
// カテゴリID
public int? Category { get; set; }
```

ビューでカテゴリIDを保持できるようにモデルを修正します。カテゴリが指定されていない時は、nullを設定できるように「int?型」を使います。

コントローラークラスを変更する

ページ送りと同様に、クエリ文字列でカテゴリの番号を指定します。「http://localhsot/Home/?category=2」のように、キーを「category」、値をカテゴリ番号で指定します。

❶
コードエディターに Controllers/HomeController.cs ファイルを表示する。

❷
HomeController.cs ファイルに次のコードを記述する（色文字部分）。

```csharp
public ActionResult Index(int? page, int? category)    ◀── 1
{
    // 途中省略

    // 表示中のページ
    int cur_page = page ?? 0;
    int max = 0;    ◀── 2

    if (category == null)    ◀── 3
    {
        // 指定ページの商品を取得する
        model.Products = (from p in dc.GetTable<TProduct>()
                          select p).Skip(cur_page * max_item).Take(max_item);
        // 商品数    ◀── 4
        max = dc.GetTable<TProduct>().Count();
    }
    else
    {
        // 指定したカテゴリ内の所品を取得
        model.Products = (    ◀── 5
            from p in dc.GetTable<TProduct>()
            where p.cateid == (int)category
            select p
            ).Skip(cur_page * max_item).Take(max_item);
        // 商品数
        max = (
            from p in dc.GetTable<TProduct>()
            where p.cateid == (int)category
            select p).Count();
    }
    // カテゴリを設定
    model.Category = category;    ◀── 6
```

❸
MvcShopping.Tests プロジェクトを開き、コードエディターに Controllers/HomeControllerTest.cs ファイルを表示する。

❹ HomeControllerTest.csファイルに次のコードを記述する（色文字部分）。

```
[TestMethod]
public void Index()
{
    // 準備
    HomeController controller = new HomeController();

    // 実行
    ViewResult result = controller.Index(null, null) as ViewResult;   ← 7
}
```

❺ ［ビルド］メニューの［MvcShoppingのビルド］をクリックする。
▶ 問題なくビルドされることを確認する。

コードの解説

1 `public ActionResult Index(int? page, int? category )`

Indexメソッドで、クエリ文字列で指定されるカテゴリ番号を取得します。

2 `    int max = 0;`

商品数は、カテゴリを指定している場合と指定していない場合と違うために、変数のみ定義しておきます。

3
```
    if (category == null)
    {
```

カテゴリが指定されていない場合は、すべての商品を検索対象にします。

4
```
        // 商品数
        max = dc.GetTable<TProduct>().Count();
```

商品全体の商品数をCountメソッドで取得します。

構文	（＜キャストする型＞）＜変数＞

変数に指定されている型を、新しい型に変換します。本書のようにint?型をint型に直したり、double型（実数型）をint型（整数型）のように、型やクラスを変換します。
ただし、string型（文字列型）からint型（整数型）のような、互換性のない型には変換できません。文字列から数値に変換する場合は、string.Parseメソッドを使います。

5
```
        // 指定したカテゴリ内の所品を取得
        model.Products = (
            from p in dc.GetTable<TProduct>()
            where p.cateid == (int)category
            select p
            ).Skip(cur_page * max_item).Take(max_item);
        // 商品数
        max = (
            from p in dc.GetTable<TProduct>()
            where p.cateid == (int)category
            select p).Count();
```

　カテゴリが指定されていた場合は、指定したカテゴリ番号で検索をします。LINQでwhere句を追加して、カテゴリ番号（cateid）が一致したときの商品を取得します。

　注意したいのは、変数categoryはnullが可能なint?型なのですが、where句で比較をするときには、int型に直す必要があります。これが「(int)category」のところで、この書き方をキャストといいます。キャストは、ある型から別の型に変換するときに使います。商品数は、以前に記述したように全ての商品数をCountメソッドで取得します。

6
```
        // カテゴリを設定
        model.Category = category;
```

　ビューで利用するために、カテゴリをモデルに設定しておきます。

7
```
        // 実行
        ViewResult result = controller.Index(null, null) as ViewResult;
```

　単体テストのプロジェクトで、Indexメソッドの引数を修正します。

ビューを変更する

カテゴリを指定できるように、カテゴリ名にリンクを設定しましょう。

❶
コードエディターにViews/Home/Index.aspxファイルを表示する。

❷
Index.aspxファイルに次のコードを記述する（色文字部分）。

```
<ul>
<% foreach (var item in Model.Categories)
    { %>
        <li><%: Html.ActionLink( item.name, "/", new { category = item.id }) %>
        </li>
<% } %>
</ul>

//省略
```

```
<p>
<% if (Model.HasPrevPage)
   { %>
   <%: Html.ActionLink("前頁", "/", new { page = Model.CurrentPage - 1, category ⇥
   = Model.Category })%>                                                            ← 2
<% } else { %>
   前頁
<% } %>

<%   if ( Model.HasNextPage )
   { %>
   <%: Html.ActionLink("次頁", "/", new { page = Model.CurrentPage + 1, category ⇥
   = Model.Category })%>                                                            ← 3
<% } else { %>
  次頁
<% } %>
```

3 ［ビルド］メニューの［MvcShoppingのビルド］をクリックする。

▶ 問題なくビルドされることを確認する。

コードの解説

1
```
<li><%: Html.ActionLink( item.name, "/", new { category = item.id }) ⇥
%></li>
```

Html.ActionLinkメソッドを使い、カテゴリのリンクを作成します。カテゴリ名は、item.nameになり、クエリ文字列のcategoryキーに、カテゴリIDであるitem.idで設定します。

2
```
<%: Html.ActionLink("前頁", "/", new { page = Model.CurrentPage - 1, ⇥
category = Model.Category })%>
```

前頁のリンクにカテゴリの指定を追加します。

3
```
<%: Html.ActionLink("次頁", "/", new { page = Model.CurrentPage + 1, ⇥
category = Model.Category })%>
```

同じように次頁のリンクにカテゴリの指定を追加します。

動作の確認

では、カテゴリの一覧からリンクしてみましょう。最初に画面を表示したときは、すべての商品が表示されます。その後にカテゴリ名をクリックすると、指定したカテゴリ内の商品だけが表示されます。

❶ ［標準］ツールバーの［デバッグ開始］ボタンをクリックする。

❷ Internet Explorerが表示されることを確認する。

❸ ページにすべての商品が表示されていることを確認する。

❹ カテゴリをクリックする

❺ 指定したカテゴリ内の商品が表示されていることを確認する。

❻ Internet Explorerの閉じるボタンをクリックする。

▶ プログラムが終了し、統合開発環境に戻る。

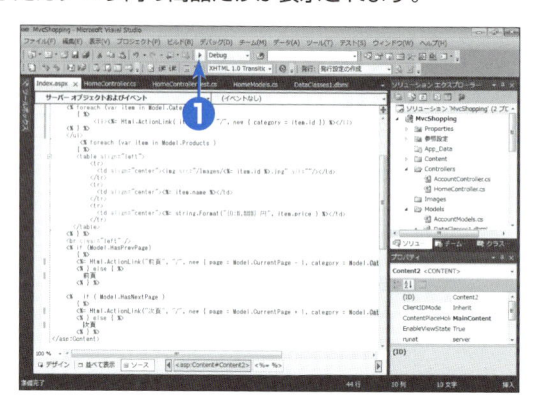

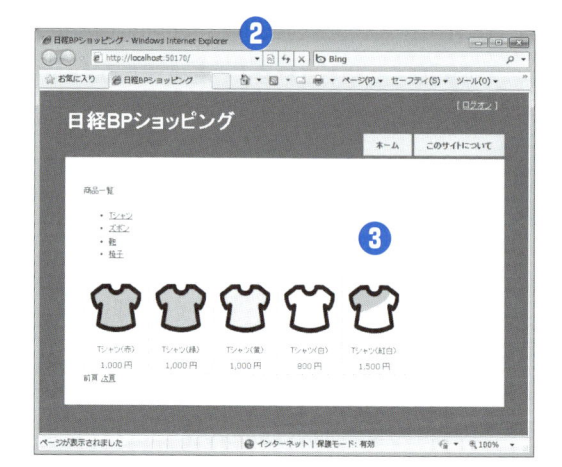

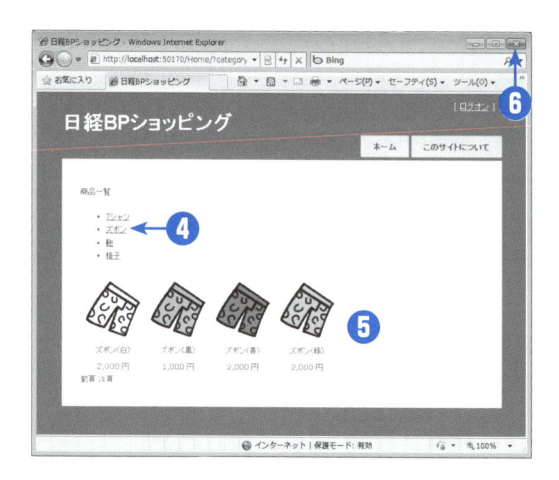

4 カテゴリ情報をキャッシュする

　カテゴリの情報をコントローラーで取得していますが、カテゴリのデータはほとんど変更がないために、毎回読み込むとデータベースに負担をかけてしまいます。そこで、セッション情報を使って、カテゴリのデータをキャッシュするように変更します。

セッション情報とは

　ユーザーがブラウザを使ってWebサーバーにアクセスしている間を「セッション」と呼びます。このセッションはユーザーごとに用意され、他のユーザーが同じWebサーバーにアクセスした場合は異なるセッションのデータが使われます。
　セッションは、カテゴリ情報のような変化の少ないデータを扱ったり、ログイン情報のようなユーザーごとに必要なデータを扱うために使います。

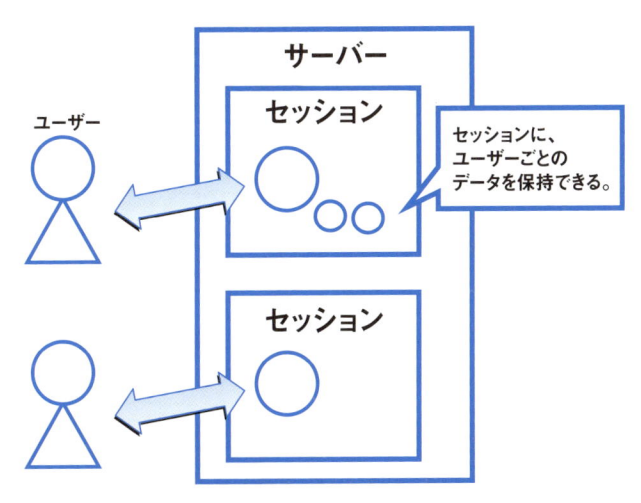

■セッションとユーザーの関係

コントローラークラスを変更する

　セッションを使って、カテゴリの情報をキャッシュします。セッションにキーとして「Categories」を指定して、データが入っていなかった場合のみ（初回のみ）、データベースからデータを読み込むように変更します。

① コードエディターにControllers/HomeController.csファイルを表示する。

② HomeController.csファイルに次のコードを記述する（色文字部分）。

```
// カテゴリ一覧を取得
// model.Categories = dc.GetTable<TCategory>().OrderBy(c => c.id);   ← 1
IQueryable<TCategory> categories =
    Session["Categories"] as IQueryable<TCategory>;   ← 2
if (categories == null)
{
    Session["Categories"] = categories =
        dc.GetTable<TCategory>().OrderBy(c => c.id);   ← 3
}
model.Categories = categories;   ← 4
```

3 ［ビルド］メニューの［MvcShoppingのビルド］をクリックする。

▶ 問題なくビルドされることを確認する。

コードの解説

1 `// model.Categories = dc.GetTable<TCategory>();`

元のコードをコメントアウトします。

2 `IQueryable<TCategory> categories =`
`    Session["Categories"] as IQueryable<TCategory>;`

セッション情報から、キー名を「Categories」として、データを取得します。データの型は「IQueryable<TCategory>」となります。型変換のためのas演算子を使うことで、型変換に失敗した場合に備えます。

構文 ＜変数＞ as ＜キャストする型＞

指定した変数をキャストします。通常のキャストの場合には、変換できない型を指定した場合は、例外が発生しますが、as演算子を使った場合は、nullを返します。

3
```
if (categories == null)
{
    Session["Categories"] = categories =
        dc.GetTable<TCategory>().OrderBy(c => c.id);
}
```

取得したカテゴリのデータを、セッションと変数categoriesの両方に設定します。

4 `model.Categories = categories;`

取得したデータを、モデルのCategoriesプロパティに設定します。

動作の確認

では、カテゴリの一覧を表示してみましょう。カテゴリ情報のキャッシュをしただけなので、動きは以前の状態と変わりません。ブレークポイントを設定して、最初の1回だけ呼び出されていることを確認してみましょう。

❶ HomeController.csの次の位置にブレークポイントを設定する。行を選択して、［デバッグ］ - ［ブレークポイントの設定/解除］をクリックする。

```
Session["Categories"] = categories =
    dc.GetTable<TCategory>().OrderBy(c => c.id);
```

❷ ［標準］ツールバーの［デバッグ開始］ボタンをクリックする。

❸ ブレークポイントで、実行が止まることを確認する。

❹ ［続行］ボタンで、実行を再開する。

❺ Internet Explorerが表示されることを確認する。

❻ ページにすべての商品が表示されていることを確認する。

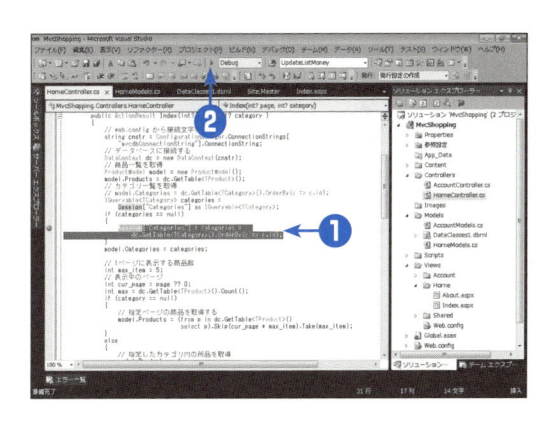

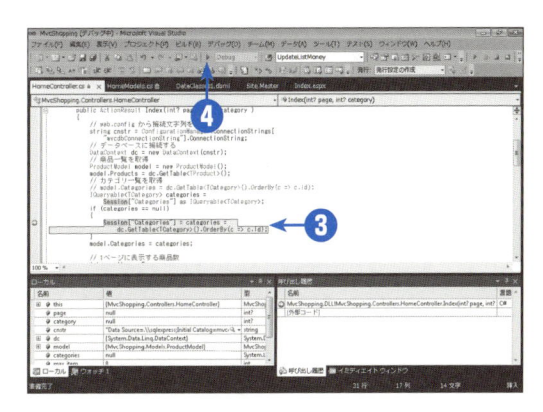

7 カテゴリをクリックする。
- ブレークポイントで停止しないことを確認する。

8 指定したカテゴリ内の商品が表示されていることを確認する。

9 Internet Explorerの閉じるボタンをクリックする。
- プログラムが終了し、統合開発環境に戻る。

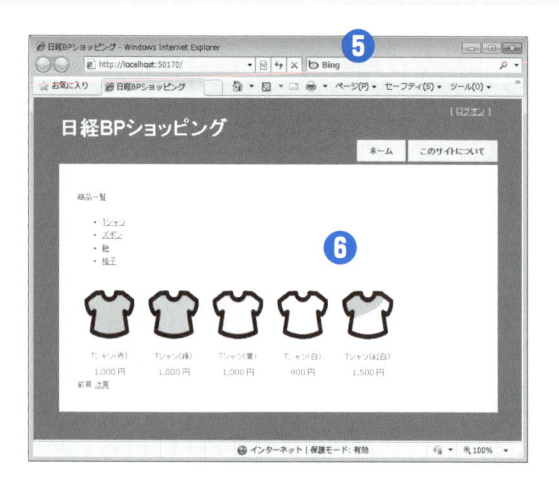

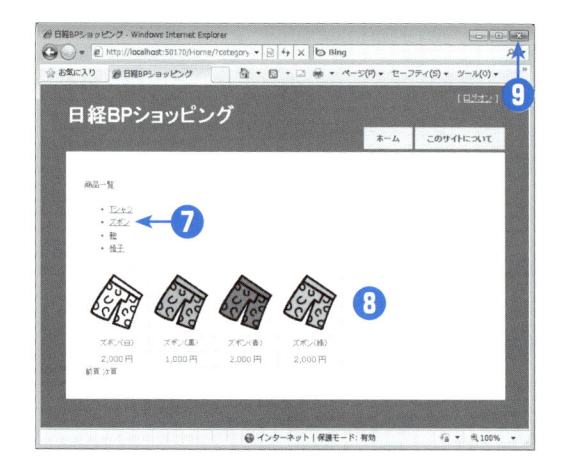

商品の詳細表示

第8章

1 詳細ページの作成
2 商品の詳細情報の表示
3 商品から詳細ページへリンクを付ける
4 例外に対処する

商品の一覧表示は、商品の名称と価格しか表示されません。この章では、商品の詳しい情報を表示できるように、別ページを作ります。

この章で学習する内容 と 身に付くテクニック

　この章では、商品の詳細情報のページを作成します。トップ画面のような商品リストでは、商品の細かい情報は省略されています。商品の細かい情報を、別の単独のページとして独立させます。

STEP 1 最初に、商品の詳細ページを作成します。本書のサンプルサイトでは、IDを「A0001」のように文字列として設定しています。詳細ページのURLに商品IDを指定することになります。

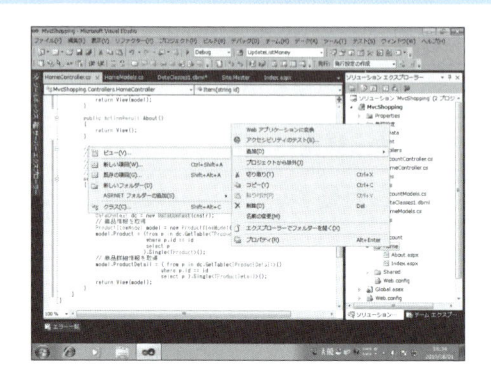

STEP 2 次にトップページの商品リストから、商品の名称をクリックしたときに詳細ページを表示させます。商品IDを使って、詳細ページへのURLを生成します。

STEP 3 商品の詳細ページは、URLに商品IDを表示しています。このために、商品ID部分を手作業で変更することが可能です。このため、誤った商品IDを指定した場合、例外が発生するためにサーバーエクスプローラのエラーページにジャンプしていしまいます。誤った商品IDが指定した場合は、独自のエラーページが表示されるようにしましょう。

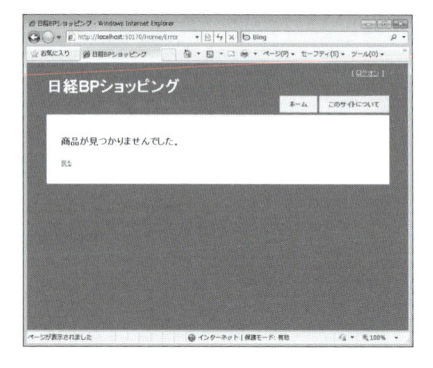

1 詳細ページの作成

前の章まではショッピングサイトの商品の一覧を表示してきました。それぞれの商品は、商品名と価格、商品の画像しか表示されませんでしたが、この章で商品の詳細情報を表示しましょう。
商品をクリックすることで、別のページに移動し、詳細が閲覧できるようにします。

どのように詳細ページを表示するか

商品の一覧を表示するためのビューとは異なる、新しいビュー（Item.aspx）を作ります。一覧を表示しているビューと同じように、詳細を表示するビューにもモデルとコントローラーが必要になります。

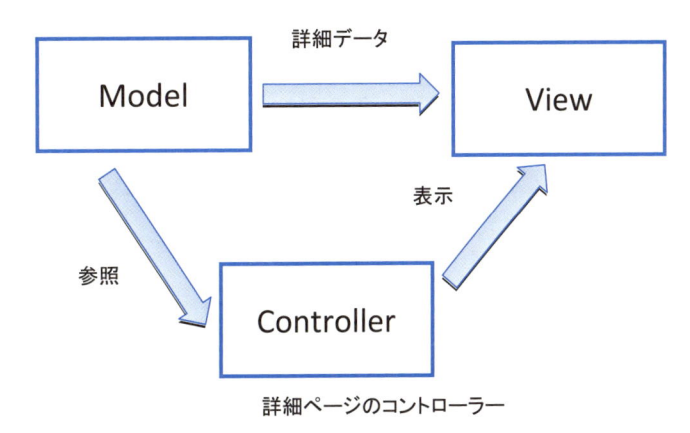

■ビュー、コントローラー、モデルの関係

データベースにある詳細情報を表示するためのテーブルは、商品テーブル（TProduct）と商品詳細テーブル（TProductDetail）です。この2つのテーブルから、指定した商品IDのデータを検索します。

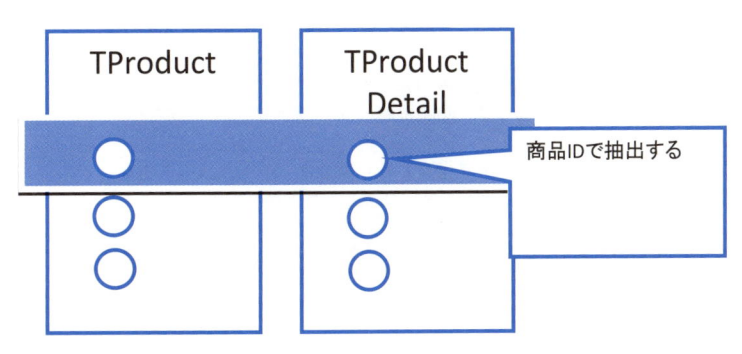

■商品IDによる抽出

商品IDの指定の仕方

商品詳細のページを開くときも、カテゴリを指定した場合と同じようにクエリ文字列を使います。ただし、ASP.NET MVCのプロジェクトには、あらかじめIDを指定する場合の仕組みが備わっています。

詳細を表示するビューはHome/Item.aspxなので、次のように商品IDを指定します。

　　http://localhost/Home/Item/A0001

このようにビューの名前である「Item」に続き、「/」(スラッシュ) の後に商品IDを指定します。

一覧へ戻る機能

商品の詳細情報のページでは、元の一覧に戻るためのリンクが必須になります。戻るための方法としては2種類あります。トップページへのリンクを指定する方法と、ブラウザの「戻る」ボタンと同じようにJavaScriptで戻るための機能を提供する方法です。ここでは、トップページへのリンクを付けます。

ヒント

JavaScriptを使う場合

戻るための機能をJavaScriptで実装する場合は次のように書きます。

```html
<a href="" onclick="history.back(); return false;">戻る</a>
```

どのページからリンクをされていても元のページに戻ることができるので、便利な機能です。ただし、セキュリティの観点からユーザーがブラウザの設定で「JavaScriptを動作させない」ようにしていると、この機能は動かないので注意してください。

ヒント

商品コードがエラーの場合の処理

ショッピングサイトから商品を選んでいる限り、商品コードを間違えることはありませんが、他のWebサイトからリンクを貼った場合には間違った商品コードを指定されることがあります。本書の例では「商品がみつかりませんでした」とメッセージを出すだけですが、本格的なサイトならば、商品検索のページやトップページを表示させるとよいでしょう。

古い商品などで既に扱っていない商品コードを指定された場合は、データベースを検索して新しい商品を勧めるなどすると、サイトからの購入率が上がります。

サイトの特性を活用して、単純にエラーとして排除してしまうのではなく、次の選択肢をユーザーに示していけるロジックを残すようにサイト構成を考えていきます。

2 商品の詳細情報の表示

では商品IDを指定して詳細情報を表示する仕組みを作りましょう。まず、URLで商品IDを指定すると商品の詳細ページを開くところを作成します。

データクラスを作成する

［サーバーエクスプローラー］を利用して商品詳細情報のデータクラスを作成します。テーブル名は、「TProductDetail」です。

❶ ［ソリューションエクスプローラー］で［Models］－［DataClasses1.dbml］をダブルクリックする。
  ▶ 既存のデータクラス（TProductとTCategory）が表示される。

❷ ［サーバーエクスプローラー］を表示させ、［データ接続］－［＜コンピューター名＞¥sqlexpress.mvcdb.do］－［テーブル］のツリーを開く。

❸ ［TProductDetail］テーブルを、データクラスの上にドラッグアンドドロップする。

❹ ［TProductDetail］テーブルのデータクラスが作成されることを確認する。

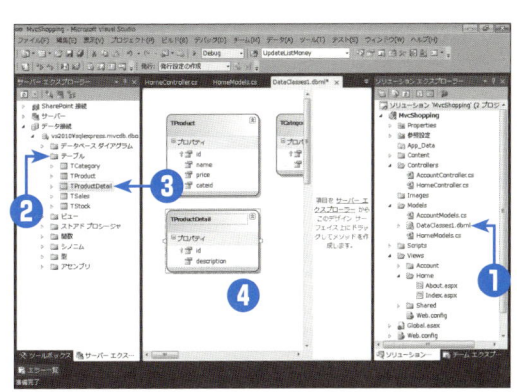

商品詳細のモデルクラスを作成する

次に商品の詳細情報を表示するためのモデルを作成します。Views/Home/Item.aspxのページに表示する一覧に結び付けられるモデルになります。

モデルクラスの名前は「ProductItemModel」にしましょう。

❶ コードエディターにModels/HomeModels.csファイルを表示する。

❷ HomeModels.csファイルに次のコードを記述する（色文字部分）。

```
/// <summary>
/// 商品詳細のモデルクラス
/// </summary>
public class ProductItemModel          ← 1
{
    // 商品情報
    public TProduct Product { get; set; }     ← 2
    // 商品詳細情報
    public TProductDetail ProductDetail { get; set; }   ← 3
}
```

3 ［ビルド］メニューの［MvcShoppingのビルド］をクリックする。

▶ 問題なくビルドされることを確認する。

コードの解説

1 `public class ProductItemModel`

モデルを示すためのクラスです。クラス名はProductItemModelとします。

2
```
// 商品情報
public TProduct Product { get; set; }
```

商品の情報を持つためのプロパティです。商品一覧を扱うためのProductModelクラスとは異なり、1つの商品だけを扱います。

3
```
// 商品詳細情報
public TProductDetail ProductDetail { get; set; }
```

商品の詳細情報を持つためのプロパティです。商品情報に対応するデータを保存します。

コントローラーを作成する

商品詳細のモデル（ProductDetailクラス）と商品詳細を表示するビュー（Item.aspx）をつなぎ合わせるコントローラーを作成していきましょう。

Item.aspxに対応するコントローラーは、Controllers/HomeController.csに記述します。

1 コードエディターにControllers/HomeController.csファイルを表示する。

❷ HomeController.csファイルの最後に次のコードを記述する（色文字部分）。

```csharp
public ActionResult About()
{
    return View();
}

/// <summary>
/// 商品情報用のコントローラー         ◀── 1
/// </summary>
/// <param name="id">商品ID</param>
/// <returns></returns>
public ActionResult Item(string id)
{
    // web.config から接続文字列を取得
    string cnstr = ConfigurationManager.ConnectionStrings[   ◀── 2
        "mvcdbConnectionString"].ConnectionString;
    // データベースに接続する
    DataContext dc = new DataContext(cnstr);          ◀── 3
    // 商品情報を取得
    ProductItemModel model = new ProductItemModel();  ◀── 4
    model.Product = (from p in dc.GetTable<TProduct>()
                     where p.id == id
                     select p
                    ).Single<TProduct>();
    // 商品詳細情報を取得
    model.ProductDetail = (from p in dc.GetTable<TProductDetail>()  ◀── 5
                           where p.id == id
                           select p ).Single<TProductDetail>();
    return View(model);                               ◀── 6
}
```

❸ ［ビルド］メニューの［MvcShoppingのビルド］をクリックする。

▶ 問題なくビルドされることを確認する。

コードの解説

1
```
/// <summary>
/// 商品情報用のコントローラー
/// </summary>
/// <param name="id">商品ID</param>
/// <returns></returns>
public ActionResult Item(string id)
```

コントローラーのメソッドになります。引数は商品ID（string型）を指定します。

2
```
        // web.config から接続文字列を取得
        string cnstr = ConfigurationManager.ConnectionStrings[
            "mvcdbConnectionString"].ConnectionString;
```

Indexメソッドと同様に、データベースに接続するための接続文字列を取得します。

3
```
        // データベースに接続する
        DataContext dc = new DataContext(cnstr);
```

データコンテキストを生成します。

4
```
        // 商品情報を取得
        ProductItemModel model = new ProductItemModel();
        model.Product = (from p in dc.GetTable<TProduct>()
                         where p.id == id
                         select p
                        ).Single<TProduct>();
```

指定した商品IDにマッチする商品情報を検索します。実際には1つしかマッチングしませんが、複数のマッチングリストから最初の1つを取得するためにSingleメソッドを使います。

5
```
        // 商品詳細情報を取得
        model.ProductDetail = (from p in dc.GetTable<TProductDetail>()
                               where p.id == id
                               select p ).Single<TProductDetail>();
```

同様に、指定した商品IDにマッチする商品詳細情報を検索します。検索結果はコレクションとなるために、最初の1つだけをSingleメソッドで取得します。

6
```
        return View(model);
```

ビュー（Item.aspx）に、モデルを設定するために「View(model)」のように引数に、生成したモデルを指定します。ビューでは、ProductItemModelクラスを利用します。

ビューを作成する

モデルに設定した情報（ProductプロパティとProductDetailプロパティ）を使って、画面に商品の詳細情報を表示します。表示させるビューは［Views/Home/Item.aspx］にします。

❶
［ソリューションエクスプローラー］で［View］－［Home］を右クリックして、［追加］－［ビュー］をクリックする。

▶ ［ビューの追加］ダイアログボックスが表示される。

❷
［ビュー名］に **Item** と入力する。

❸
［厳密に型指定されたビューを作成する］にチェックを入れる。

▶ ［ビューデータクラス］のドロップダウンリストが有効になる。

❹
［ビューデータクラス］から、「MvcShopping.Models.ProductItemModel」を選択する。

❺
［追加］ボタンをクリックする。

▶ 新しいビュー（Item.aspx）が作成される。

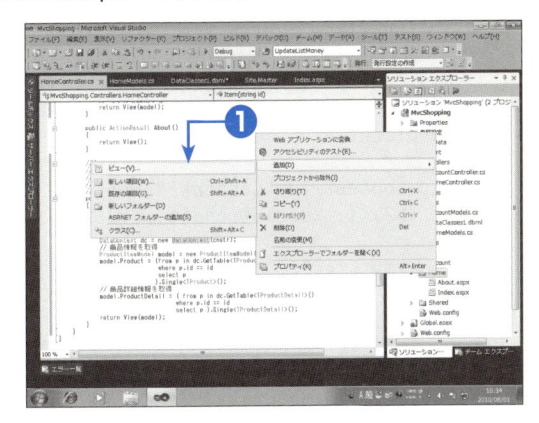

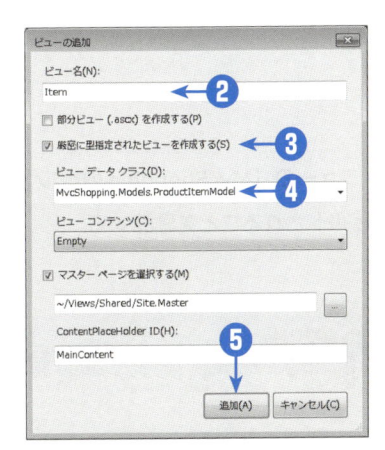

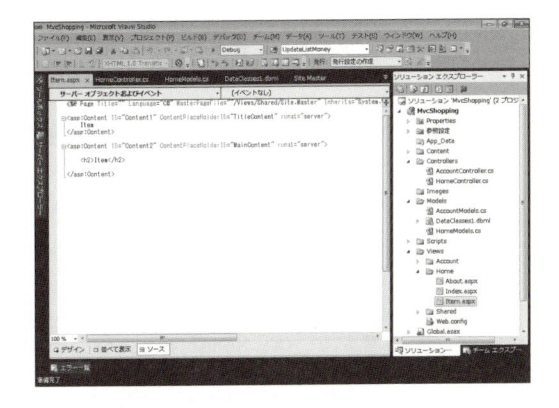

⑥ Item.aspx ファイルに次のコードを記述する（色文字部分）。

```
<%@ Page Title="" Language="C#" MasterPageFile="~/Views/Shared/Site.Master"
    Inherits="System.Web.Mvc.ViewPage<MvcShopping.Models.ProductItemModel>" %>

<asp:Content ID="Content1" ContentPlaceHolderID="TitleContent" runat="server">
    日経ショッピング - <%: Model.Product.name %>    ← 1
</asp:Content>

<asp:Content ID="Content2" ContentPlaceHolderID="MainContent" runat="server">
    <h2><%: Model.Product.name %></h2>    ← 2
<p>
    <img src="/Images/<%: Model.Product.id %>.jpg" alt=""/><br />    ← 3
    商品ID: <%: Model.Product.id %><br />
    価格:   <%: Model.Product.price %><br />
    詳細情報: <%: Model.ProductDetail.description %><br/>
</p>

<%: Html.ActionLink("戻る","/") %>    ← 4

</asp:Content>
```

⑦ ［ビルド］メニューの［MvcShoppingのビルド］をクリックする。

▶ 問題なくビルドされることを確認する。

コードの解説

1　　　日経ショッピング - <%: Model.Product.name %>

ブラウザのタイトルに表示される文字列を指定します。サイト名と商品名が表示されるようにします。

2　　　<h2><%: Model.Product.name %></h2>

ページの見出しに商品名が表示されるようにします。

3　　<p>
　　　　<img src="/Images/<%: Model.Product.id %>.jpg" alt=""/>
　　　　商品ID: <%: Model.Product.id %>
　　　　価格: <%: Model.Product.price %>
　　　　詳細情報: <%: Model.ProductDetail.description %>
　　</p>

　商品の画像、商品ID、価格、詳細情報の4つの情報を表示します。商品IDと価格はモデルのProductプロパティから、詳細情報はモデルのProductDetailプロパティから取得して表示します。

4 `<%: Html.ActionLink("戻る","/") %>`

トップページに戻るためのリンクを作成します。Html.ActionLinkメソッドを使い、トップページを示す「/」を指定します。

動作の確認

では、商品詳細ページを表示させてみましょう。まだ、トップページからのリンクは作成してないため、次のように直接アドレスを指定します。

http://localhost/Home/Item/A0001

❶ ［標準］ツールバーの［デバッグ開始］ボタンをクリックする。

❷ Internet Explorerが表示されることを確認する。

❸ ブラウザのアドレスに、**http://localhost:＜ポート番号＞/Home/Item/A0001** と設定して、実行する。

❹ 該当する商品の詳細ページが表示されることを確認する。

❺ Internet Explorerの閉じるボタンをクリックする。

▶ プログラムが終了し、統合開発環境に戻る。

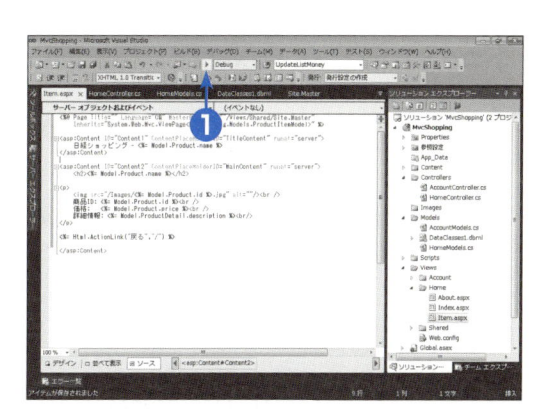

3 商品から詳細ページへリンクを付ける

トップページから、商品をクリックしたときに詳細ページへジャンプする機能を追加します。商品ページへの表示は「http://localhost/Home/Item/A000」のように、商品IDを指定するので、aタグでリンクを追加する簡単な変更になります。

ビューを変更する

商品IDを指定できるように、リンクを追加しましょう。

❶ コードエディターにViews/Home/Index.aspxファイルを表示する。

❷ Index.aspxファイルに次のコードを記述する（色文字部分）。

```
<% foreach (var item in Model.Products )
    { %>
    <table align="left">
        <tr>
            <td align=center><img src="/Images/<%: item.id %>.jpg" alt=""/></td>
        </tr>
        <tr>
            <td align=center><%: Html.ActionLink( item.name, "Item", new {
            item.id } ) %></td>
        </tr>
        <tr>
            <td align=center><%: string.Format("{0:#,###} 円", item.price ) %>
            </td>
        </tr>
    </table>
<% } %>
```

❸ ［ビルド］メニューの［MvcShoppingのビルド］をクリックする。

➡ 問題なくビルドされることを確認する。

コードの解説

1 `<td align=center><%: Html.ActionLink( item.name, "Item", new { item.id } ) %></td>`

Html.ActionLinkメソッドを使い、商品の詳細ページへのリンクを作成します。商品名はitem.name、商品IDはitem.idになります。商品IDはクエリ文字列として渡します。

第8章　商品の詳細表示

動作の確認

では、トップページから詳細ページへジャンプしてみましょう。最初の画面から、1つの商品を選んでマウスでクリックします。

❶ [標準] ツールバーの [デバッグ開始] ボタンをクリックする。

❷ Internet Explorerが表示されることを確認する。

❸ ページに商品が表示されていることを確認する。

❹ 商品名をクリックする。

❺ 指定した商品の詳細ページが表示される。

❻ Internet Explorerの閉じるボタンをクリックする。

　▶ プログラムが終了し、統合開発環境に戻る。

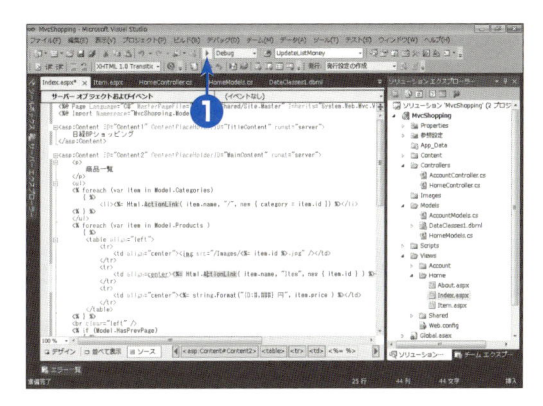

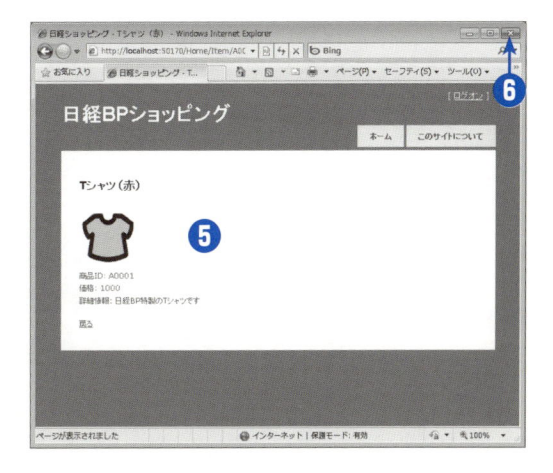

4 例外に対処する

　商品の詳細ページを開くときに、通常はトップページから商品名を選択します。しかし、商品の詳細ページは、「http://localhost/Home/Item/A0001」のようにブラウザのアドレスを指定しても表示できてしまうため、誤った商品IDを入力するとエラーになってしまいます。
　これがエラーにならないように、間違った商品IDを指定されたときには、エラーページを表示するように変更します。

■ 間違った商品IDを指定したときの動作を確認する

　実際にデータベースに存在しない商品IDを指定してみましょう。どのような例外が発生するのかを確認してください。

❶ ［標準］ツールバーの［デバッグ開始］ボタンをクリックする。

❷ Internet Explorerが表示されることを確認する。

❸ ページに商品ページが表示されていることを確認する。

❹ ブラウザのアドレスに「http://localhost/〈ポート番号〉/」(〈ポート番号〉はこの操作を行っているPCごとの固有の数字) と表示されているので、それに続いて **Home/Item/XXXXX** を入力する。

❺
サーバーエラーが発生することを確認する。

❻
［デバッグの停止］ボタンを押してプログラムを終了する。

▶ プログラムが終了し、統合開発環境に戻る。

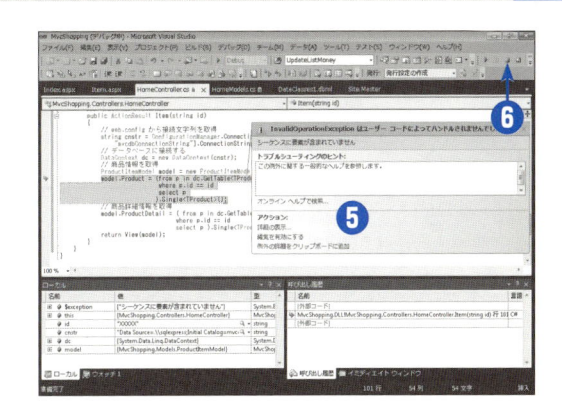

エラーコードの解説

```
model.Product = (from p in dc.GetTable<TProduct>()
                 where p.id == id
                 select p
                ).Single<TProduct>();
```

　コントローラークラスのItemメソッド内で、商品IDでデータベースを検索時にマッチするデータが1件も見つからない場合、例外が発生してしまいます。これは、1件もない場合には、Singleメソッドが例外を発生させるためです。

コントローラーを修正する

　1件もマッチしなかった場合にはエラーページにジャンプするようにコントローラーのコードを修正しましょう。

❶
コードエディターにControllers/HomeController.csファイルを表示する。

❷
HomeController.csファイルに次のコードを記述する（色文字部分）。

```
public ActionResult Item(string id)
{
    ...
    try          ◀── 1
    {
        model.Product = (from p in dc.GetTable<TProduct>()
                         where p.id == id
                         select p
                        ).Single<TProduct>();
        // 商品詳細情報を取得
```

次頁に続く

```
            model.ProductDetail = (from p in dc.GetTable<TProductDetail>()
                                   where p.id == id
                                   select p).Single<TProductDetail>();
            return View(model);
        }
        catch                                                            ← 2
        {
            return Redirect("/Home/Error");                ←             3
        }   ←                                                    4
    }
```

❸ HomeController.cs ファイルに続けて次のコードを記述する（色文字部分）。

```
/// <summary>
/// 商品が見つからない場合
/// </summary>
/// <returns></returns>
public ActionResult Error()        ←    5
{
    return View();
}
```

❹ ［ビルド］メニューの［MvcShoppingのビルド］をクリックする。

▶ 問題なくビルドされることを確認する。

コードの解説

1
```
        try
        {
```

C#では例外の発生をとらえるために、try-catchステートメントを使います。ここでは、マッチしない商品IDを指定されたときのために、Singleメソッドを使っている2つのコードをtryブロックで囲みます。

2
```
        }
        catch
        {
```

例外が発生すると、実行する行がcatchステートメントまでジャンプされます。例外情報は、Exceptionクラスなどを使って取得できます。ここでは、例外の情報は不要なので、catch { ... } のように記述します。

3
```
        return Redirect("/Home/Error");
```

例外が発生したときに実行される処理を記述します。ここでは、「/Home/Error」というアドレスを表示させます。このErrorページで、指定した商品IDが無効であることをユーザーに知らせます。

4
```
    }
```

例外したときのブロックを終了する箇所です。

構文	try-catch ステートメント

```
try {
        通常の処理
} catch {
        例外発生時の処理
}

try {
        通常の処理
} catch ( Excetpion ex ) {
        例外発生時の処理
}
```

5
```
    public ActionResult Error()
    {
        return View();
    }
```

エラーページを表示するためのコントローラーです。特に情報は必要ないため、そのままビューのオブジェクトを返しています。

エラーページのビューを作成する

エラーページを表示するためのビューを作成します。表示させるビューはViews/Home/Error.aspxにします。

① [ソリューションエクスプローラー] で [View] － [Home] を右クリックして、[追加] － [ビュー] をクリックする。
▶ [ビューの追加] ダイアログボックスが表示される。

② [ビュー名] に **Error** と入力する。

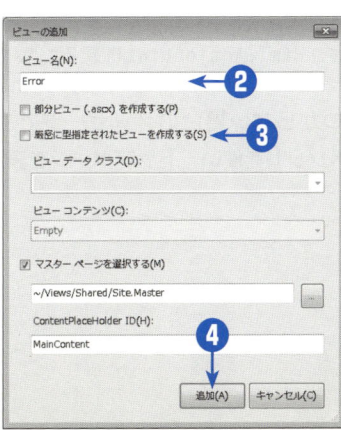

❸
[厳密に型指定されたビューを作成する]のチェックを外す。

❹
[追加]ボタンをクリックする。

▶ 新しいビュー（Item.aspx）が作成される。

❺
Error.aspxファイルに次のコードを記述する（色文字部分）。

```
<asp:Content ID="Content1" ContentPlaceHolderID="TitleContent" runat="server">
    日経BPショッピング          ◀━━━━━ 1
</asp:Content>

<asp:Content ID="Content2" ContentPlaceHolderID="MainContent" runat="server">

    <h2>商品が見つかりませんでした。</h2>    ◀━━━━━ 2
    <%: Html.ActionLink("戻る","/") %>

</asp:Content>
```

❻
[ビルド]メニューの[MvcShoppingのビルド]をクリックする。

▶ 問題なくビルドされることを確認する。

コードの解説

1
```
<asp:Content ID="Content1" ContentPlaceHolderID="TitleContent" runat="server">
    日経BPショッピング
</asp:Content>
```

ブラウザに表示するタイトルを設定します。

2
```
<h2>商品が見つかりませんでした。</h2>
<%: Html.ActionLink("戻る","/") %>
```

商品が見つからない場合のメッセージです。戻るボタンは、商品詳細ページと同じようにHtml.ActionLinkメソッドを使い、トップページを表示させます。

第8章　商品の詳細表示

動作の確認

では、詳細ページを開き、アドレスを無効な商品IDにしてチェックしてみましょう。

❶ ［標準］ツールバーの［デバッグ開始］ボタンをクリックする。

❷ Internet Explorerが表示されることを確認する。

❸ ページに商品が表示されていることを確認する。

❹ 商品名をクリックする。

❺ 指定した商品の詳細ページが表示される。

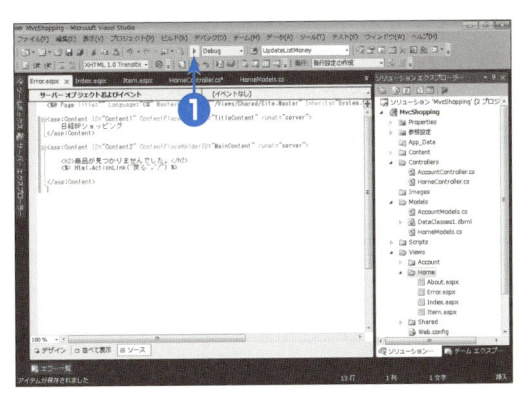

❻ アドレスを「http://localhost:〈ポート番号〉/Home/Item/XXXXX」のように無効な商品IDに変更する。

❼ エラーページが表示されることを確認する。

❽ Internet Explorerの閉じるボタンをクリックする。

　➡ プログラムが終了し、統合開発環境に戻る。

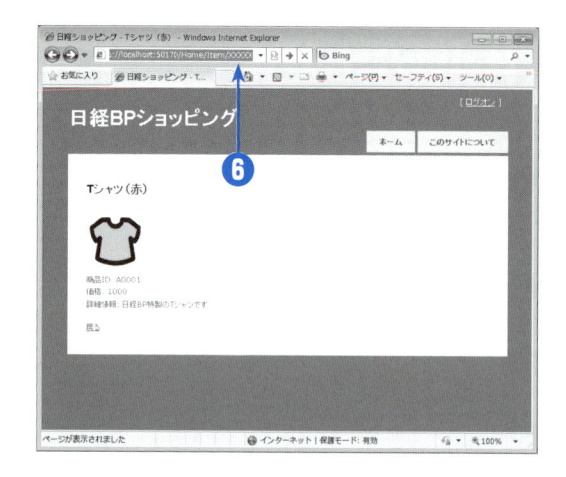

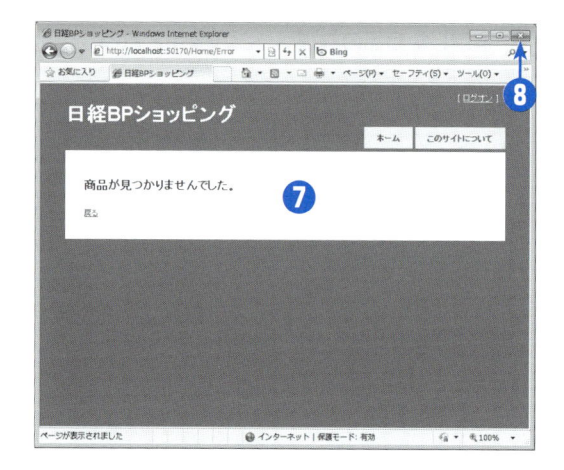

ログオン機能

第9章

1 ログオン状態を取得する
2 ［買う］ボタンを配置する
3 ［マイページ］を表示する
4 ログオンページのカスタマイズ
5 登録ページのカスタマイズ

ログオン機能は、ショッピングサイトのように購入履歴を残したり、マイページのようなユーザーがカスタマイズできるデータを残す機能です。本書では、マイページの実装までは行いませんが、後でカスタマイズができるように、ログオン時のリンクを表示させます。

この章で学習する内容 と 身に付くテクニック

この章では、ASP.NET MVCのログオン機能を使ってページの表示を制御します。ログオン機能を利用すると、サイトを閲覧する一般ユーザーと登録済みのユーザーとの機能を分けることができます。

STEP 1 ASP.NET MVCのサンプルアプリケーションでは、既にログオン機能が組み込まれています。ログオンするユーザーを作成して、実際にログオン状態を確認してみましょう。

STEP 2 ログオン状態に従って、Viewの制御を変えます。ここでは、ログオンしたユーザーだけが使える［買う］ボタンを付けます。ログオンした時だけ、この［買う］ボタンを表示させます。

STEP 3 ログオンユーザーを登録するためのページをカスタマイズします。標準ではユーザー名とパスワード、メールアドレスしか入力できませんが、これを変更して、ユーザーの名前と生年月日を入力できるようにします。

1 ログオン状態を取得する

　ユーザーが購入した商品を送るときの住所などをショッピングサイトが保持しておくと便利です。ログオンした後でユーザーの情報が利用できるようになっていると、既にサイトに保存されている住所などの情報を活用できます。
　ここでは、特にユーザー特有の情報は利用しませんが、サイトへのログオン状態を取得して、商品を購入するボタンの表示と非表示を制御します。
　まずは、ASP.NET MVCアプリケーションが提供しているログオン機能を見ていきましょう。

アカウントの新規作成

最初にASP.NET MVCアプリケーションにログオンするためのアカウントを作成しましょう。

❶ ［標準］ツールバーの［デバッグ開始］ボタンをクリックする。

❷ Internet Explorerが表示されることを確認する。

❸ トップページの左上にある［ログオン］をクリックする。

❹ ログオンページで［登録］をクリックする。

❺ アカウントの新規作成ページで、アカウント情報を入力する。

❻ [登録] ボタンをクリックする。

❼ 登録したアカウントでログオンできることを確認する。

▶ 右上に「ようこそ＜アカウント名＞さん」と表示されることを確認する。

❽ Internet Explorerの閉じるボタンをクリックする。

▶ プログラムが終了し、統合開発環境に戻る。

ログオンした状態

既に登録したアカウントでログオンしてみましょう。

❶ [標準] ツールバーの [デバッグ開始] ボタンをクリックする。

❷ Internet Explorerが表示されることを確認する。

❸ トップページの左上にある [ログオン] をクリックする。

❹ アカウント情報を入力して、[ログオン]ボタンをクリックする。

❺ 登録したアカウントでログオンできることを確認する。
　▶ 右上に「ようこそ＜アカウント名＞さん」と表示されることを確認する。

ログオフした状態

ログオンした状態から、ログオフをクリックしてみましょう。

❶ 右上の[ログオフ]をクリックする。

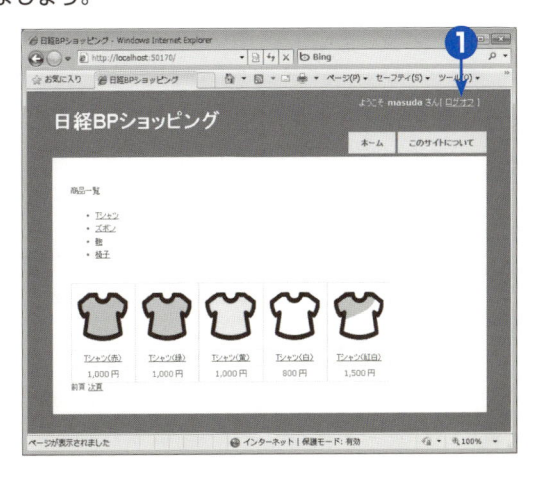

❷ 右上の表示が［ログオン］だけになることを確認する。

❸ Internet Explorerの閉じるボタンをクリックする。

▶ プログラムが終了し、統合開発環境に戻る。

アカウントが異なる場合

ログオン時のアカウント名が未登録の場合を見てみましょう。

❶ ［標準］ツールバーの［デバッグ開始］ボタンをクリックする。

❷ Internet Explorerが表示されることを確認する。

❸ トップページの左上にある［ログオン］をクリックする。

❹ 未登録のアカウント情報を入力して、［ログオン］ボタンをクリックする。

❺
未登録のアカウント名で、ログオンできないことを確認する。

▶「ログオンに失敗しました。エラーを修正し、再試行してください。」とメッセージが表示される。

❻
Internet Explorerの閉じるボタンをクリックする。

▶ プログラムが終了し、統合開発環境に戻る。

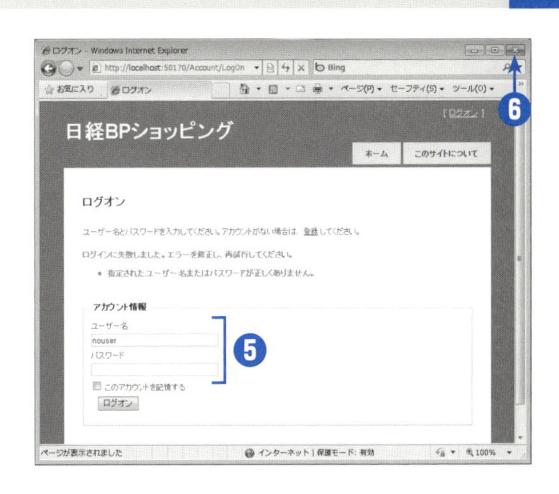

ログオン状態を表示する

ログオン状態を表示する箇所を確認してみましょう。

❶
コードエディターにViews/Shared/Site.Masterファイルを表示する。

❷
Site.Masterファイルに次のコードを記述する（色文字部分）。

```
<div id="logindisplay">
    <%: Page.User.Identity.IsAuthenticated? "ログオン状態": "未ログオン" %>   ← 1
    <% Html.RenderPartial("LogOnUserControl"); %>
</div>
```

❸
［ビルド］メニューの［MvcShoppingのビルド］をクリックする。

▶ 問題なくビルドされることを確認する。

コードの解説

1　　`<%: Page.User.Identity.IsAuthenticated? "ログオン状態": "未ログオン" %>`

　ログオン状態は、Page.User.Identity.IsAuthenticatedで調べることができます。Userオブジェクトは、ブラウザでページを表示するユーザーの情報を保持しています。このログオン情報（認証情報）を持っているのが、Identityオブジェクトになります。

　ここでは、IsAuthenticatedプロパティの値が真（true）の場合「ログオン状態」、偽（false）の場合「未ログオン」と表示させています。「?」と「:」の組み合わせは、3項演算子と呼び、ifステートメントを短く書くための構文です。

構文　＜条件文＞？＜真の場合＞：＜偽の場合＞

```
if ( ＜条件文＞ ) {
  ＜真の場合＞
} else {
  ＜偽の場合＞
}
```
と同じ働きをします。

動作の確認

では、ログオンをして、ログオン状態が表示されることを確認してみましょう。

① [標準] ツールバーの [デバッグ開始] ボタンをクリックする。

② Internet Explorerが表示されることを確認する。

③ 左上のメッセージが「未ログオン」であることを確認する。

④ 左上の [ログオン] をクリックする。

⑤ アカウント情報を入力して、[ログオン] ボタンをクリックする。

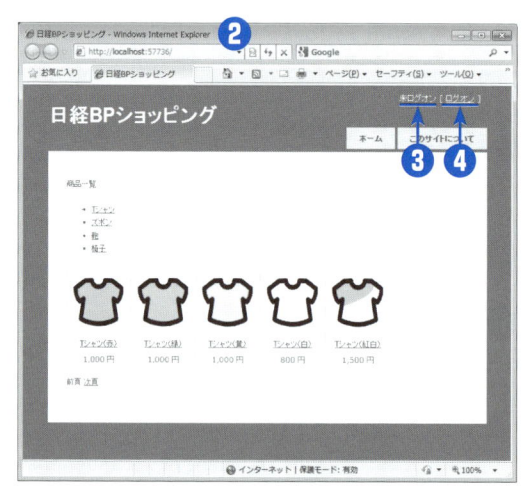

❻ 左上のメッセージが「ログオン状態」になることを確認する。

❼ 左上の[ログオフ]をクリックする。

❽ 左上のメッセージが「未ログオン」になることを確認する。

❾ Internet Explorerの閉じるボタンをクリックする。

　▶ プログラムが終了し、統合開発環境に戻る。

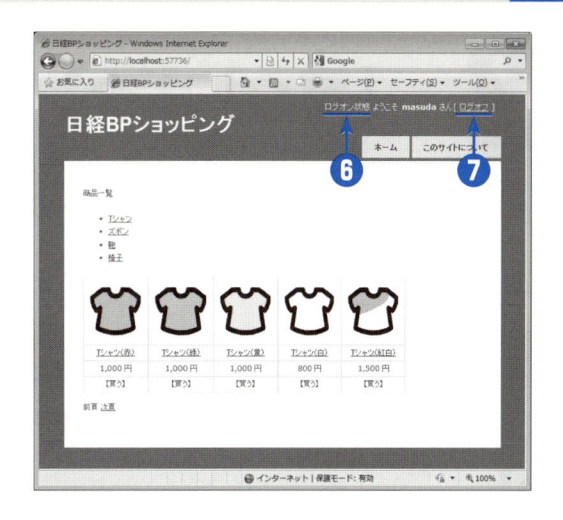

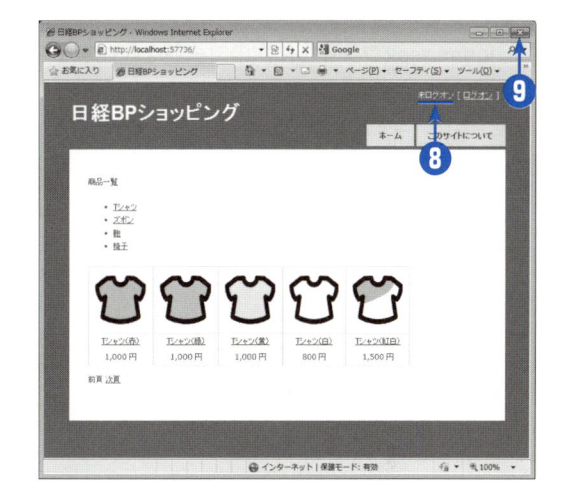

2 [買う] ボタンを配置する

ユーザーがログオンしているときだけ、商品を購入するための [買う] ボタンを表示させましょう。
トップ画面の商品一覧のページ (Index.aspx) と、商品の詳細情報ページ (Item.aspx) の2つのビューを修正します。

トップ画面のビューを修正する

ログオンしている場合のみ [買う] ボタンを表示させます。

① コードエディターに Views/Home/Index.aspx ファイルを表示する。

② Index.aspx ファイルに次のコードを記述する（色文字部分）。

```
<table align="left">
    <tr>
        <td align=center><img src="/Images/<%: item.id %>.jpg" alt="" /></td>
    </tr>
    <tr>
        <td align=center><%: Html.ActionLink( item.name, "Item", new { item.id ➡
        } ) %></td>
    </tr>
    <tr>
        <td align=center><%: string.Format("{0:#,###} 円", item.price ) %></td>
    </tr>
    <% if (User.Identity.IsAuthenticated)      ← 1
        { %>
    <tr>
        <td align=center>買う</td>             ← 2
    </tr>
    <% } %>
</table>
```

③ [ビルド] メニューの [MvcShoppingのビルド] をクリックする。

▶ 問題なくビルドされることを確認する。

コードの解説

1
```
<% if (User.Identity.IsAuthenticated)
    { %>
```

先のページで設定したように、IsAuthenticated プロパティの値をチェックします。IsAuthenticated プロパティの値が true の場合のみ、[買う] ボタンを表示させます。

2
```
    <tr>
        <td align=center>買う</td>
    </tr>
<% } %>
```

　［買う］ボタンを表示します。tdタグについては、商品名や価格などを表示しているタグと同じ形式にしておきます。

商品の詳細情報のビューを修正

同じように、商品の詳細情報のページもログオンしている場合のみ［買う］ボタンを表示させます。

1 コードエディターにViews/Home/Item.aspxファイルを表示する。

2 Item.aspxファイルに次のコードを記述する（色文字部分）。

```
<p>
    <img src="/Images/<%: Model.Product.id %>.jpg" alt=""/><br />
    商品ID: <%: Model.Product.id %><br />
    価格：  <%: Model.Product.price %><br />
    詳細情報: <%: Model.ProductDetail.description %><br/>
    <% if (User.Identity.IsAuthenticated)     ← 1
        { %>
        買う<br/>                              ← 2
    <% } %>
</p>
```

3 ［ビルド］メニューの［MvcShoppingのビルド］をクリックする。

▶ 問題なくビルドされることを確認する。

コードの解説

1
```
<% if (User.Identity.IsAuthenticated)
    { %>
```

　トップページと同じように、IsAuthenticatedプロパティの値をチェックします。IsAuthenticatedプロパティの値がtrueの場合のみ、［買う］ボタンを表示させます。

2
```
        買う<br/>
    <% } %>
```

　［買う］ボタンを表示します。

動作の確認

では、ログオン状態により［買う］ボタンの表示が制御されることを確認しましょう。

❶ ［標準］ツールバーの［デバッグ開始］ボタンをクリックする。

❷ Internet Explorerが表示されることを確認する。

❸ トップ画面で［買う］ボタンが表示されないことを確認する。

❹ 商品の詳細ページで［買う］ボタンが表示されないことを確認する。

❺ 右上の［ログオン］をクリックして、ログオンする。

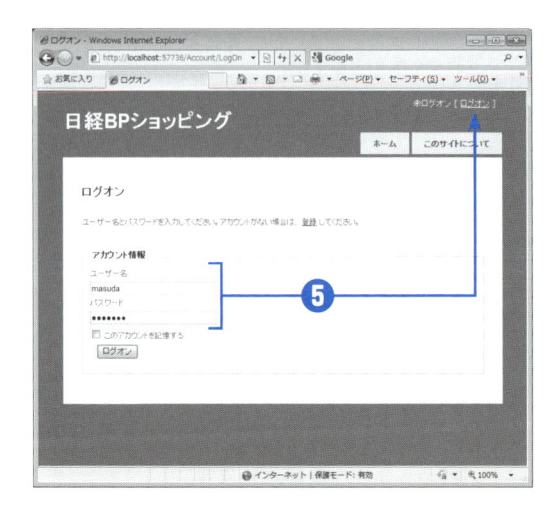

❻ トップ画面で［買う］ボタンが表示されることを確認する。

❼ 商品の詳細ページで［買う］ボタンが表示されることを確認する。

❽ Internet Explorerの閉じるボタンをクリックする。

▶ プログラムが終了し、統合開発環境に戻る。

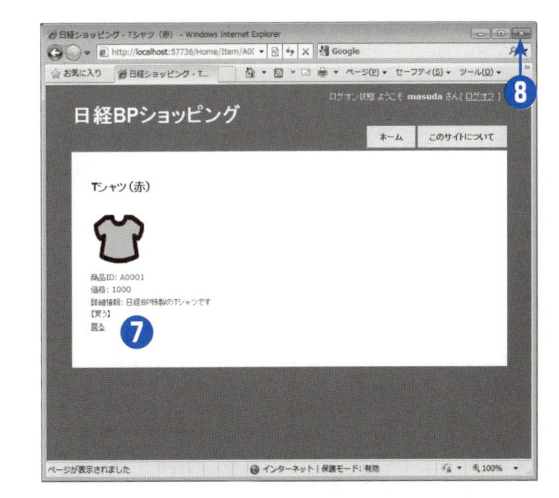

3 ［マイページ］を表示する

　［買う］ボタンと同様に、［マイページ］もユーザーがログオンしているときだけ表示させましょう。［マイページ］は、どの画面からも表示されるようにマスターページ（Site.Master）のビューを修正します。

マスターページのビューを修正する

すべての画面で［マイページ］表示をさせるために、マスターページを修正します。

❶ コードエディターにViews/Shared/Site.Masterファイルを表示する。

❷ Site.Masterファイルに次のコードを記述する（色文字部分）。

```
<div id="logindisplay">
    <%: Page.User.Identity.IsAuthenticated? "マイページ": "" %>    ← 1
    <% Html.RenderPartial("LogOnUserControl"); %>
</div>
```

❸ ［ビルド］メニューの［MvcShoppingのビルド］をクリックする。

▶ 問題なくビルドされることを確認する。

コードの解説

1　`<%: Page.User.Identity.IsAuthenticated? "マイページ": "" %>`

　先のページで設定した「ログオン状態」と「未ログオン」を書き換えます。IsAuthenticatedプロパティの値がtrueの場合のみ、［マイページ］を表示させます。

動作の確認

では、ログオン状態により［マイページ］の表示が制御されることを確認しましょう。

❶ ［標準］ツールバーの［デバッグ開始］ボタンをクリックする。

❷ Internet Explorerが表示されることを確認する。

❸ トップ画面で［マイページ］表示が表示されないことを確認する。

❹ 商品の詳細ページで［マイページ］表示が表示されないことを確認する。

❺ 右上の［ログオン］をクリックして、ログオンする。

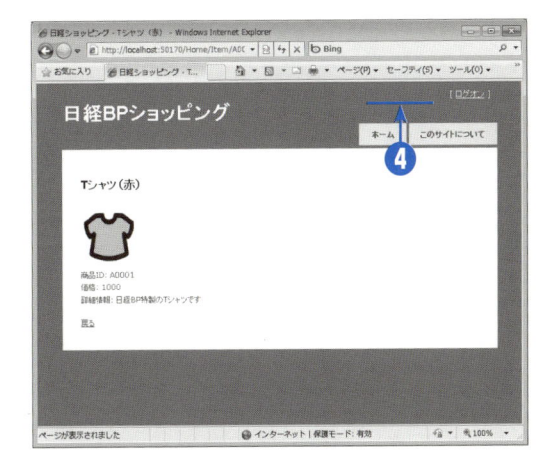

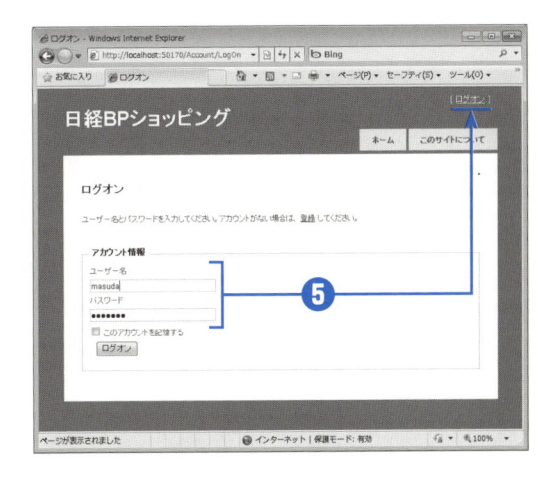

❻ トップ画面で[マイページ]が表示されることを確認する。

❼ 商品の詳細ページで[マイページ]が表示されることを確認する。

❽ Internet Explorerの閉じるボタンをクリックする。

▶ プログラムが終了し、統合開発環境に戻る。

4 ログオンページのカスタマイズ

　ログオンページでは、アカウント情報としてユーザー名とパスワードを入力して［ログオン］ボタンをクリックします。このときに、ユーザー名やパスワードが空白であったり、データベースにあるアカウント情報とマッチングしなかった場合にはエラーメッセージを表示します。
　この仕組みを少し詳しくみていきましょう。

■検証機能（Validateメソッド）

　ユーザー名とパスワードの組み合わせが合っているかどうかというチェックのことを「検証機能」といいます。ASP.NET MVCアプリケーションでは、この検証をValidateというメソッドを使って、チェックを行います。
　検証をしたあとに、ユーザー名とパスワードの組み合わせが正しければ、正常にログオンができます。しかしユーザー名が空白であったり、パスワードが間違っている場合にはエラーになります。

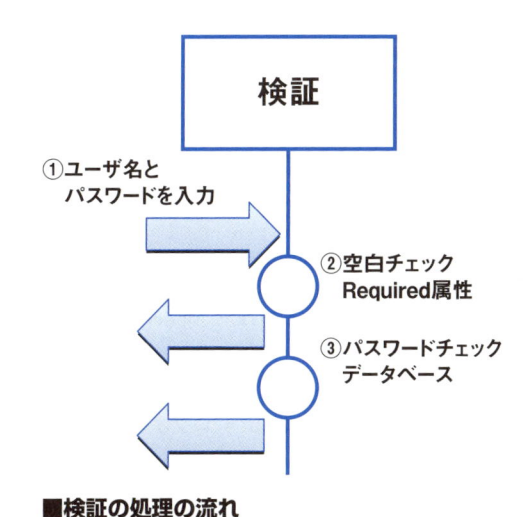

■検証の処理の流れ

　ログオン時の検証には、2つの種類があります。

- ●ユーザー名やパスワードが空白かどうか？
- ●ユーザー名とパスワードの組み合わせが正しいか？

　この2つについて、ビューやコントローラでは、どのように記述されているかを解説します。

ログオンページのビュー

はじめに、ログオンページのビューを確認していきましょう。

❶ コードエディターに Views/Account/LogOn.aspx ファイルを表示する。

```
<% using (Html.BeginForm()) { %>                                              ←  1
    <%: Html.ValidationSummary(true，"ログオンに失敗しました。エラーを修正し、 →
    再試行してください。") %>                                                   ←  2
    <div>
        <fieldset>
            <legend>アカウント情報</legend>

            <div class="editor-label">
                <%: Html.LabelFor(m => m.UserName) %>                          ←  3
            </div>
            <div class="editor-field">
                <%: Html.TextBoxFor(m => m.UserName) %>                        ←  4
                <%: Html.ValidationMessageFor(m => m.UserName) %>              ←  5
            </div>

            <div class="editor-label">
                <%: Html.LabelFor(m => m.Password) %>
            </div>
            <div class="editor-field">
                <%: Html.PasswordFor(m => m.Password) %>
                <%: Html.ValidationMessageFor(m => m.Password) %>
            </div>

            <div class="editor-label">
                <%: Html.CheckBoxFor(m => m.RememberMe) %>
                <%: Html.LabelFor(m => m.RememberMe) %>
            </div>

            <p>
                <input type="submit" value="ログオン" />
            </p>
        </fieldset>
    </div>
<% } %>
```

コードの解説

1 `<% using (Html.BeginForm()) { %>`

フォームの開始場所になります。form タグに変換され、適切な action 属性が指定されます。

2 `<%: Html.ValidationSummary(true, "ログオンに失敗しました。エラーを修正し、→ 再試行してください。") %>`

ログオンボタンを押した後、検証エラーが発生したときのメッセージです。ValidationSummaryメソッドの第1引数をtrueにするとエラーの概要のみ表示します。項目のそれぞれのエラーメッセージを細かく表示したい場合はfalseを指定します。

3 `<%: Html.LabelFor(m => m.UserName) %>`

項目のラベルを指定します。ラベルの文字列はモデルクラスの属性として指定します。

4 `<%: Html.TextBoxFor(m => m.UserName) %>`

入力時の項目を指定します。ここでは、テキストボックスが表示されます。

5 `<%: Html.ValidationMessageFor(m => m.UserName) %>`

検証エラーが発生した場合のエラーメッセージを設定します。

ログオンページのモデル

次に、ログオンページのモデルを確認します。ビューで使われているメッセージが設定されています。

1 コードエディターに Models/AccountModels.cs ファイルを表示する。

```
public class LogOnModel
{
    [Required]           ← 1
    [DisplayName("ユーザー名")]   ← 2
    public string UserName { get; set; }   ← 3

    [Required]
    [DataType(DataType.Password)]
    [DisplayName("パスワード")]
    public string Password { get; set; }

    [DisplayName("このアカウントを記憶する")]
    public bool RememberMe { get; set; }
}
```

コードの解説

1　　　`[Required]`

このプロパティが必須項目であることを示します。空白の場合にエラーメッセージを表示させる場合に設定します。

2　　　`[DisplayName("ユーザー名")]`

入力項目のラベルとして使われる文字列です。

3　　　`public string UserName { get; set; }`

入力項目のプロパティ自体になります。

ログオンページのコントローラー

最後にログオンページのコントローラーを確認しましょう。ユーザー名とパスワードをデータベースで確認している箇所になります。

❶

コードエディターに Controllers/AccountController.cs ファイルを表示する。

```
[HttpPost]
public ActionResult LogOn(LogOnModel model, string returnUrl)          ←  1
{
    if (ModelState.IsValid)
    {
        if (MembershipService.ValidateUser(model.UserName, model.Password))  ←  2
        {
            FormsService.SignIn(model.UserName, model.RememberMe);
            if (!String.IsNullOrEmpty(returnUrl))                       ←  3
            {
                return Redirect(returnUrl);
            }
            else
            {
                return RedirectToAction("Index", "Home");
            }
        }
        else
        {
            ModelState.AddModelError("", "指定されたユーザー名またはパスワードが →
            正しくありません。");                                         ←  4
        }
    }

    // ここで問題が発生した場合はフォームを再表示します
    return View(model);
}
```

コードの解説

1
```
[HttpPost]
public ActionResult LogOn(LogOnModel model, string returnUrl)
```

［ログオン］ボタンをクリックしたときに呼び出されるメソッドです。ビューからフォームを使って呼び出されるためにHttpPost属性を設定しています。

2
```
        if (MembershipService.ValidateUser(model.UserName, model.Password))
```

アカウント情報専用のデータベースを使って、ユーザー名とパスワードをチェックします。ユーザーとパスワードの組み合わせが正しい場合は、真（true）を返します。

3
```
            if (!String.IsNullOrEmpty(returnUrl))
            {
                return Redirect(returnUrl);
            }
            else
            {
                return RedirectToAction("Index", "Home");
            }
```

ログオンできた時にジャンプするページを設定します。ジャンプ先のページ（returnUrl）が指定されていれば、そのページへジャンプします。指定されていない場合は、「/Home/Index」のページにジャンプします。

4
```
            ModelState.AddModelError("", "指定されたユーザー名またはパスワードが →
            正しくありません。");
```

ログオンできなかった時の処理が記述されています。ここでは、エラーメッセージを設定しています。

ログオンページのコントローラーを修正する

ここで、独自の処理を入れてみましょう。ログオンができなかった時は、エラーメッセージに加えて「ユーザー名またはパスワードをお忘れの場合は、メールにて連絡してください」というメッセージを表示させます。

1 コードエディターにControllers/ AccountController.csファイルを表示する。

2 AccountController.csファイルに次のコードを記述する（色文字部分）。

```
else
{
    ModelState.AddModelError("", "指定されたユーザー名またはパスワードが正しくありません。→
    ");
    ViewData["LogOnError"] = "ユーザー名またはパスワードをお忘れの場合は、メールにて連絡→
    してください";                                                                      ■1
}
```

❸ [ビルド] メニューの [MvcShoppingのビルド] をクリックする。

▶ 問題なくビルドされることを確認する。

コードの解説

■1
```
ViewData["LogOnError"] = false;
```

ログオンができなかった場合は、ViewDataコレクションに「LogOnError」という名前でメッセージを設定します。

ログオンページのビューを修正する

メッセージを表示する箇所を修正します。

❶ コードエディターにViews/Account/LogOn.aspxファイルを表示する。

❷ LogOn.aspxファイルに次のコードを記述する(色文字部分)。

```
<% using (Html.BeginForm()) { %>
    <%: Html.ValidationSummary(true, "ログオンに失敗しました。エラーを修正し、再試行して →
    ください。") %>
    <%
        if ( ViewData["LogOnError"] != null )           ■1
        {
            Response.Write("<p>"+ ViewData["LogOnError"] + "</p>");
        }
    %>
```

❸ [ビルド] メニューの [MvcShoppingのビルド] をクリックする。

▶ 問題なくビルドされることを確認する。

コードの解説

1
```
<%
    if ( ViewData["LogOnError"] != null )
    {
        Response.Write("<p>"+ ViewData["LogOnError"] + "</p>");
    }
%>
```

ViewDataコレクションのキー名が「LogOnError」にメッセージが入っている場合にだけ、画面にメッセージを表示します。

ログオンに成功した場合は、ViewDataコレクション内にキー名 LogOnErrorのデータはないので、「ViewData["LogOnError"]」の値はnullになります。

動作の確認

では、ログオンページで間違ったユーザー名とパスワードを指定した場合の動きを確認してみましょう。

❶ ［標準］ツールバーの［デバッグ開始］ボタンをクリックする。

❷ Internet Explorerが表示されることを確認する。

❸ トップ画面で［ログオン］ボタンをクリックする。

❹ ログオンページの画面で、間違ったユーザー名とパスワードを設定する。

❺ ［ログオン］ボタンをクリックする。
▶ 独自に設定したエラーメッセージが表示されることを確認する。

❻ ログオンページの画面で、正しいユーザー名とパスワードを設定する。

❼ トップ画面にジャンプされることを確認する。

❽ Internet Explorerの閉じるボタンをクリックする。
▶ プログラムが終了し、統合開発環境に戻る。

5 登録ページのカスタマイズ

続けて、アカウントの新規作成のページを見ていきましょう。ログオンのページと同じように、ユーザーが情報を入力するページになります。ユーザー名、パスワード、電子メールアドレスを入力しますが、ここに名前を生年月日を入力するテキストボックスを追加してみましょう。

モデルの修正

はじめに、名前と生年月日を入力するプロパティをモデルに追加します。

❶ コードエディターに Models/AccountModels.cs ファイルを表示する。

❷ AccountModels.cs ファイルに次のコードを記述する（色文字部分）。

```csharp
public class RegisterModel
{
    [Required]
    [DisplayName("ユーザー名")]
    public string UserName { get; set; }

    [Required]
    [DataType(DataType.EmailAddress)]
    [DisplayName("電子メール アドレス")]
    public string Email { get; set; }

    [Required]
    [ValidatePasswordLength]
    [DataType(DataType.Password)]
    [DisplayName("パスワード")]
    public string Password { get; set; }

    [Required]
    [DataType(DataType.Password)]
    [DisplayName("パスワードの確認入力")]
    public string ConfirmPassword { get; set; }

    [DisplayName("名前")]
    public string Name { get; set; }          ◀ 1

    [DisplayName("生年月日")]
    [DataType(DataType.Date)]
    public DateTime Birthday { get; set; }    ◀ 2
}
```

❸ ［ビルド］メニューの［MvcShoppingのビルド］をクリックする。

▶ 問題なくビルドされることを確認する。

コードの解説

1
```
[DisplayName("名前")]
public string Name { get; set; }
```

名前は、文字列型（string型）を使います。プロパティの名前を「Name」にして、アカウントの新規作成ページのラベルには「名前」が表示されるようにします。

2
```
[DisplayName("生年月日")]
[DataType(DataType.Date)]
public DateTime Birthday { get; set; }
```

生年月日は、日付型（DateTime型）を使います。DataType属性で、日付型（DataType.Date）を指定しておくと、テキストボックスでの入力に自動的にフォーマットのチェックをされるようになります。

コントローラーを確認する

ここでは、コントローラーの修正はしませんが、確認のためにコードを眺めておきましょう。

❶ コードエディターにControllers/AccountController.csファイルを表示する。

```
[HttpPost]
public ActionResult Register(RegisterModel model)    ← 1
{
    if (ModelState.IsValid)
    {
        // ユーザーの登録を試みます    ← 2
        MembershipCreateStatus createStatus = MembershipService.CreateUser →
        (model.UserName, model.Password, model.Email);

        if (createStatus == MembershipCreateStatus.Success)    ← 3
        {
            FormsService.SignIn(model.UserName, false /* createPersistent →
            Cookie */);
            return RedirectToAction("Index", "Home");
        }
        else
        {
            ModelState.AddModelError("", AccountValidation.ErrorCodeToString →
            (createStatus));
        }
    }

    // ここで問題が発生した場合はフォームを再表示します
    ViewData["PasswordLength"] = MembershipService.MinPasswordLength;
    return View(model);
}
```

コードの解説

1
```
[HttpPost]
public ActionResult Register(RegisterModel model)
```

［登録］ボタンをクリックしたときに呼び出されるメソッドです。ログオンページと同じように、フォームから呼び出されるためにHttpPost属性を設定しています。

2
```
        // ユーザーの登録を試みます
        MembershipCreateStatus createStatus = MembershipService.CreateUser
(model.UserName, model.Password, model.Email);
```

ユーザーの情報をデータベースに書き込みます。作成のために、ユーザー名（model.UserName）、パスワード（model.Password）、電子メールアドレス（model.Email）をCreateUserメソッドに渡します。

3
```
        if (createStatus == MembershipCreateStatus.Success)
```

ユーザーの作成に成功した場合は、MembershipCreateStatus.Successという値が返されます。そのままログオンして、「/Home/Index.aspx」ページにジャンプします。失敗した場合、エラーメッセージを元のページ（アカウントを新規作成するページ）に戻ります。

本来ならば、ここで名前（model.Name）と生年月日（model.Birthday）をデータベースに保存する処理が入りますが、ここでは省略します。

ビューを修正する

名前と生年月日を入力する箇所を修正します。

❶ コードエディターにViews/Account/Register.aspxファイルを表示する。

❷ Register.aspxファイルの後ろに次のコードを記述する（色文字部分）。

```
<div class="editor-label">
    <%: Html.LabelFor(m => m.Name) %>              ← 1
</div>
<div class="editor-field">
    <%: Html.TextBoxFor(m => m.Name)%>             ← 2
    <%: Html.ValidationMessageFor(m => m.Name)%>
</div>

<div class="editor-label">
    <%: Html.LabelFor(m => m.Birthday) %>          ← 3
</div>
```

```
<div class="editor-field">
    <%: Html.TextBoxFor(m => m.Birthday)%>
    <%: Html.ValidationMessageFor(m => m.Birthday)%>   ← 4
</div>

<p>
    <input type="submit" value="登録" />
</p>
```

3 [ビルド]メニューの[MvcShoppingのビルド]をクリックする。

▶ 問題なくビルドされることを確認する。

コードの解説

1
```
<div class="editor-label">
    <%: Html.LabelFor(m => m.Name) %>
</div>
```

名前を入力する箇所のラベルです。

2
```
<div class="editor-field">
    <%: Html.TextBoxFor(m => m.Name)%>
    <%: Html.ValidationMessageFor(m => m.Name)%>
</div>
```

名前はテキストボックスを使うので、Html.TextBoxForメソッドを使います。

3
```
<div class="editor-label">
    <%: Html.LabelFor(m => m.Birthday) %>
</div>
```

名前と同じように、生年月日のラベルです。

4
```
<div class="editor-field">
    <%: Html.TextBoxFor(m => m.Birthday)%>
    <%: Html.ValidationMessageFor(m => m.Birthday)%>
</div>
```

生年月日もテキストボックスを使います。ただし、モデルで日付型を指定しているので、入力した生年月日の正当性をチェックします。

動作の確認

では、登録ページで名前と生年月日を入力した場合の動きを確認してみましょう。

❶ ［標準］ツールバーの［デバッグ開始］ボタンをクリックする。

❷ Internet Explorerが表示されることを確認する。

❸ トップ画面で［ログオン］ボタンをクリックする

❹ ログオンページで［登録］ボタンをクリックする。

❺ アカウント情報を入力する。

❻ ［登録］ボタンをクリックしたとき、正常にユーザーが登録できることを確認する。

❼ 生年月日に「9999/00/00」のような無効な日付を指定した場合は、生年月日にエラーが表示されることを確認する。

❽ Internet Explorerの閉じるボタンをクリックする。

▶ プログラムが終了し、統合開発環境に戻る。

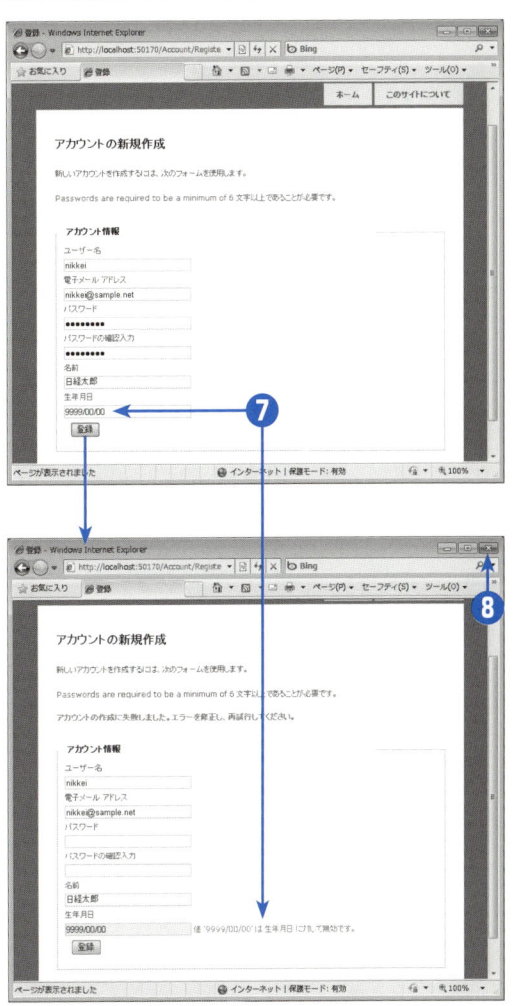

ショッピングカート機能

第10章

1. セッション機能
2. カートのビューを作る
3. 商品をカートに入れる
4. カートの中身を表示する

ショッピングサイトでは、商品を表示するだけでなく、その場で商品を買えることが必要になります。ASP.NETのセッション機能を使って、ショッピングカートを作成していきましょう。

この章で学習する内容と身に付くテクニック

この章では、ASP.NET MVCアプリケーションのセッション機能を利用します。セッション機能は、サイトを利用するときのユーザー固有の情報を保存するために使います。

セッションは、ページをまたがって情報を保持する時に使われます。

STEP 1 最初にセッション機能とはどのようなものなのかを解説します。サンプルサイトのようにショッピングカートがあるWebサイトでは、セッション情報の利用が必須になります。

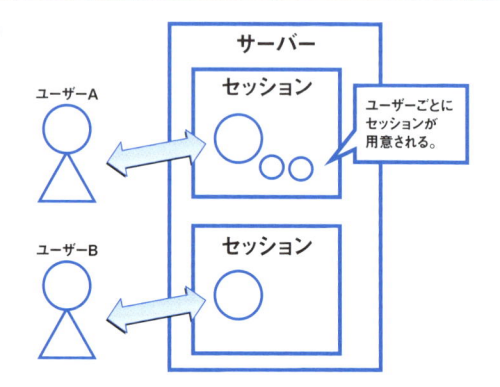

STEP 2 具体的にセッション情報を利用したカート機能を実装します。カートのビューを作成した後に、カートに商品を入れる機能を作ります。

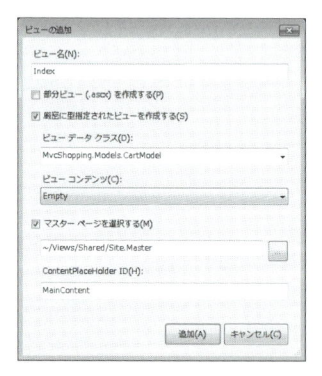

STEP 3 商品をカートに入れた後で、カートの一覧を表示する機能を実装します。

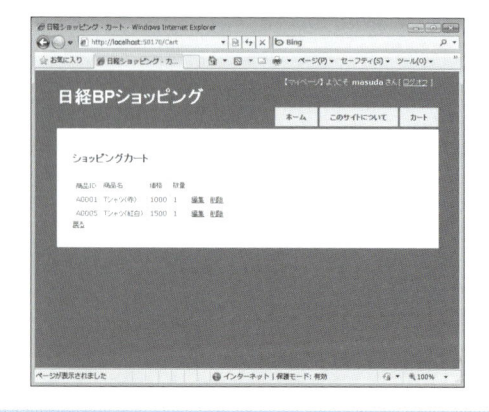

第10章　ショッピングカート機能　177

1 セッション機能

　ユーザーがブラウザでWebサーバーに繋げると、セッションというデータが保持されます。セッションはユーザーごとに用意され、ブラウザでアクセスしている間、そのデータを保持することができます。
　ここでは、ASP.NETのセッション機能（Sessionオブジェクト）を利用して、ショッピングカートの機能を実装していきましょう。

セッション機能とは

　セッションは、ユーザーがブラウザを使ってWebサーバーにアクセスしている間のことです。最初にブラウザでアドレスを入力してから、サイトのページを巡っている間中、セッションは保持されます。このセッションの間、データを保持している機能のことを「セッション機能」といいます。

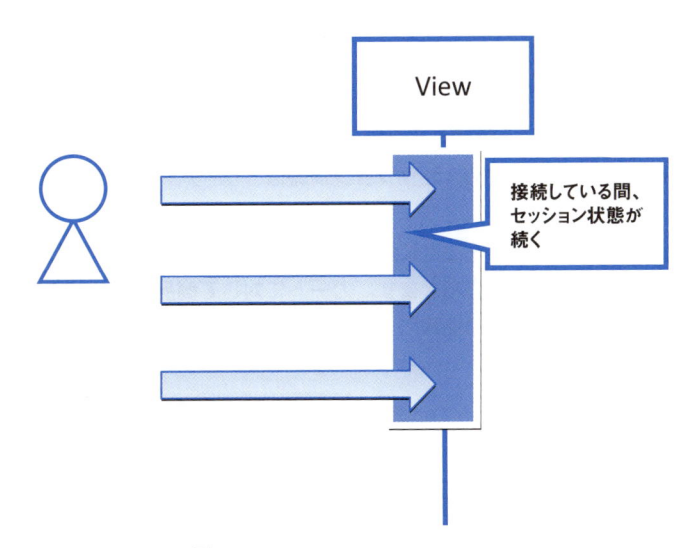

■セッションの例

　セッションは、ブラウザを閉じたり、サーバーからセッション状態を切ったりすると終了します。Internet Explorer 8などのタブブラウザでは、タブ間でセッション情報を共有しています。セッション情報は、ブラウザを開くユーザーごとに用意されるため、他のユーザーが同じサイトにアクセスしていても、異なるデータが使われます。

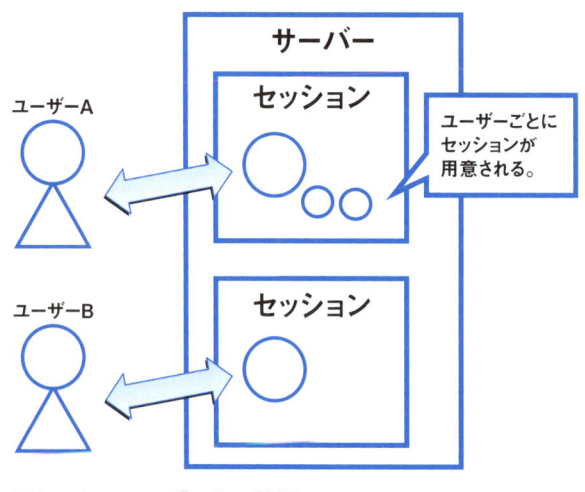

■セッションのデータの状態

セッション機能で扱うデータ

　セッションは具体的には、Cookieと呼ばれる識別子とサーバーにあるデータベースなどのデータの結び付けによって実現されています。このため、セッション情報は、サーバーで扱う、さまざまなデータを使うことができます。

　ショッピングカートのように、ユーザーごとに用意されるカート機能を実現するためには、セッション情報にユーザーが保持したデータをまとめておきます。カートに対して商品を追加したり削除したりする場合も、セッションに保持されているカートの情報にアクセスすることになります。

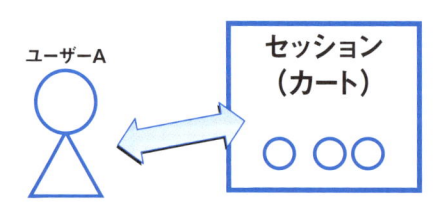

■セッションにカートの情報を入れる

　このほかにも、先に紹介したようにカテゴリの一時的な情報を保持しておくことができます。何度もデータベースにアクセスする代わりに、セッション情報からデータを取ってきます。主にセッション情報はサーバーのメモリ上に実装されるため、データベースに直接アクセスするよりも高速に動作します。

　ただし、ユーザー数が数万程度になった場合、セッション情報をメモリ上に保持しておくと、サーバーのメモリを消費しすぎる結果になります。特に、数万のユーザーが同時にサーバーにアクセスしてセッション情報を保持した場合、大きなデータをセッション情報に保持してしまうと、最悪サーバーがダウンしてしまいます。

　これらの利点と欠点を踏まえたうえで、データ量に注意しながらセッション情報を扱ってください。

セッションの使い方

ASP.NETでは、セッション情報を扱うためにSessionオブジェクトが用意されています。Sessionオブジェクトは、コレクション型のオブジェクトで名前を使ってデータにアクセスできます。

- ●セッションにデータを追加する場合
    Session["Name"] = 10;
- ●セッションからデータを取り出す場合
    int? val = Session["Name"] as int? ;

あるいは、次のように記述します。

int val = 0;
if (Session["Name"] != null) {
　　val = (int)Session["Name"];
}

Sessionオブジェクトは、object型のデータを返すために元のデータに戻す場合はキャストが必要になります。上記の例では、Sessionオブジェクトから直接キャストをするために「int?」型を使います。これは、nullを許容するint型になります。as演算子を使うと、nullの値を含むobject型から安全に別の型に変換ができます。

もう1つの例では、「Name」という名前のセッション情報があるかどうかをチェックしてからint型に変換しています。この場合は変換先の型に、int型を利用できます。

> **構文**　＜変換先＞ = ＜変換元＞ as ＜変換する型＞
> 変換元の変数を変換する型で安全にキャストします。変換元がnullであったり、変換できなかった場合は、変換先の変数にnullが代入されます。

> **構文**　＜変換先＞ = (＜変化する型＞)＜変換元＞
> 変換元の変数を変化する型で強制的にキャストします。変換できなかった場合は例外が発生します。

セッション情報を使い終わったら、nullを代入することで余分なメモリの確保を避けることができます。

- ●セッションの解放
    Session["Name"] = null ;

2 カートのビューを作る

最初にカートの中身を表示するために、モデルとビューを作成しましょう。

カートのモデルを作成する

カートのモデルを作成します。モデルの名前は「CartModel」としましょう。

❶ [ソリューションエクスプローラー]で[Models]を右クリックして、[追加]-[クラス]をクリックする。

▶ [新しい項目の追加]ダイアログボックスが表示される。

❷ [名前]に **CartModel** を入力する。

❸ [追加]ボタンをクリックする。

▶ 新しいクラス(CartModel.cs)が作成される。

❹ CartModel.cs ファイルに次のコードを記述する(色文字部分)。

```csharp
/// <summary>
/// カートのモデルクラス
/// </summary>
public class CartModel
{
    // 商品コレクション
    public List<CartItem> Items;        // 1
    /// <summary>
    /// コンストラクタ
    /// </summary>
    public CartModel()                   // 2
    {
        this.Items = new List<CartItem>();
    }
}
/// <summary>
/// カートの商品クラス
/// </summary>
public class CartItem                    // 3
{
    // 商品ID
    public string ID { get; set; }       // 4
    // 商品名
    public string Name { get; set; }     // 5
    // 商品の単価
    public int Price { get; set; }
    // 購入する商品数
    public int Count { get; set; }
}
```

コードの解説

1
```
// 商品コレクション
public List<CartItem> Items;
```

カート内にある商品を保持するコレクションです。このコレクションに対して商品の追加や削除を行います。Listコレクションは、型を指定できるジェネリック型のクラスです。ここでは、コレクション内に設定する型を「CartItem」と指定しています。

> **構文** List＜＜型名＞＞ 変数名
>
> リストの要素を型やクラスを指定して定義できます。通常のListコレクションとは違い、要素を取り出すときにキャストが必要ありません。

2
```
public CartModel()
{
    this.Items = new List<CartItem>();
}
```

クラスが生成されるときに呼び出される最初のメソッドを「コンストラクター」といいます。CartModelクラスのコンストラクターで、内部で保持するコレクションを初期化しています。

> **構文** コンストラクター
>
> new演算子でオブジェクトが作成されるときに最初に呼び出される特別なメソッドです。主に、クラス内の変数の初期化や設定を行います。

3
```
/// <summary>
/// カートの商品クラス
/// </summary>
public class CartItem
{
```

カート内で保持する商品のクラスを定義します。データベースの商品テーブルのデータクラスのように、各プロパティを設定していきます。

4
```
        // 商品ID
        public string ID { get; set; }
        // 商品名
        public string Name { get; set; }
        // 商品の単価
        public int Price { get; set; }
        // 購入する商品数
        public int Count { get; set; }
```

カートの商品クラスでは、4つのプロパティを設定します。

- 商品ID（ID）
- 商品名（Name）
- 商品の単価（Price）
- 購入する商品数（Count）

カートのコントローラーを作成する

次にカートを制御するコントローラーを作成します。まずは、カートの内容を表示するだけのIndexメソッドだけを実装しましょう。

❶ ［ソリューションエクスプローラー］で［Controllers］を右クリックして、［追加］－［コントローラー］をクリックする。

▶［コントローラーの追加］ダイアログボックスが表示される。

❷ ［コントローラー名］に **CartController** を入力する。

❸ ［追加］ボタンをクリックする。

▶ 新しいクラス（CartController.cs）が作成される。

❹ CartController.cs ファイルに次のコードを記述する（色文字部分）。

```
using MvcShopping.Models;                                    ← 1

namespace MvcShopping.Controllers
{
    public class CartController : Controller
    {
        //
        // GET: /Cart/

        public ActionResult Index()
        {
            // セッション内容を表示
            CartModel model = Session["Cart"] as CartModel;  ← 2
            if (model == null)                               ← 3
```

```
            {
                model = new CartModel();
            }
            return View(model);                    ◄──── ❹
        }
    }
}
```

❺ ［ビルド］メニューの［MvcShoppingのビルド］をクリックする。
▶ 問題なくビルドされることを確認する。

コードの解説

❶　`using MvcShopping.Models;`

　カートのモデルクラスを使うために、名前空間を記述します。usingで名前空間を指定すると、クラス名などを短縮して書くことができます。

| 構文 | `using ＜名前空間＞;` |

利用する名前空間を指定します。名前空間を指定することで、長いクラス名（完全修飾名称）をクラス名だけの指定にすることができます。
次の2つの記述は、同じ意味になります。

```
model = new MvcShopping.Models.CartModel();
model = new CartModel();
```

❷　`CartModel model = Session["Cart"] as CartModel;`

　セッション情報をCartModelクラスに変換します。初回にアクセスされた場合、セッション情報が設定されていないため、as演算子を使って例外の発生を防いでいます。

❸
```
            if (model == null)
            {
                model = new CartModel();
            }
```

　カートの情報がない場合は、セッション情報に設定されていないために、モデルのオブジェクトを生成しています。

❹　`            return View(model);`

　セッション情報あるいは新規に生成したモデルのオブジェクトをビュー（View）に渡します。

カートのビューを作成する

　カートの内容を表示するビューを作成します。カートが備えるべき機能としては、商品の削除や数量の変更などもありますが、ひとまずカートの内容だけを示すリストの表示機能を実装します。

❶ ［ソリューションエクスプローラー］で［Views］を右クリックして、［追加］－［新しいフォルダー］をクリックする。

▶［NewFolder1］というフォルダーが作成され、名前の変更状態になる。

❷ フォルダー名を **Cart** に変更する。

❸ ［ソリューションエクスプローラー］で［Views］－［Cart］を右クリックして、［追加］－［ビュー］をクリックする。

▶［ビューの追加］ダイアログボックスが表示される。

❹ ［ビュー名］に **Index** と入力する。［厳密に型指定されたビューを作成する］にチェックを入れる。

▶［ビューデータクラス］のドロップダウンリストが有効になる。

❺ ［ビューデータクラス］から、「MvcShopping.Models.CartModel」を選択する。

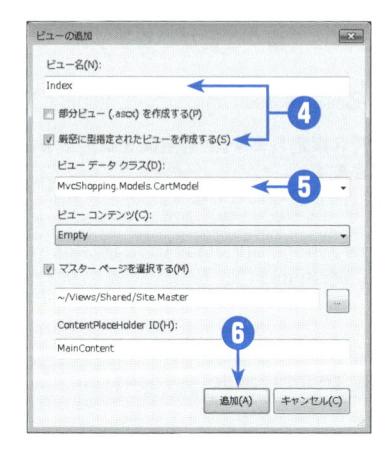

❻ ［追加］ボタンをクリックする。

▶新しいビュー（Index.aspx）が作成される。

❼ Index.aspx ファイルに次のコードを記述する（色文字部分）。

```
<%@ Import Namespace="MvcShopping.Models" %>                        ← 1

<asp:Content ID="Content1" ContentPlaceHolderID="TitleContent" runat="server">
    日経ショッピング - カート                                        ← 2
</asp:Content>

<asp:Content ID="Content2" ContentPlaceHolderID="MainContent" runat="server">
```

```
        <h2>ショッピングカート</h2>  ←——————————————— 3

        <table>  ←————————————————————————————— 4
        <tr>
            <td>商品ID</td>
            <td>商品名</td>
            <td>価格</td>
            <td>数量</td>
        </tr>
<% foreach ( CartItem item in Model.Items ) {  %>  ←——— 5
        <tr>
            <td><%: item.ID %></td>  ←—————————— 6
            <td><%: item.Name %></td>
            <td><%: item.Price %></td>
            <td><%: item.Count %></td>
        </tr>
<% } %>  ←———————————————————————————— 7
        </table>  ←——————————————————————— 8
        <%: Html.ActionLink("戻る","","HOME") %>  ←——— 9
</asp:Content>
```

コードの解説

1　　`<%@ Import Namespace="MvcShopping.Models" %>`

カート内の商品クラス（CartItem）を使えるように名前空間をインポートします。

2　　　　日経ショッピング － カート

タイトルに表示される文字列を指定します。

3　　　　`<h2>ショッピングカート</h2>`

ページの先頭に表示する文字列を指定します。

4　　　　`<table>`
　　　　　　`<tr>`
　　　　　　　　`<td>商品ID</td>`
　　　　　　　　`<td>商品名</td>`
　　　　　　　　`<td>価格</td>`
　　　　　　　　`<td>数量</td>`
　　　　　　`</tr>`

商品リストを表示するときのタイトル行を指定します。

5
```
<% foreach ( CartItem item in Model.Items ) { %>
```

モデルが保持している商品を、foreachステートメントを使ってすべて表示させます。

6
```
<tr>
    <td><%: item.ID %></td>
    <td><%: item.Name %></td>
    <td><%: item.Price %></td>
    <td><%: item.Count %></td>
</tr>
```

カート内の商品クラス（CartItem）のすべてのプロパティを表示させます。

7
```
<% } %>
```

foeachステートメントのブロックの終わりを示します。

8
```
</table>
```

tableタグの終了タグになります。

9
```
<%: Html.ActionLink("戻る","","HOME") %>
```

トップ画面へ戻るボタンです。

メニューを変更する

最後にメニューにカートを表示するリンクを追加します。商品はログインしているユーザーだけが買えるので、カートの表示もログインしている時だけにしてみましょう。

❶
コードエディターにView/Shared/Site.Masterファイルを表示する。

❷
Site.Masterファイルに次のコードを記述する（色文字部分）。

```
<ul id="menu">
    <li><%: Html.ActionLink("ホーム", "Index", "Home")%></li>
    <li><%: Html.ActionLink("このサイトについて", "About", "Home")%></li>
    <% if (Page.User.Identity.IsAuthenticated)     ◀   1
        { %>
    <li><%: Html.ActionLink("カート", "Index", "Cart")%></li>   ◀   2
    <% } %>
</ul>
```

❸

[ビルド] メニューの [MvcShoppingのビルド] をクリックする。

▶ 問題なくビルドされることを確認する。

コードの解説

❶
```
<% if (Page.User.Identity.IsAuthenticated)
    { %>
```

マイページの表示とを同じように、IsAuthenticatedプロパティをチェックして、ログイン済みかどうかを調べます。

❷
```
<li><%: Html.ActionLink("カート", "Index", "Cart")%></li>
<% } %>
```

ログインしている場合には、カートのメニューを表示します。クリックしたときには、Cart/Index.aspxが呼び出されます。

動作の確認

では、カートのページを確認してみましょう。

❶

[標準] ツールバーの [デバッグ開始] ボタンをクリックする。

❷

Internet Explorerが表示されることを確認する。

❸

トップ画面で [ログオン] ボタンをクリックする。

❹ ログオンページの画面で、ユーザー名とパスワードを入力する。

❺ [ログオン] ボタンをクリックする。
　▶ メニューに「カート」が表示されることを確認する。

❻ メニューの [カート] をクリックする。

❼ ショッピングカートの内容が表示されることを確認する。

❽ Internet Explorerの閉じるボタンをクリックする。
　▶ プログラムが終了し、統合開発環境に戻る。

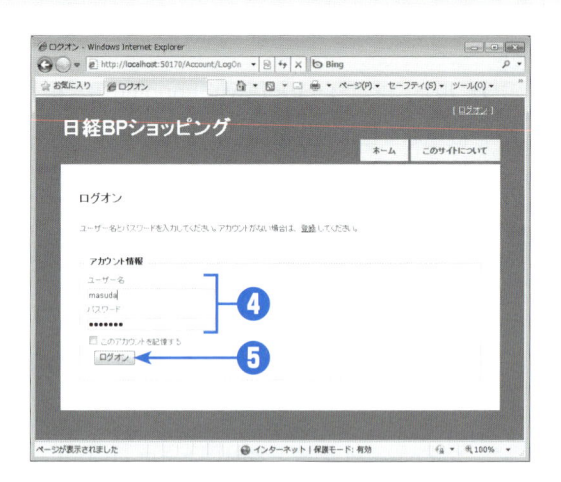

3 商品をカートに入れる

商品一覧のトップページ（/Home/Index.aspx）や詳細ページ（/Home/Detail.aspx）で［買う］ボタンをクリックしたときにショッピングカートに対象の商品を入れる処理を書きます。

商品名をクリックしたときに詳細ページを表示したように、［買う］ボタンをクリックしたときに定義したメソッドを呼び出します。このメソッドは「AddItem」にしましょう。

コントローラーにAddItemメソッドを追加する

カートのコントローラーに商品を追加するAddItemメソッドを記述します。

❶ コードエディターにControllers/CartController.csファイルを表示する。

❷ CartController.csファイルに次のコードを記述する（色文字部分）。

```csharp
using System.Data.Linq;
using System.Configuration;


//
// GET: /Cart/AddItem
[Authorize]
public ActionResult AddItem(string id, int? count)   ◀ 1
{
    // セッション情報からカートのモデルを取得する   ◀ 2
    CartModel model = Session["Cart"] as CartModel;
    if (model == null)
    {
        model = new CartModel();
    }
    // web.config から接続文字列を取得
    string cnstr = ConfigurationManager.ConnectionStrings[   ◀ 3
        "mvcdbConnectionString"].ConnectionString;
    // データベースに接続する
    DataContext dc = new DataContext(cnstr);
    // 商品情報を取得
    var product = (from t in dc.GetTable<TProduct>()   ◀ 4
                   where t.id == id
                   select t).Single<TProduct>();
    // カートの商品アイテムを作成
    CartItem item = new CartItem();   ◀ 5
    item.ID = id;
    item.Name = product.name;
    item.Price = product.price;
    item.Count = count ?? 1;
    // モデルに追加する
    model.Items.Add(item);   ◀ 6
    // セッションに保持する
    Session["Cart"] = model;   ◀ 7
```

```
    // カートのページを表示する
    return RedirectToAction("Index");    ←──────────────── 8
}
```

❸ [ビルド] メニューの [MvcShoppingのビルド] をクリックする。

▶ 問題なくビルドされることを確認する。

コードの解説

１
```
[Authorize]
public ActionResult AddItem(string id, int? count)
```

メソッドの属性を「Authorize」として、呼び出し元をアクションメソッドのみに制限します。こうすることでログインしたユーザーの操作でのみアクセス可能なメソッドが定義できます。

AddItemメソッドの引数は、商品ID（id）と購入する商品数（count）です。

２
```
// セッション情報からカートのモデルを取得する
CartModel model = Session["Cart"] as CartModel;
if (model == null)
{
    model = new CartModel();
}
```

セッションからカートの情報を取得します。as演算子でCartModelクラスにキャストします。セッション情報にデータがない場合、つまり最初の買い物をした場合には、new演算子でカートのオブジェクトを作成します。

３
```
// web.config から接続文字列を取得
string cnstr = ConfigurationManager.ConnectionStrings[
    "mvcdbConnectionString"].ConnectionString;
// データベースに接続する
DataContext dc = new DataContext(cnstr);
```

web.configからデータベースの接続文字列を取得し、データベースに接続します。

４
```
// 商品情報を取得
var product = (from t in dc.GetTable<TProduct>()
               where t.id == id
               select t).Single<TProduct>();
```

指定された商品ID(id)で、商品テーブルを検索します。商品IDにマッチする商品は1点のみなので、Singleメソッドで1つの要素だけを取得します。

5
```
// カートの商品アイテムを作成
CartItem item = new CartItem();
item.ID = id;
item.Name = product.name;
item.Price = product.price;
item.Count = count ?? 1;
```

　カートに保存するクラスは、CartItemオブジェクトになります。CartItemオブジェクトでは、商品ID（id）、商品名（Name）、価格（Price）、購入する商品数（Count）を保存しておきます。

　商品数を示すcount変数は、nullの場合には「1」を代入するようにします。「??」演算子は、nullの場合は、次の値を代入するという演算子です。

| 構文 | ＜代入先の変数＞ = ＜変数＞ ?? ＜nullの場合の値＞ |

変数の値をチェックして、nullの場合に「nullの場合の値」を代入します。nullでない場合は、そのまま変数の値になります。次のifステートメントと同じになります。

```
if ( ＜変数＞ == null ) {
    ＜代入先の変数＞ = ＜nullの場合の値＞ ;
} else {
    ＜代入先の変数＞ = ＜変数＞ ;
}
```

6
```
// モデルに追加する
model.Items.Add(item);
```

　買い物の情報を設定したオブジェクトをモデルのコレクションに追加します。

7
```
// セッションに保持する
Session["Cart"] = model;
```

　買い物の情報をセッションに保存します。この情報がログインしている間、保持されます。

8
```
// カートのページを表示する
return RedirectToAction("Index");
```

　最後に、カートのページを表示させるようにします。カートの一覧に今追加した商品が表示されます。

トップ画面で買うボタンを追加する

次にトップ画面で表示する［買う］ボタンのコードを追加します。

1
コードエディターにViews/Home/Index.aspxファイルを表示する。

2
Index.aspxファイルに次のコードを記述する（色文字部分）。

```
<% if (User.Identity.IsAuthenticated) { %>              ← 1
<tr>
    <td align=center>
        <%: Html.ActionLink("買う", "AddItem/"+item.id, "Cart") %>   ← 2
    </td>
</tr>
<% } %>
```

❸ [ビルド] メニューの [MvcShoppingのビルド] をクリックする。

▶ 問題なくビルドされることを確認する。

コードの解説

1 `<% if (User.Identity.IsAuthenticated) { %>`

ログインしているかどうかをIsAuthenticatedプロパティでチェックします。

2
```
    <td align=center>
        <%: Html.ActionLink("買う", "AddItem/"+item.id, "Cart") %>
    </td>
```

［買う］ボタンを表示して、リンク先を「/Cart/AddItem/＜商品ID＞」となるように設定します。トップページ（Home）からカート（Cart）のコントローラーを呼び出すために、アクション名を明示的に指定する必要があります。

詳細画面に［買う］ボタンを追加する

同じように、商品の詳細ページに［買う］ボタンを表示させるコードを追加します。

❶ コードエディターにViews/Home/Item.aspxファイルを表示する。

❷ Item.aspxファイルに次のコードを記述する（色文字部分）。

```
<% if (User.Identity.IsAuthenticated)                   ← 1
    { %>
        <%: Html.ActionLink("買う", "AddItem/"+Model.Product.id, "Cart") %><br />   ← 2
<% } %>
```

❸ [ビルド] メニューの [MvcShoppingのビルド] をクリックする。

▶ 問題なくビルドされることを確認する。

コードの解説

1 `<% if (User.Identity.IsAuthenticated) { %>`

ログインしているかどうかをIsAuthenticatedプロパティでチェックします。

2 `<%: Html.ActionLink("買う", "AddItem/"+Model.Product.id, "Cart") %><br />`

トップページと同じように、リンク先を「/Cart/AddItem/＜商品ID＞」となるように設定します。

動作の確認

では、商品をカートに追加してみましょう。

❶ [標準] ツールバーの [デバッグ開始] ボタンをクリックする。

❷ Internet Explorerが表示されることを確認する。

❸ トップ画面で [ログオン] ボタンをクリックする。

❹ ログオンページの画面で、ユーザー名とパスワードを入力する。

❺ [ログオン] ボタンをクリックする。
　▶ メニューに「カート」が表示されることを確認する。

❻ トップページで、商品の［買う］ボタンをクリックする。

❼ ショッピングカートの内容が表示されることを確認する。

❽ ［戻る］ボタンで、トップページを表示させる。

❾ 商品名をクリックして、商品の詳細ページを表示する。

▶ 商品の詳細ページに［買う］ボタンが表示されていることを確認する。

❿ 詳細ページで、商品の［買う］ボタンをクリックする。

⓫ ショッピングカートの内容が増えていることを確認する。

⓬ Internet Explorerの閉じるボタンをクリックする。

▶ プログラムが終了し、統合開発環境に戻る。

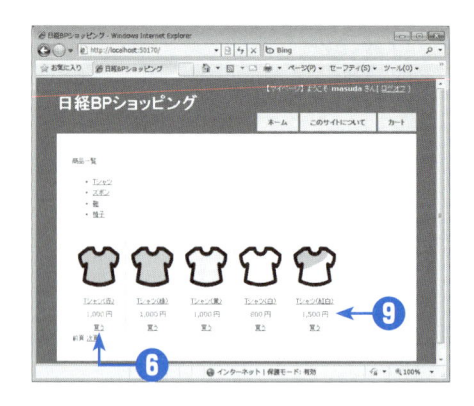

4 カートの中身を表示する

この章の2でカートのビューを作りましたが、ショッピングカートの機能を少し整えましょう。実装自体は次の章で作りますが、ビューの部分に［更新］ボタン、［削除］ボタン、［戻る］ボタンを追加します。

カート機能の遷移

ショッピングカートの編集にはいくつかの方法があります。ここでは、ショッピングカートのリストから編集ボタンをクリックして、編集モードに入る2画面を使う方式を使います。

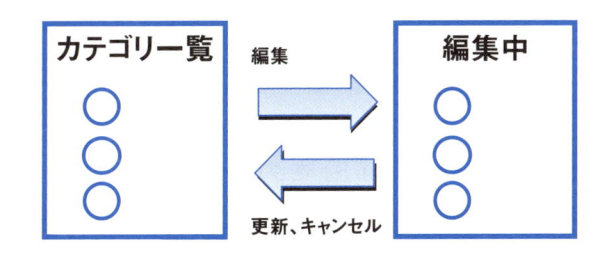

既にショッピングカートの商品の数量を変更したい時は、まず［編集］ボタンをクリックして編集モードに入ります。この編集モードの画面で、数量を変更した後に［更新］ボタンをクリックして、変更を反映させます。また、変更を反映しない場合は［キャンセル］ボタンを押して元の画面に戻ります。

また、ショッピングカートから商品を削除する時は［削除］ボタンをクリックします。それぞれのビューから呼び出されるコントローラーのメソッド名を次のようにしておきます。

［編集］ボタン	EditItem
［更新］ボタン	UpdateItem
［キャンセル］ボタン	CancelItem
［削除］ボタン	RemoveItem

これを元にして、ショッピングカートのビューを変更していきましょう。

カートのモデルを修正する

まずは、どの商品が編集中なのかを保持しておくために、カートのモデルを変更します。編集中の商品IDを保持するEditIDプロパティを作成します。

❶ コードエディタにModels/CartModel.csファイルを表示する。

❷ CartModel.csファイルに次のコードを記述する（色文字部分）。

```csharp
/// <summary>
/// カートのモデルクラス
/// </summary>
public class CartModel
{
    // 商品コレクション
    public List<CartItem> Items;
    /// <summary>
    /// コンストラクタ
    /// </summary>
    public CartModel()
    {
        this.Items = new List<CartItem>();
        this.EditID = null;         ← 1
    }
    // 編集中の商品ID
    public string EditID { get; set; }   ← 2
}
```

3 ［ビルド］メニューの［MvcShoppingのビルド］をクリックする。

▶ 問題なくビルドされることを確認する。

コードの解説

1
```
            this.EditID = null;
```

最初は、カートで編集中の商品がないのでEditIDの値にnullを設定しておきます。

2
```
            // 編集中の商品ID
            public string EditID { get; set; }
```

編集中の商品IDは、簡易プロパティで設定します。

カートのビューを修正する

　カートが編集できるようにビューを変更します。編集中の商品があるかどうかに従って、［編集］ボタンと［削除］ボタン、［更新］ボタンと［キャンセル］ボタンの表示を制御します。

1 コードエディターにViews/Cart/Index.aspxファイルを表示する。

2 Index.aspxファイルに次のコードを記述する（色文字部分）。

```
<% using (Html.BeginForm("UpdateItem", "Cart"))    ←  1
    { %>
<table>
    <tr>
        <td>商品ID</td>
        <td>商品名</td>
        <td>価格</td>
        <td>数量</td>
    </tr>
    <%
    foreach (CartItem item in Model.Items)
      { %>
    <tr>
        <td><%: item.ID%></td>
        <td><%: item.Name%></td>
        <td><%: item.Price%></td>
        <% if (Model.EditID == null)    ←  2
          { %>
          <td><%: item.Count%></td>
          <td><%: Html.ActionLink("編集", "EditItem", new { item.ID })%> </td>
          <td><%: Html.ActionLink("削除", "RemoveItem", new { item.ID })%> </td>
        <% }
        else if (Model.EditID == item.ID)    ←  3
          { %>
          <td><%: Html.TextBox("Count", item.Count)%></td>
          <td><input type="submit" value="更新" /></td>
          <td><%: Html.ActionLink("キャンセル", "CancelItem", new { item.ID } →
          )%> </td>
        <% }
        else    ←  4
        {%>
          <td><%: item.Count%></td>
        <% } %>
    </tr>
<% } %>
</table>
<% } %>    ←  5
```

3 ［ビルド］メニューの［MvcShoppingのビルド］をクリックする。

▶ 問題なくビルドされることを確認する。

コードの解説

1
```
<% using (Html.BeginForm("UpdateItem","Cart"))    ←  1
    { %>
```

　購入する商品数の変更はinputタグによるテキストボックスを使うので、フォームアクセスになります。フォームを使う前にHtml.BeginFormメソッドを使い、［更新］ボタンをクリックしたときにCartコントローラーのUpdateItemメソッドが呼び出されるように設定します。

2
```
<% if (Model.EditID == null)
   { %>
    <td><%: item.Count%></td>
    <td><%: Html.ActionLink("編集", "EditItem", new { item.ID })%> →
    </td>
    <td><%: Html.ActionLink("削除", "RemoveItem", new { item.ID })%> →
    </td>
```

　カートを編集していない状態の場合には、購入する商品数を表示し、[編集] ボタンと [削除] ボタンを表示します。[編集] ボタンの場合はEditItemメソッドを呼び出し、[削除] ボタンの場合はRemoveItemボタンを呼び出します。

3
```
<% }
   else if (Model.EditID == item.ID)
   { %>
    <td><%: Html.TextBox("Count", item.Count)%></td>
    <td><input type="submit" value="更新" /></td>
    <td><%: Html.ActionLink("キャンセル", "CancelItem", new { item.ID →
    })%> </td>
```

　カートを編集中の場合は、EditIDと商品ID (item.ID) が同じ場合だけ、編集用のテキストボックスを表示します。そして、[更新] ボタンと [キャンセル] ボタンを表示します。

4
```
<% }
   else
   {%>
    <td><%: item.Count%></td>
<% } %>
```

　カートを編集中で、他の商品IDの場合には購入する商品数だけを表示します。

動作の確認

では、商品をカートで購入する商品数の変更してみましょう。

❶ [標準] ツールバーの [デバッグ開始] ボタンをクリックする。

❷ Internet Explorerが表示されることを確認する。

❸ トップ画面で [ログオン] ボタンをクリックする。

第 10 章　ショッピングカート機能

❹
ログオンページの画面で、ユーザー名とパスワードを入力する。

❺
［ログオン］ボタンをクリックする。
▶ メニューに「カート」が表示されることを確認する。

❻
トップページから2つ以上の商品をカートに追加する。
▶ カートが表示されることを確認する。

❼
Internet Explorerの閉じるボタンをクリックする。
▶ プログラムが終了し、統合開発環境に戻る。

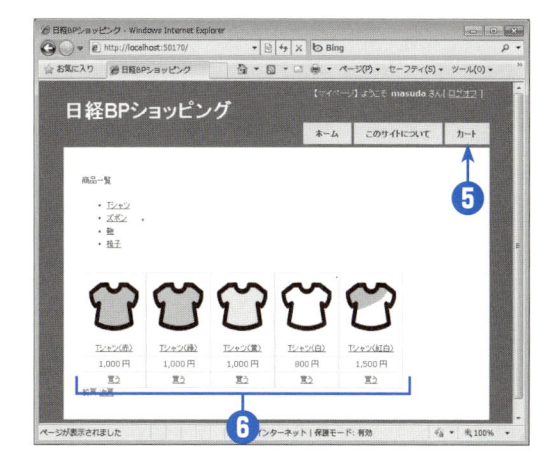

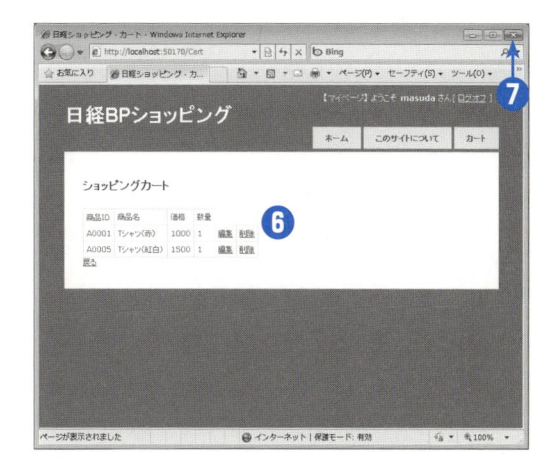

ショッピングカート機能（CRUD）

第11章

1 カートから商品を削除する
2 商品の購入数を変更する
3 カートが空の場合

ショッピングカートの機能の仕上げをします。すでにカートに入れた商品を削除する機能と購入するときに商品の数を変更する機能を追加します。CRUD（Create、Read、Update、Delete）の機能を揃えることで、カートを自由に操作できます。

この章で学習する内容 と 身に付くテクニック

この章では、第10章で作成したカート機能の続きを作成します。カートに追加した商品を、削除したり購入するを変更する機能を実装していきます。

STEP 1 既にカートに追加されている商品を削除する機能を実装します。カートのページに［削除］ボタンを付けて、指定した商品をカートから取り除きます。

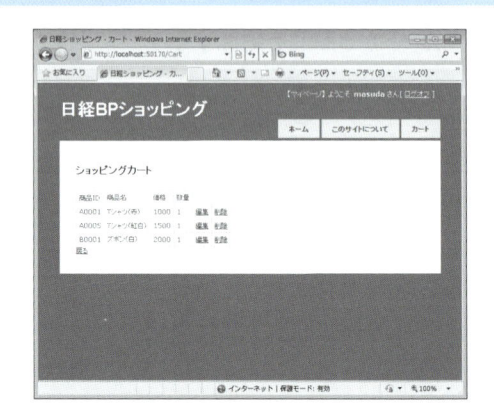

STEP 2 既にカートに追加されている商品の購入数を変更します。カートに商品を追加したときは1つだけのため、これを増やすために使います。

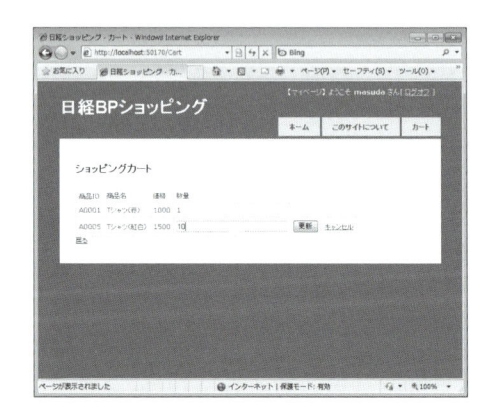

STEP 3 カートに商品がない場合のViewを変更します。商品がない場合にはテーブルを表示せずに、メッセージが表示されるようにします。

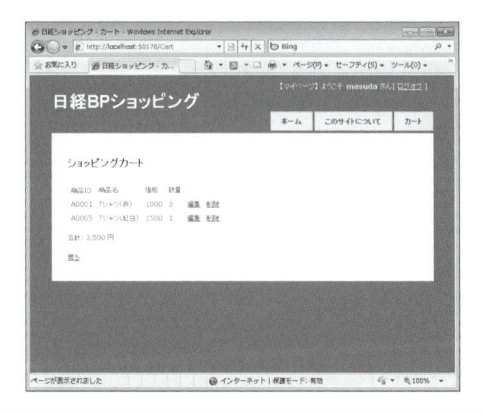

1 カートから商品を削除する

　この章ではカートに対する操作を記述していきます。カートに対しては、CRUD（Create、Read、Update、Delete）の操作が必要になります。既にカートに追加するCreateと、カートの内容を表示するReadは作成済みなので、次はカートから商品を削除するDeleteの機能を実装しましょう。

■ コントローラを修正する

　カートから商品を削除するRemoveItemメソッドを実装します。

❶ コードエディタにControllers/CartController.csファイルを表示する。

❷ CartController.csファイルに次のコードを記述する（色文字部分）。

```
//
// GET: /Cart/RemoveItem
[Authorize]
public ActionResult RemoveItem(string id)          ← 1
{
        // セッション情報からカートのモデルを取得する
        CartModel model = Session["Cart"] as CartModel;    ← 2
        // 指定された商品IDをカートから削除
        foreach (var item in model.Items)           ← 3
        {
                if (item.ID == id)
                {
                        model.Items.Remove(item);
                        break;
                }
        }
        // カートのページを表示する
        return RedirectToAction("Index");           ← 4
}
```

❸ ［ビルド］メニューの［MvcShoppingのビルド］をクリックする。

　▶ 問題なくビルドされることを確認する。

コードの解説

1
```
[Authorize]
public ActionResult RemoveItem(string id)
```

カートに商品を追加するAddItemメソッドと同じように、ログインユーザーだけが使えるように「Authorize」という属性を追加します。

2
```
// セッション情報からカートのモデルを取得する
CartModel model = Session["Cart"] as CartModel;
```

セッションからカートの情報を取得します。削除ボタンは、商品がカートに入っている場合のみクリックできるのでnull値のチェックはしていません。ただし、実際のアプリケーションの場合は例外処理をしたほうがよいでしょう。

3
```
// 指定された商品IDをカートから削除
foreach (var item in model.Items)
{
    if (item.ID == id)
    {
        model.Items.Remove(item);
        break;
    }
}
```

引数で指定された商品ID（id）でカートを検索します。カート内にある商品は、Itemsコレクションに入っているので、商品IDがマッチしたらRemoveメソッドで削除します。

構文	＜コレクション＞.Remove(＜削除する要素＞) ＜コレクション＞.RemoveAt (＜削除するインデックス＞)

コレクションから、要素を削除する場合は、Removeメソッドを使います。
先頭からの番号（インデックス）を使う場合は、RemoveAtメソッドを使います。

4
```
// カートのページを表示する
return RedirectToAction("Index");
```

再びカートを表示させるために、RedirectToActionメソッドを使います。

第 11 章　ショッピングカート機能（CRUD）

動作の確認

では、商品をカートに追加した後に削除してみましょう。

❶ ［標準］ツールバーの［デバッグ開始］ボタンをクリックする。

❷ Internet Explorer が表示されることを確認する。

❸ トップ画面で［ログオン］ボタンをクリックする。

❹ ログオンページの画面で、ユーザー名とパスワードを入力する。

❺ ［ログオン］ボタンをクリックする。
　▶ メニューに「カート」が表示されることを確認する。

❻ トップページから複数の商品をカートに入れる。

❼ メニューから［カート］をクリックして、ショッピングカートを表示する。

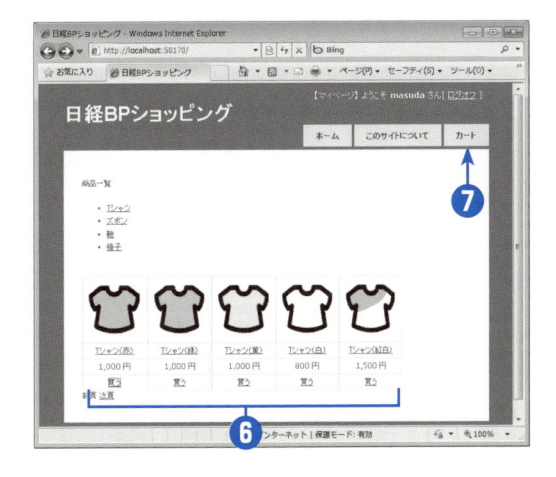

❽ カート内の商品の［削除］ボタンをクリックする。

❾ 指定した商品がカートから削除されていることを確認する。

❿ Internet Explorerの閉じるボタンをクリックする。

→ プログラムが終了し、統合開発環境に戻る。

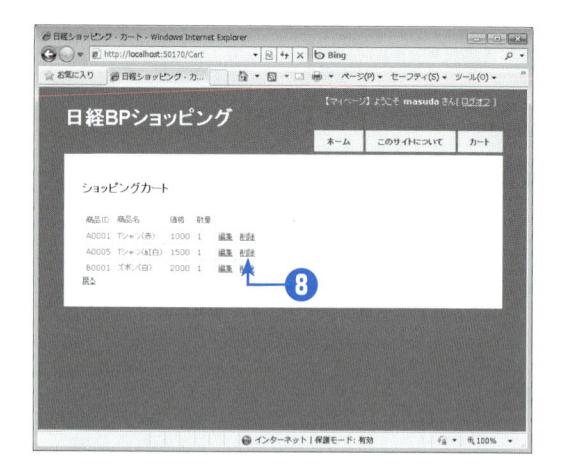

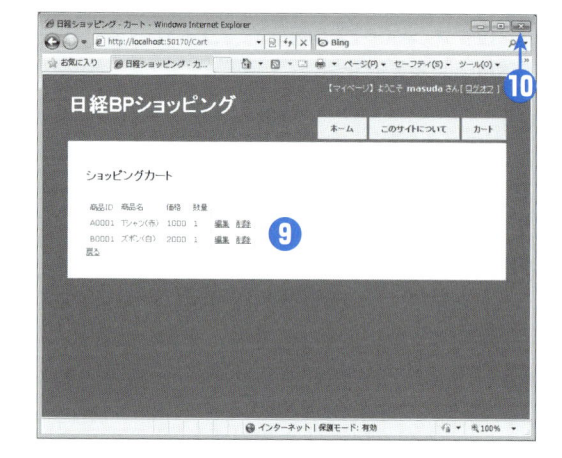

2 商品の購入数を変更する

　商品をショッピングカートに追加するとき、[買う] ボタンを押した場合は1つの商品しか追加できません。同じ商品を複数個購入できるように、ショッピングカートから購入数を変更できるようにしましょう。
　購入数の変更は、編集モードを使うために、編集するためのEditItemメソッド、編集した内容を更新するためのUpdateItemメソッド、編集した内容をキャンセルするためのCancelItemメソッドの3つを実装します。

■ 編集メソッドを追加する

指定した商品を編集するためのEditItemメソッドを記述します。

❶ コードエディターにControllers/CartController.csファイルを表示する。

❷ CartController.csファイルに次のコードを記述する（色文字部分）。

```
//
// GET: /Cart/EditItem
[Authorize]                                              ← 1
public ActionResult EditItem(string id)
{
    // セッション情報からカートのモデルを取得する
    CartModel model = Session["Cart"] as CartModel;      ← 2
    // 編集中のIDを設定
    model.EditID = id;                                   ← 3
    // カートのページを表示する
    return RedirectToAction("Index");                    ← 4
}
```

❸ [ビルド] メニューの [MvcShoppingのビルド] をクリックする。

　▶ 問題なくビルドされることを確認する。

■ コードの解説

1
```
[Authorize]
public ActionResult EditItem(string id)
```

他のメソッドと同じく、ログインユーザーだけが使えるように「Authorize」という属性を追加します。

2
```
// セッション情報からカートのモデルを取得する
CartModel model = Session["Cart"] as CartModel;
```

セッションからカートの情報を取得します。

3
```
// 編集中のIDを設定
model.EditID = id;
```

カートのビューに情報を渡すために、編集中の商品IDをEditIDプロパティに設定します。

4
```
// カートのページを表示する
return RedirectToAction("Index");
```

RemoveItemメソッドと同じように、RedirectToActionメソッドを使いカートを再表示させます。

更新メソッドを追加する

編集した数量をショッピングカートに反映するUpdateItemメソッドを記述します。

❶
CartController.csファイルに次のコードを記述する(色文字部分)。

```
//
// GET: /Cart/UpdateItem
[Authorize]
public ActionResult UpdateItem()
{
    // セッション情報からカートのモデルを取得する
    CartModel model = Session["Cart"] as CartModel;      ← 1
    // 変更した数量を取得
    string id = model.EditID;
    int count = int.Parse(Request.Form["Count"]);        ← 2
    // 編集中のIDの数量を変更
    var item = from t in model.Items                     ← 3
               where t.ID == id
               select t;
    item.Single<CartItem>().Count = count;
    // 編集中のIDにNULLを設定
    model.EditID = null;                                 ← 4
    // カートのページを表示する
    return RedirectToAction("Index");                    ← 5
}
```

❷
[ビルド]メニューの[MvcShoppingのビルド]をクリックする。

▶問題なくビルドされることを確認する。

コードの解説

1
```
// セッション情報からカートのモデルを取得する
CartModel model = Session["Cart"] as CartModel;
```

セッションからカートの情報を取得します。

2
```
// 変更した数量を取得
string id = model.EditID;
int count = int.Parse(Request.Form["Count"]);
```

更新対象の商品ID（id）と、購入する商品数（count）を変数に保存します。フォームから入力した値は、RequestオブジェクトのFormコレクションで取得できます。フォームから取得した値は文字列（string型）なので、数値型（int型）に変換します。数値への変換は、Parseメソッドを使います。

構文	Request.Form[＜名前＞]

フォームで指定した値を取得します。
テキストボックスであれば「<input name="＜名前＞">」のようにname属性に設定します。

構文	int.Parse(＜文字列＞)

文字列を数値型に変換します。
文字列は「123」のように、数字の文字列でなければいけません。
数値に変換できない場合は、例外が発生します。

3
```
// 編集中のIDの数量を変更
var item = from t in model.Items
           where t.ID == id
           select t;
item.Single<CartItem>().Count = count;
```

変更対象の商品IDをLINQを使って検索します。LINQはデータベースの検索だけでなく、このようなコレクションにも応用ができます。この文をforeachステートメントを使って書くと、次のようになります。

```
foreach ( var item in model.Items )
{
   if ( item.ID == id ) {
      item.Count = count;
      break;
   }
}
```

4
```
//  編集中のIDにNULLを設定
model.EditID = null;
```

更新が終わった後は、編集中の商品IDにnullを設定しておきます。

5
```
//  カートのページを表示する
return RedirectToAction("Index");
```

RedirectToActionメソッドを使いカートを再表示させます。

キャンセルメソッドを追加する

編集した情報をキャンセルするCancelItemメソッドを記述します。

❶ CartController.csファイルに次のコードを記述する（色文字部分）。

```
//
// GET: /Cart/CancelItem
[Authorize]
public ActionResult CancelItem()
{
    // セッション情報からカートのモデルを取得する
    CartModel model = Session["Cart"] as CartModel;   ← 1
    // 編集中のIDをキャンセル
    model.EditID = null;                              ← 2
    // カートのページを表示する
    return RedirectToAction("Index");                 ← 3
}
```

❷ ［ビルド］メニューの［MvcShoppingのビルド］をクリックする。

▶ 問題なくビルドされることを確認する。

コードの解説

1
```
//  セッション情報からカートのモデルを取得する
CartModel model = Session["Cart"] as CartModel;
```

セッションからカートの情報を取得します。

2
```
    // 編集中のIDをキャンセル
    model.EditID = null;
```

編集中をキャンセルするだけなので、編集中の商品IDにnullを設定するだけです。

3
```
    // カートのページを表示する
    return RedirectToAction("Index");
```

RedirectToActionメソッドを使いカートを再表示させます。

動作の確認

では、カートにある商品の購入数を変更してみましょう。

❶ [標準] ツールバーの [デバッグ開始] ボタンをクリックする。

❷ Internet Explorerが表示されることを確認する。

❸ トップ画面で [ログオン] ボタンをクリックする。

❹ ログオンページの画面で、ユーザー名とパスワードを入力する。

❺ [ログオン] ボタンをクリックする。
▶ メニューに「カート」が表示されることを確認する。

❻ トップページから複数の商品をカートに入れる。

❼ メニューから [カート] をクリックして、ショッピングカートを表示する。

❽ 商品の [編集] ボタンをクリックする。

❾ 数量を「1」から「10」に変更する。

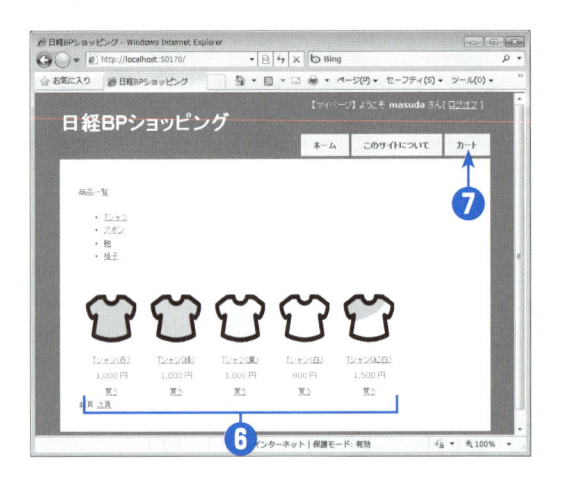

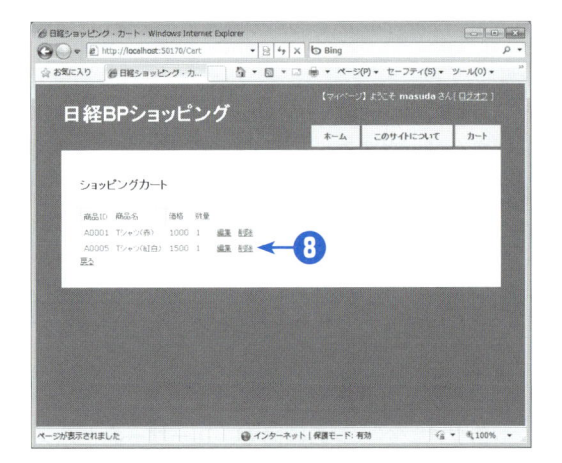

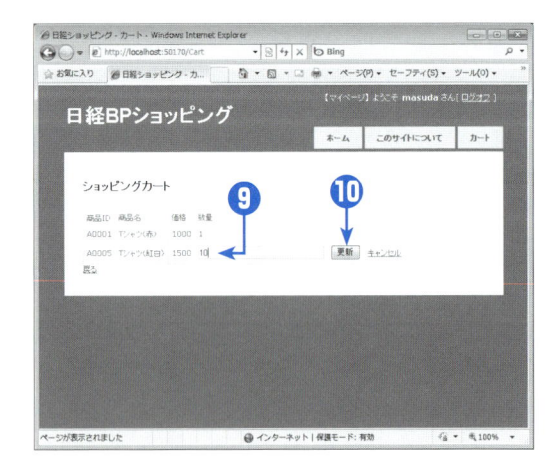

❿ [更新] ボタンをクリックする。

⓫ カートの商品購入数が「10」に変更されることを確認する。

⓬ 再び、商品の［編集］ボタンをクリックする。

⓭ 数量を「10」から「20」に変更する。

⓮ ［キャンセル］ボタンをクリックする。

⓯ カートの商品購入数が「10」のままであることを確認する。

⓰ Internet Explorerの閉じるボタンをクリックする。

　▶ プログラムが終了し、統合開発環境に戻る。

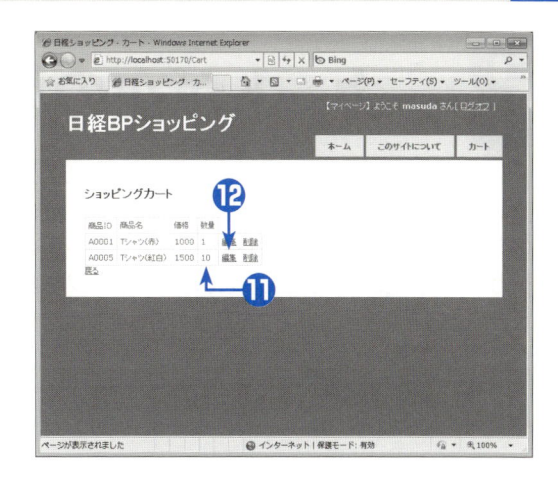

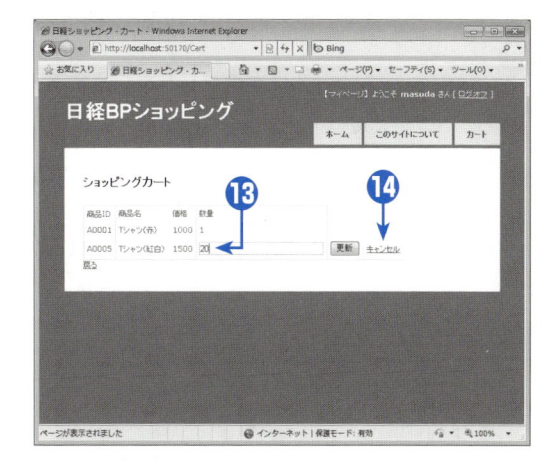

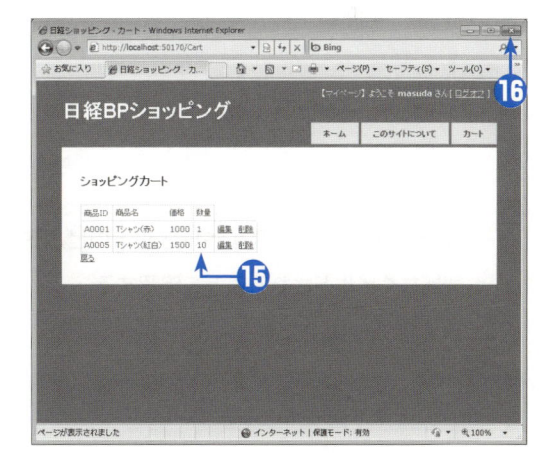

3 カートが空の場合

現状ではショッピングカートに何も入っていない状態で、メニューで［カート］をクリックすると、テーブルのタイトルだけが表示されてしまいます。この表示を変えて、商品がカートに入っていない場合は「ショッピングカートに商品がありません」というメッセージを表示させましょう。

商品がある場合は、購入する商品の合計金額も表示します。

カートのビューを修正する

❶ コードエディターに Views/Cart/Index.aspx ファイルを表示する。

❷ Index.aspx ファイルに次のコードを記述する（色文字部分）。

```
<% if (Model.Items.Count > 0)        ← 1
    { %>
<% using (Html.BeginForm("UpdateItem", "Cart"))
    { %>
<table>
...
</table>
<% } %>
<% }
    else                              ← 2
    { %>
        <p>ショッピングカートに商品がありません。</p>
<% } %>

<p><%: Html.ActionLink("戻る", "", "HOME") %></p>
```

❸ ［ビルド］メニューの［MvcShopping のビルド］をクリックする。

▶ 問題なくビルドされることを確認する。

コードの解説

1
```
<% if (Model.Items.Count > 0)
    { %>
```

カートに入っている商品数を調べます。1つ以上商品がある場合は、カートの内容をリストで表示します。

2
```
    <% }
        else
        { %>
            <p>ショッピングカートに商品がありません。</p>
        <% } %>
```

商品数が0の場合は、メッセージを表示します。

合計金額を表示する

1

Index.aspxファイルに次のコードを記述する（色文字部分）。

```
<% int sum = 0;                                           1
    foreach (CartItem item in Model.Items)
    { %>
<tr>
    <td><%: item.ID%></td>
    <td><%: item.Name%></td>
    <td><%: item.Price%></td>
    <% if (Model.EditID != item.ID)
        { %>
        <td><%: item.Count%></td>
        <% if (Model.EditID == null)
            { %>
            <td><%: Html.ActionLink("編集", "EditItem", new { item.ID })%> </td>
            <td><%: Html.ActionLink("削除", "RemoveItem", new { item.ID })%> →
            </td>
        <% } %>
    <% }
        else
        { %>
        <td><%: Html.TextBox("Count", item.Count)%></td>
        <td><input type="submit" value="更新" /></td>
        <td><%: Html.ActionLink("キャンセル", "CancelItem", new { item.ID })%> →
        </td>
    <% } %>
</tr>
<% sum += item.Price * item.Count;                        2
    } %>
</table>
<p>合計: <%: string.Format("{0:#,###} 円", sum)%></p>     3
<% } %>
```

2

［ビルド］メニューの［MvcShoppingのビルド］をクリックする。

▶ 問題なくビルドされることを確認する。

コードの解説

1
```
<% int sum = 0;
```
合計金額を保持する変数を定義します。foreachステートメントの前に定義してください。

2
```
<% sum += item.Price * item.Count;
    } %>
```
繰り返し処理のブロックで、商品の価格と購入数を掛けたものを加えていきます。

3
```
<p>合計: <%: string.Format("{0:#,###} 円", sum)%></p>
```
最後に合計金額を表示します。

動作の確認

では、商品がない場合と、合計金額の計算をチェックしていきましょう。

❶ [標準] ツールバーの [デバッグ開始] ボタンをクリックする。

❷ Internet Explorerが表示されることを確認する。

❸ トップ画面で [ログオン] ボタンをクリックする。

❹ ログオンページの画面で、ユーザー名とパスワードを入力する。

❺ [ログオン] ボタンをクリックする。
   ▶ メニューに「カート」が表示されることを確認する。

❻ [カート] をクリックする。

❼ 「ショッピングカートに商品がありません」とメッセージが表示されることを確認する。

❽ トップ画面を表示する。

❾ 複数の商品をカートに入れる。

❿ ［カート］をクリックする。

⓫ 商品の合計金額が正しいことを確認する。

⓬ Internet Explorerの閉じるボタンをクリックする。

▶ プログラムが終了し、統合開発環境に戻る。

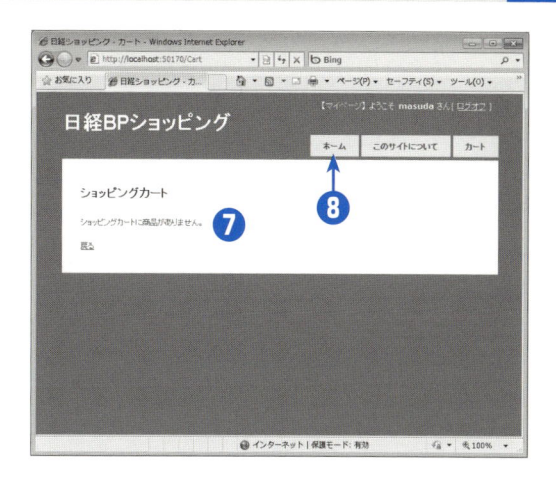

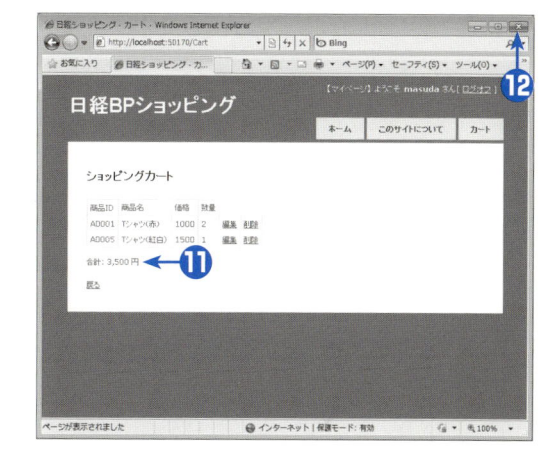

管理モードを作る

第**12**章

1 管理ユーザーを作成する
2 ユーザー名で区別する
3 一般ユーザーと管理ユーザーの違い

ショッピングサイトでは、頻繁に商品の入れ替えがあります。この商品の入れ替えを行える専用のユーザーを作成します。サイトを管理するユーザーは、サイトを閲覧する一般ユーザーとは区別して、管理モードを扱えるようにします。

この章で学習する内容 と 身に付くテクニック

　この章では、ショッピングサイトを管理するためのユーザー機能を追加します。管理ユーザーは、通常のログインユーザーとは異なり、サイトに新しい商品を追加したり、在庫数を変更したりすることができます。

STEP 1 管理ユーザーとして、最初に「admin」ユーザーを作成します。adminユーザーを作成した後に、そのユーザー名でログインできるかをチェックします。

STEP 2 adminユーザーでログインしたときに商品管理のメニューを表示させます。商品管理のメニューは、管理ユーザーであるadminユーザーのみ表示されるようにします。こうすることで、他の登録ユーザーからは管理ページが表示できないようになります。

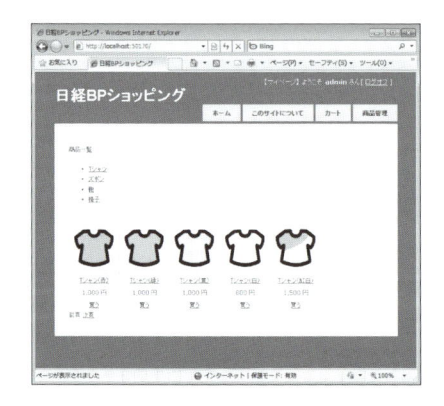

STEP 3 データアクセスを制御するためのユーザーの種類を解説します。本書のショッピングサイトでは「admin」という名前のユーザーを管理ユーザーとして使いますが、管理ユーザーを区別するにはデータベースの役割（ロール）を使う方法や、クライアント証明書を発行する方法などがあります。

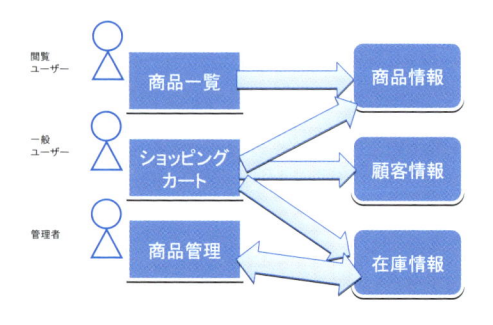

1 管理ユーザーを作成する

　ショッピングサイトのような商用サイトでは、一般のログインユーザーのほかに、サイトを管理するための管理ユーザーが必要になります。ログインユーザーは、商品の購入などが主な目的ですが、管理ユーザーは商品そのものを追加したり削除したりすることが目的となります。

管理ユーザーと一般ユーザーの区別

　Windowsにログインするときと同じように、ショッピングサイトにもユーザーにも制限ユーザーと管理ユーザーが必要です。Windowsの場合は、役割により2種類のユーザーを区別しています。これは、ASP.NET MVCアプリケーションで使われるログイン機能でも実現できます。本書では操作を簡単にするために、管理ユーザーを「admin」というユーザー名で区別することにします。なお、管理ユーザーと一般ユーザーについては、この章の最後に「3　一般ユーザーと管理ユーザーの違い」で簡単に説明していますので、参照しておいてください。

管理ユーザーを作成する

　それでは管理ユーザーである「admin」を作成しましょう。

❶ ［標準］ツールバーの［デバッグ開始］ボタンをクリックする。

❷ Internet Explorerが表示されることを確認する。

❸ トップ画面で［ログオン］ボタンをクリックする。

❹ 管理ユーザーを作成するために［登録］ボタンをクリックする。

❺ アカウントの新規作成のページで、［ユーザー名］と［パスワード］を入力する。ユーザー名は **admin** とする。

❻ ［登録］ボタンをクリックする。

❼ admin ユーザーでログインできたことを確認する。

❽ Internet Explorer の閉じるボタンをクリックする。

▶ プログラムが終了し、統合開発環境に戻る。

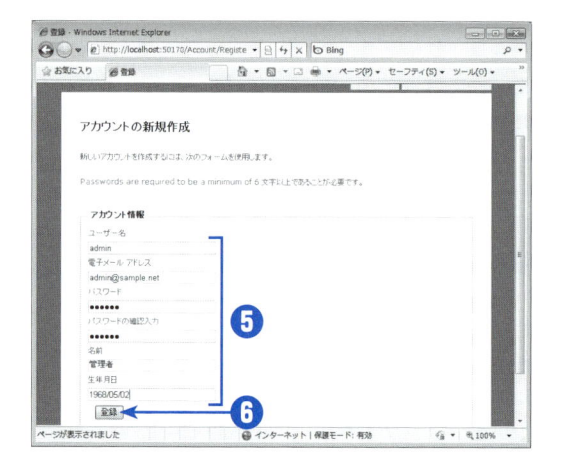

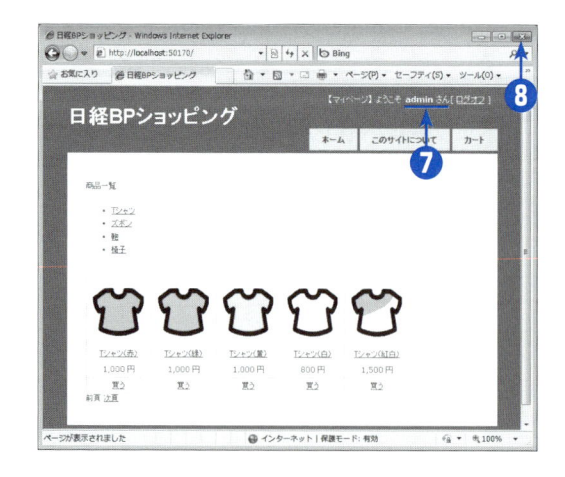

動作の確認

アプリケーションを再起動した後も、管理ユーザーでログインできることを確認しておきましょう。

❶ [標準] ツールバーの [デバッグ開始] ボタンをクリックする。

❷ Internet Explorer が表示されることを確認する。

❸ トップ画面で [ログオン] ボタンをクリックする。

❹ [ユーザー名] に **admin** と入力して、[ログオン] ボタンをクリックする。

❺ 正常にログインできることを確認する。

❻ Internet Explorer の閉じるボタンをクリックする。

▶ プログラムが終了し、統合開発環境に戻る。

2 ユーザー名で区別する

実際に一般ユーザーと管理ユーザー（adminユーザー）をアプリケーションで区別してみましょう。管理ユーザーであるadminユーザーでログインした場合は、［商品管理］メニューが表示されるようにします。

管理用のコントローラーを作成する

最初に商品管理用のコントローラーを自動生成します。

❶ ［ソリューションエクスプローラー］で［Controllers］を右クリックして、［追加］−［コントローラー］をクリックする。

▶［コントローラーの追加］ダイアログボックスが表示される。

❷ ［コントローラー名］に **AdminController** を入力する。

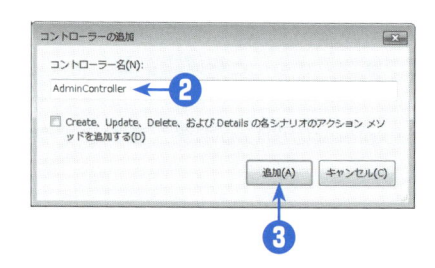

❸ ［追加］ボタンをクリックする。

▶ 新しいクラス（AdminController.cs）が作成される。

❹ AdminController.csファイルに次のコードを記述する（色文字部分）。

```
using System;
using System.Collections.Generic;
using System.Linq;
using System.Web;
using System.Web.Mvc;

using System.Data.Linq;           ←  ❶
using System.Configuration;
using MvcShopping.Models;

namespace MvcShopping.Controllers
{
    public class AdminController : Controller
    {
        //
        // GET: /Admin/

        public ActionResult Index()     ←  ❷
        {
            // Web.config から接続文字列を取得
```

```
            string cnstr = ConfigurationManager.ConnectionStrings[    ◀── 3
                "mvcdbConnectionString"].ConnectionString;
            // データベースに接続する
            DataContext dc = new DataContext(cnstr);
            // 商品一覧を取得
            var list = from p in dc.GetTable<TProduct>()               ◀── 4
                       select p;
            return View(list);                            ◀── 5
        }
    }
}
```

❺ [ビルド] メニューの [MvcShoppingのビルド] をクリックする。

▶ 問題なくビルドされることを確認する。

コードの解説

1
```
using System.Data.Linq;
using System.Configuration;
using MvcShopping.Models;
```

コーディングに必要な名前空間を追加します。

2
```
        public ActionResult Index()
```

商品管理のリストを表示する時のメソッドです。

3
```
            // Web.config から接続文字列を取得
            string cnstr = ConfigurationManager.ConnectionStrings[
                "mvcdbConnectionString"].ConnectionString;
            // データベースに接続する
            DataContext dc = new DataContext(cnstr);
```

データベースに接続します。

4
```
            // 商品一覧を取得
            var list = from p in dc.GetTable<TProduct>()
                       select p;
```

商品一覧（TProduct）のすべてのデータを取得します。商品リストの場合は、ページ送りを付けましたが、ここでは簡単のためにすべての商品を表示させます。

5
```
            return View(list);
```

ビューに取得したデータのコレクションをすべて渡します。

管理用のビューを作成する

商品管理のビューを仮に作成します（正式には、第13章で作成していきます）。管理ユーザーのログインが確認できる程度にしていきます。

❶ ［ソリューションエクスプローラー］で［Views］を右クリックして、［追加］-［新しいフォルダー］をクリックする。

▶ ［NewFolder1］というフォルダーが作成され、名前の変更状態になる。

❷ フォルダー名を **Admin** に変更する。

❸ ［ソリューションエクスプローラー］で［Views］-［Admin］を右クリックして、［追加］-［ビュー］をクリックする。

▶ ［ビューの追加］ダイアログボックスが表示される。

❹ ［ビュー名］に **Index** と入力する。［厳密に型指定されたビューを作成する］にチェックを入れる。

▶ ［ビューデータクラス］のドロップダウンリストが有効になる。

❺ ［ビューデータクラス］から、「MvcShopping.Models.TProduct」を選択する。

❻ ［ビューコンテンツ］リストから［List］を選択する。

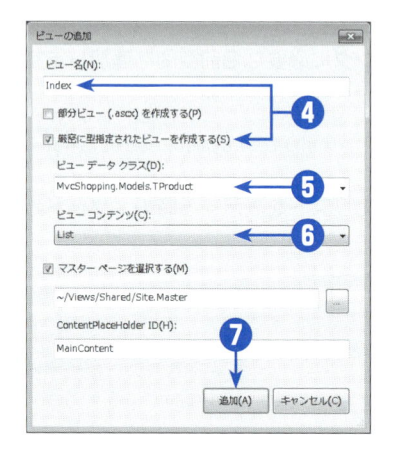

❼ ［追加］ボタンをクリックする。

▶ 新しいビュー（Index.aspx）が作成される。

❽ Index.aspx ファイルに次のコードを記述する（色文字部分）。

第12章　管理モードを作る

```
<%@ Page Title="" Language="C#" MasterPageFile="~/Views/Shared/Site.Master" →
    Inherits="System.Web.Mvc.ViewPage<IEnumerable<MvcShopping.Models.TProduct>>" %>  1

<asp:Content ID="Content1" ContentPlaceHolderID="TitleContent" runat="server">
    日経BPショップ － 商品管理            2
</asp:Content>

<asp:Content ID="Content2" ContentPlaceHolderID="MainContent" runat="server">

    <h2>日経BPショップ － 商品管理</h2>        3

    <table>
        <tr>
            <th></th>
            <th>
                id
            </th>
            <th>
                name
            </th>
            <th>
                price
            </th>
            <th>
                cateid
            </th>
        </tr>

    <% foreach (var item in Model) { %>

        <tr>
            <td>
                <%: Html.ActionLink("Edit", "Edit", new { id=item.id }) %> |
                <%: Html.ActionLink("Details", "Details", new { id=item.id })%> |
                <%: Html.ActionLink("Delete", "Delete", new { id=item.id })%>
            </td>
            <td>
                <%: item.id %>
            </td>
            <td>
                <%: item.name %>
            </td>
            <td>
                <%: item.price %>
            </td>
            <td>
                <%: item.cateid %>
            </td>
        </tr>

    <% } %>

    </table>

    <p>
        <%: Html.ActionLink("Create New", "Create") %>
    </p>

</asp:Content>
```

❾

［ビルド］メニューの［MvcShoppingのビルド］をクリックする。

▶ 問題なくビルドされることを確認する。

コードの解説

1
```
<%@ Page Title="" Language="C#" MasterPageFile="~/Views/Shared/Site.Master" →
Inherits="System.Web.Mvc.ViewPage<IEnumerable<MvcShopping.Models.TProduct>> →
" %>
```

コントローラーで渡した商品テーブル（TProduct）のコレクションを受け取ります。

2
```
<asp:Content ID="Content1" ContentPlaceHolderID="TitleContent" runat="server">
    日経BPショップ - 商品管理
</asp:Content>
```

ブラウザに表示されるタイトルを変更します。

3
```
<asp:Content ID="Content2" ContentPlaceHolderID="MainContent" runat="server">
    <h2>日経BPショップ - 商品管理</h2>
```

ページのタイトルを変更します。

メニューを追加する

❶
コードエディターにView/Shared/Site.Master ファイルを表示する。

❷
Site.Master ファイルに次のコードを記述する（色文字部分）。

```
<div id="menucontainer">
    <ul id="menu">
        <li><%: Html.ActionLink("ホーム", "Index", "Home")%></li>
        <li><%: Html.ActionLink("このサイトについて", "About", "Home")%></li>
        <% if (Page.User.Identity.IsAuthenticated)
            { %>
        <li><%: Html.ActionLink("カート", "Index", "Cart")%></li>
        <% } %>
        <% if (Page.User.Identity.Name == "admin")    ←──── 1
            { %>
        <li><%: Html.ActionLink("商品管理", "Index", "Admin")%></li>
        <% } %>
    </ul>
</div>
```

❸
［ビルド］メニューの［MvcShoppingのビルド］をクリックする。
▶ 問題なくビルドされることを確認する。

コードの解説

1
```
<% if (Page.User.Identity.Name == "admin")
    { %>
<li><%: Html.ActionLink("商品管理", "Index", "Admin")%></li>
<% } %>
```

ユーザー名が「adnim」の場合だけ、メニューに「商品管理」を表示します。ログインしているユーザー名は、IdentityオブジェクトのNameプロパティで取得できます。

動作の確認

アプリケーションを再起動した後も、管理ユーザーでログインできることを確認しておきましょう。

❶
［標準］ツールバーの［デバッグ開始］ボタンをクリックする。

❷
Internet Explorerが表示されることを確認する。

❸
トップ画面で「ログオン」ボタンをクリックする。

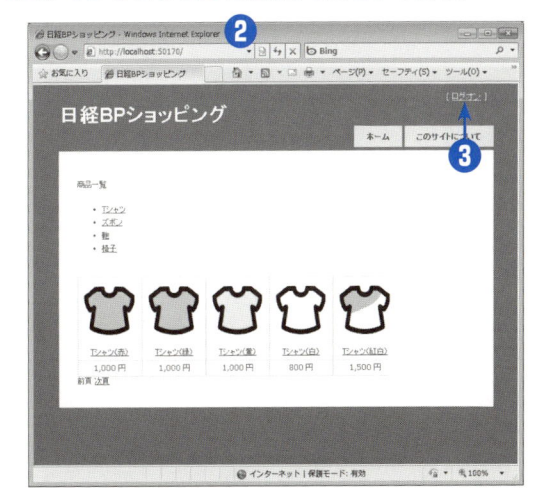

④ ［ユーザー名］に admin と入力して、［ログオン］ボタンをクリックする。

⑤ 正常にログインできることを確認する。

⑥ メニューに［商品管理］が表示されることを確認する。

⑦ ［商品管理］をクリックする。

⑧ 商品管理のリストが表示されることを確認する。

⑨ Internet Explorerの閉じるボタンをクリックする。

▶ プログラムが終了し、統合開発環境に戻る。

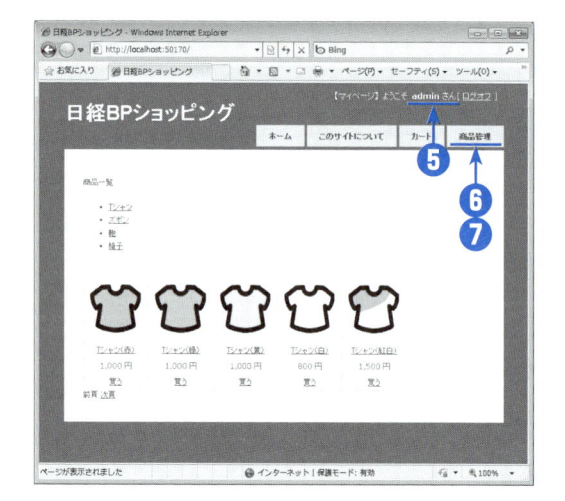

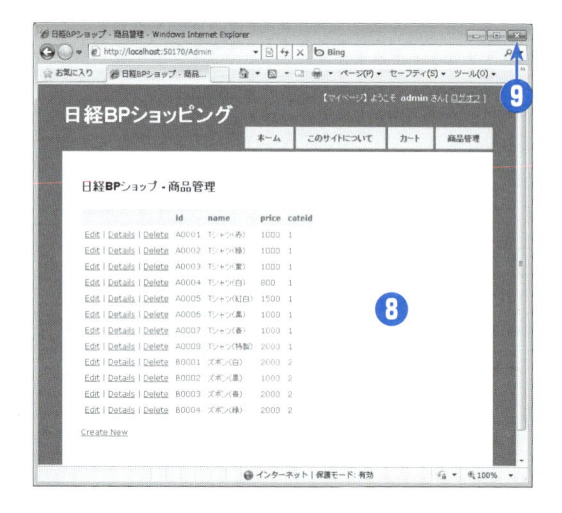

3 一般ユーザーと管理ユーザーの違い

　ショッピングサイトでは、いくつかの種類のユーザーがページを閲覧します。本書で作成しているショッピングサイトでは、3種類のユーザーが存在します。ここでは、閲覧ユーザー（匿名ユーザー）、一般ユーザー（ログオンユーザー）、管理ユーザーの関係とアクセスできるモデルやデータの解説をしましょう。

閲覧を制限するログオン機能

　Webサイトを運営する場合、最近ではWebサイト上で管理などをすることが常になってきています。Webサイトのサーバーは、一般的な閲覧ユーザーが使うだけでなく、ログオンして商品を購入する一般ユーザーも利用します。これらのさまざまなユーザーが1つのWebサイトにアクセスするため、これらのユーザーがサーバーにある情報に適切にアクセスするように設計しなければなりません。たとえば、本書でのショッピングサイトでは3つのユーザーが次のような情報にアクセスします。

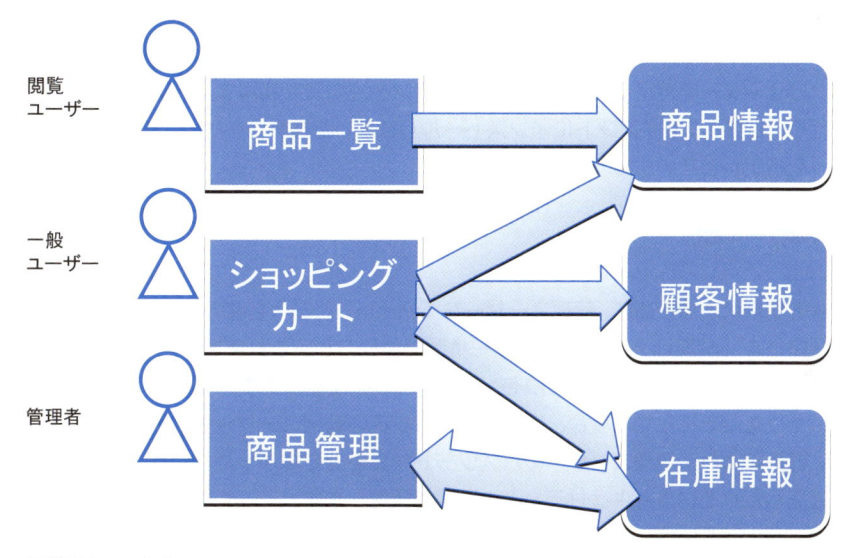

■情報のアクセス

　アクセスの制御は、データがどの程度重要なものかで判断されます。たとえば、サイトで閲覧できるような一般的な商品情報は、匿名の閲覧ユーザーに対しては解放されています。ですが、個人情報を含んだ顧客情報は、閲覧ユーザーから決して見えてはいけません。一般ユーザーであっても、自分の顧客情報（住所やクレジットカードなど）以外をアクセスできないようにします。
　商品の在庫情報は、企業秘密となる情報であると同時に、Webサイトで商品販売をするための重要な情報になります。このため、特殊な管理ユーザー以外は更新できないようにします。これらの複数のユーザーを一括して管理する機能がASP.NET MVCのログオン機能になります。

サイトを管理するユーザー

本書のサンプルであるショッピングサイトは、管理機能として「admin」という特殊なユーザーを使います。管理ユーザーは、Windows 7のAdministratorユーザーのようにサイトを預かるための重要なユーザーになります。このため、ユーザー名とパスワードは厳重に管理しなければなりません。

管理ユーザーでWebサイトを操作する場合、インターネットから操作できると便利な半面、ユーザー名とパスワードが漏れてしまった時の被害が大きくなるという欠点があります。これを防ぐために、いくつかのセキュリティを併用するとよいでしょう。

■管理ユーザーがログインできるコンピューターを制限する

ASP.NETでは、クライアントのコンピューター名を取得できるメソッドがあります。これを利用して、特定のコンピューターからアクセスがあった時だけ管理ユーザーとしてログインできるという制限を追加できます。

ただし、コンピューター名は簡単に変えられるのでセキュリティ上、完全とはいえません。

■クライアント証明書を利用する

管理用のコンピューターを特定する場合は、クライアント証明書を利用する方法が一番確実です。管理用の証明書を発行しておき、クライアントにインストールします。これをサーバーでチェックすることにより、コンピューターを特定します。

■データベースのロール機能

本書では実装を簡単にするために、管理ユーザーを「admin」という名前のユーザーに限定していますが、本来であれば「ロール（役割）」を使ったユーザー権限の付け方が望まれます。

ロールというのは、複数のユーザーの権限を1つにまとめる仕組みです。「admin」のユーザーのように1つのユーザーにだけ権限を持たせた場合、複数の利用者がこの管理ユーザーを共有で使ってしまうという欠点があります。これにより、管理ユーザーのパスワードが変更できなかったり、パスワードを変更するたびに利用者に伝達をしたりというセキュリティ上の問題が発生します。

複数の利用者が同じ権限を使う場合には、ユーザーと実行時の権限との間にロールという機能を置きます。これにより、ロールに管理権限などを付与することで、そのロールに属しているユーザーに一律同じ権限が使える状態を作れます。ASP.NET MVCアプリケーションのログイン機能にもロール機能がありますので試してみてください。

商品の追加/削除

第13章

1 商品情報のリスト
2 商品情報の詳細
3 商品情報の変更
4 商品の削除
5 商品の追加

管理ユーザーを使って商品の追加や削除の機能を実装します。商品の追加や削除のようにデータベースを操作する場合は、ASP.NET MVCのテンプレートを活用すると便利です。ここではデータベースの更新機能（CRUD）を、テンプレートを利用しながら作成していきます。

この章で学習する内容 と 身に付くテクニック

この章では、管理ユーザーを使って商品情報を変更する処理を実装していきます。商品管理を行うそれぞれのViewやControllerは、Visual Studioのテンプレート機能を使って自動作成します。

STEP 1 管理ユーザーとして、最初に「admin」ユーザーを作成します。adminユーザーを作成した後に、そのユーザー名でログインできるかをチェックします。

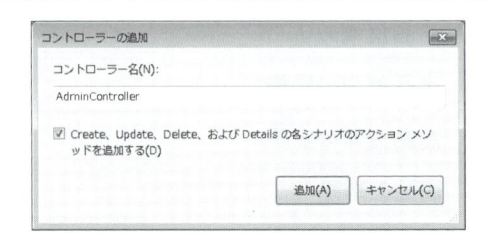

STEP 2 adminユーザーでログインしたときに商品管理のメニューを表示させます。商品管理のメニューは、管理ユーザーであるadminユーザーのみ表示されるようにします。こうすることで、他の登録ユーザーからは管理ページが表示できないようになります。

STEP 3 商品の追加や削除のページを作成します。それぞれのViewやControllerは、Visual Studioのテンプレートを一度作成した後で、修正していきます。

1 商品情報のリスト

　管理ユーザーを使って、商品情報を管理するための機能を作成していきましょう。最初は、商品の一覧を表示させます。一般ユーザーでログオンしたときの画面と異なり、一覧に販売数と在庫数も表示します。コントローラーとビューの作成は、統合開発環境の機能を使って自動生成していきます。

商品管理のモデルクラスを作成する

最初は商品管理をするためのモデルクラスを作成します。

❶ コードエディターに Models/HomeModels.cs ファイルを表示する。

❷ HomeModels.cs ファイルに次のコードを記述する（色文字部分）。

```csharp
using System.ComponentModel.DataAnnotations;   ← 1
using System.ComponentModel;

（途中省略）

/// <summary>
/// 商品管理のクラス
/// </summary>
public class AdminProduct   ← 2
{
    [Required]   ← 3
    [DisplayName("商品ID")]   ← 4
    public string ID { get; set; }   ← 5
    [Required]
    [DisplayName("商品名")]
    public string Name { get; set; }
    [Required]
    [DisplayName("カテゴリ名")]
    public string Category { get; set; }
    [Required]
    [DisplayName("価格")]
    public int Price { get; set; }
    [Required]
    [DisplayName("商品詳細")]
    public string Detail { get; set; }
    [Required]
    [DisplayName("販売数")]
    public int Sale { get; set; }
    [Required]
    [DisplayName("在庫数")]
    public int Stock { get; set; }
}
```

3

［ビルド］メニューの［MvcShoppingのビルド］をクリックする。
▶ 問題なくビルドされることを確認する。

コードの解説

1
```
using System.ComponentModel.DataAnnotations;
using System.ComponentModel;
```

RequiredやDisplayNameの属性を付けるための名前空間です。

2
```
public class AdminProduct
```

商品管理をするためのクラスです。商品リストやショッピングカートではデータベースのテーブル（TProduct）を直接扱いましたが、商品管理では独自のモデルクラスを作成して利用します。

3
```
    [Required]
```

入力が必須であることを示す属性です。商品管理のモデルクラスでは、すべてのプロパティを必須に設定しておきます。Required属性を付けると、ビューで入力をしなかった（空白）の場合にエラーメッセージが自動で表示されます。

4
```
    [DisplayName("商品ID")]
```

ビューで表示するときのラベルを指定する属性です。

5
```
    public string ID { get; set; }
```

商品管理のモデルクラスで扱うプロパティを定義します。

項目	プロパティ名
商品ID	ID
商品名	Name
カテゴリ名	Category
価格	Price
商品詳細	Detail
販売数	Sale
在庫数	Stock

商品管理のコントローラーを自動生成する

　商品管理のコントローラーを再び作成します。まず、第12章で作ったコントローラー（Controllers/AdminController.cs）を一度削除して、それから再度作成します。

❶ ［ソリューションエクスプローラー］で［Controllers］の［AdminController］を右クリックして、［削除］をクリックする。確認のメッセージが表示されるので、［OK］をクリックする。

❷ ［ソリューションエクスプローラー］で［Controllers］を右クリックして、［追加］－［コントローラー］をクリックする。

　　▶［コントローラーの追加］ダイアログボックスが表示される。

❸ ［コントローラー名］に **AdminController** を入力する。

❹ ［Create、Update、Delete および Details の各シナリオのアクションメソッドを追加する］にチェックを入れる。

❺ ［追加］ボタンをクリックする。

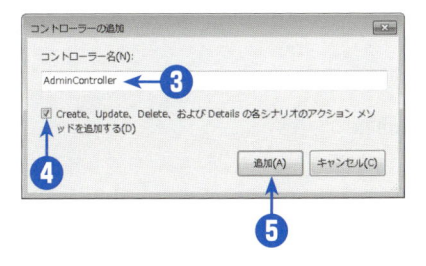

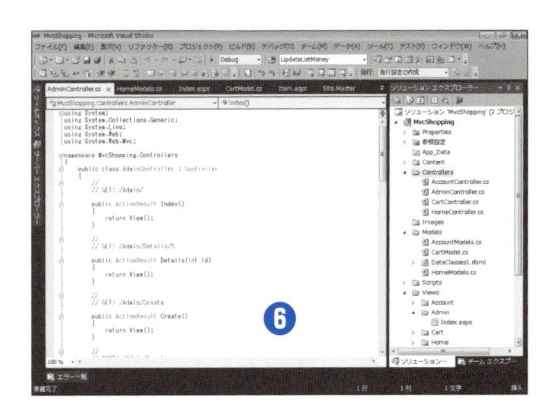

❻ 新しいクラス（AdminController.cs）が作成される。

```
using System;
using System.Collections.Generic;
using System.Linq;
using System.Web;
using System.Web.Mvc;

namespace MvcShopping.Controllers
{
    public class AdminController : Controller        ◀── 1
    {
        //
        // GET: /Admin/

        public ActionResult Index()                   ◀── 2
```

```
        {
            return View();
        }

        //
        // GET: /Admin/Details/5

        public ActionResult Details(int id)          ← 3
        {
            return View();
        }

        //
        // GET: /Admin/Create

        public ActionResult Create()                 ← 4
        {
            return View();
        }

        //
        // POST: /Admin/Create

        [HttpPost]
        public ActionResult Create(FormCollection collection)   ← 5
        {
            try
            {
                // TODO: Add insert logic here

                return RedirectToAction("Index");
            }
            catch
            {
                return View();
            }
        }

        //
        // GET: /Admin/Edit/5

        public ActionResult Edit(int id)             ← 6
        {
            return View();
        }

        //
        // POST: /Admin/Edit/5

        [HttpPost]
        public ActionResult Edit(int id, FormCollection collection)   ← 7
        {
            try
            {
                // TODO: Add update logic here

                return RedirectToAction("Index");
            }
            catch
            {
```

```
            return View();
        }
    }

    //
    // GET: /Admin/Delete/5

    public ActionResult Delete(int id)                              ◀─ 8
    {
        return View();
    }

    //
    // POST: /Admin/Delete/5

    [HttpPost]
    public ActionResult Delete(int id, FormCollection collection)   ◀─ 9
    {
        try
        {
            // TODO: Add delete logic here

            return RedirectToAction("Index");
        }
        catch
        {
            return View();
        }
    }
}
```

❻ [ビルド] メニューの [MvcShoppingのビルド] をクリックする。

▶ 問題なくビルドされることを確認する。

コードの解説

❶　　`public class AdminController : Controller`

商品管理を行うコントローラークラスです。

❷　　`public ActionResult Index()`

商品管理のリストを表示するためのメソッドです。Index.aspxのビューに対応します。

3 `public ActionResult Details(int id)`

　商品の詳細を表示するメソッドです。統合開発環境の自動生成では、ID（主キー）はint型で出力されます。修正時に商品IDのstring型に直します。

4 `public ActionResult Create()`

　商品を新規作成するときのメソッドです。新規作成をする時の項目を入力するビューを表示させます。

5 `public ActionResult Create(FormCollection collection)`

　新規作成のビューで［作成］ボタンをクリックしたときに呼び出されます。作成する時のフォームのデータは、FormCollectionコレクションに設定されています。

6 `public ActionResult Edit(int id)`

　商品管理のリストのページで、［編集］ボタンをクリックしたときに呼び出されます。編集ページを表示するためのモデルをここで作成します。統合開発環境の自動生成では、ID（主キー）はint型で出力されていますが、修正時に商品IDのstring型に直します。

7 `public ActionResult Edit(int id, FormCollection collection)`

　編集ページで、［保存］ボタンをクリックしたときに呼び出されるメソッドです。新規作成のページと同じように、フォームの各データはFormCollectionコレクションに設定されています。

8 `public ActionResult Delete(int id)`

　商品のリストのページで、指定した商品の［削除］ボタンをクリックしたときに呼び出されます。削除する前に商品の内容を確認するページを表示します。

9 `public ActionResult Delete(int id, FormCollection collection)`

　削除の前の確認ページで、［削除］ボタンをクリックしたときに呼び出されます。指定した商品IDのデータをデータベースから削除する処理を記述します。

販売テーブル、在庫テーブルを追加する

［サーバーエクスプローラー］を利用して販売テーブル（TSales）と在庫テーブル（TStock）のデータクラスを作成します。

❶ ［ソリューションエクスプローラー］で［Models］－［DataClasses1.dbml］をダブルクリックする。
▶ 既存のデータクラスが表示される。

❷ ［サーバーエクスプローラー］を表示させ、［データ接続］－［＜コンピュータ名＞¥sqlexpress.mvcdb.do］－［テーブル］のツリーを開く。

❸ ［TSales］テーブルと［TStock］テーブルを、データクラスの上にドラッグアンドドロップする。

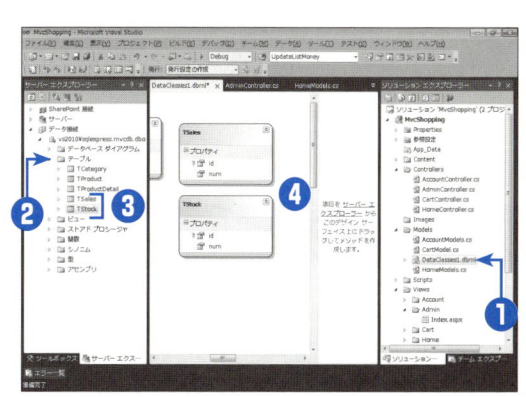

❹ ［TSales］テーブルと［TStock］テーブルのデータクラスが作成されることを確認する。

一覧を表示するためのコントローラーを作成する

では、具体的に商品管理の一覧を表示するためのコントローラーの処理を記述していきましょう。

❶ AdminController.csファイルに次のコードを記述する（色文字部分）。

```csharp
using System.Data.Linq;
using System.Configuration;
using MvcShopping.Models;

public ActionResult Index()
{
    // web.config から接続文字列を取得
    string cnstr = ConfigurationManager.ConnectionStrings[
        "mvcdbConnectionString"].ConnectionString;
    // データベースに接続する
    DataContext dc = new DataContext(cnstr);
    // 商品一覧を取得
    var list = from p in dc.GetTable<TProduct>()
               join c in dc.GetTable<TCategory>() on p.cateid equals c.id
               join se in dc.GetTable<TSales>() on p.id equals se.id
               join st in dc.GetTable<TStock>() on p.id equals st.id
               select new AdminProduct {
                   ID = p.id,
                   Name = p.name,
                           Price = p.price,
                   Category = c.name,
                   Sale = se.num,
                   Stock = st.num };
```

```
        return View(list);                                              ③
}
```

②

[ビルド] メニューの [MvcShoppingのビルド] をクリックする。

▶ 問題なくビルドされることを確認する。

コードの解説

①
```
// web.config から接続文字列を取得
string cnstr = ConfigurationManager.ConnectionStrings[
    "mvcdbConnectionString"].ConnectionString;
// データベースに接続する
DataContext dc = new DataContext(cnstr);
```

データベースに接続します。

②
```
// 商品一覧を取得
var list = from p in dc.GetTable<TProduct>()
           join c in dc.GetTable<TCategory>() on p.cateid equals c.id
           join se in dc.GetTable<TSales>() on p.id equals se.id
           join st in dc.GetTable<TStock>() on p.id equals st.id
           select new AdminProduct {
               ID = p.id,
               Name = p.name,
                        Price = p.price,
               Category = c.name,
               Sale = se.num,
               Stock = st.num };
```

　商品のリストをデータベースから取得します。長いLINQになりますが、商品テーブル（TProduct）、カテゴリテーブル（TCategory）、販売テーブル（TSales）、在庫テーブル（TStock）の4つのテーブルを内部結合して、商品管理のクラスオブジェクト（AdminProduct）を作成しています。2つ以上のテーブルは、LINQのjoin onステートメントを使って結合します。

③
```
        return View(list);
```

　ビューに対しては、商品管理クラス（AdminProduct）のコレクションを渡します。このコレクションが商品管理の一覧ページに対するモデルになります。

第13章 商品の追加/削除

一覧を表示するビューを自動生成する

次に、商品管理の一覧を表示するためのビューを作ります。一覧のビューもコントローラーと同じように、統合開発環境の機能を使って自動生成します。まず、第12章で作ったビュー（Views/Admin/Index.aspx）を削除してください。

❶ ［ソリューションエクスプローラー］で［Views］-［Admin］-［Index］を右クリックして、［削除］をクリックする。確認のメッセージが表示されるので、［OK］をクリックする。

❷ ［ソリューションエクスプローラー］で［Views］-［Admin］を右クリックして、［追加］-［ビュー］をクリックする。
  ▶ ［ビューの追加］ダイアログボックスが表示される。

❸ ［ビュー名］に **Index** と入力する。

❹ ［厳密に型指定されたビューを作成する］にチェックを入れる。
  ▶ ［ビューデータクラス］のドロップダウンリストが有効になる。

❺ ［ビューデータクラス］から、「MvcShopping.Models.AdminProduct」を選択する。

❻ ［ビューコンテンツ］ドロップダウンリストから、［List］を選択する。

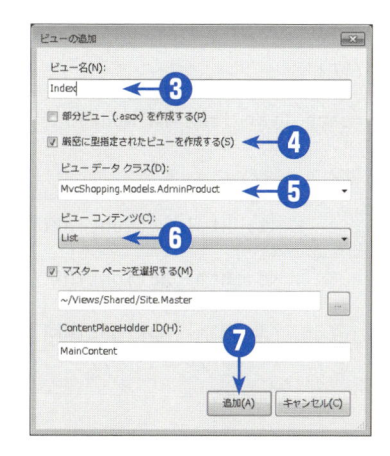

❼ ［追加］ボタンをクリックする。
  ▶ 新しいビュー（Index.aspx）が作成される。

```
<%@ Page Title="" Language="C#" MasterPageFile="~/Views/Shared/Site.Master" →
Inherits="System.Web.Mvc.ViewPage<IEnumerable<MvcShopping.Models.AdminProduct>> →
" %>

<asp:Content ID="Content1" ContentPlaceHolderID="TitleContent" runat="server">
    Index
</asp:Content>
```

```
<asp:Content ID="Content2" ContentPlaceHolderID="MainContent" runat="server">

    <h2>Index</h2>

    <table>
        <tr>                                                                    ← 2
            <th></th>
            <th>
                ID
            </th>
            <th>
                Name
            </th>
            <th>
                Category
            </th>
            <th>
                Price
            </th>
            <th>
                Detail
            </th>
            <th>
                Sale
            </th>
            <th>
                Stock
            </th>
        </tr>

    <% foreach (var item in Model) { %>                    ← 3

        <tr>
            <td>                                                                ← 4
                <%: Html.ActionLink("Edit", "Edit", new { /* id=item.PrimaryKey ➡
                */ }) %> |
                <%: Html.ActionLink("Details", "Details", new { /* id=item. ➡
                PrimaryKey */ })%> |
                <%: Html.ActionLink("Delete", "Delete", new { /* id=item. ➡
                PrimaryKey */ })%>
            </td>
            <td>
                <%: item.ID %>                             ← 5
            </td>
            <td>
                <%: item.Name %>
            </td>
            <td>
                <%: item.Category %>
            </td>
            <td>
                <%: item.Price %>
            </td>
            <td>
                <%: item.Detail %>
            </td>
            <td>
                <%: item.Sale %>
            </td>
```

```
            <td>
                <%: item.Stock %>
            </td>
        </tr>

    <% } %>

    </table>

    <p>
        <%: Html.ActionLink("Create New", "Create") %>    ← 6
    </p>

</asp:Content>
```

6

［ビルド］メニューの［MvcShoppingのビルド］をクリックする。
▶ 問題なくビルドされることを確認する。

コードの解説

1
```
<%@ Page Title="" Language="C#" MasterPageFile="~/Views/Shared/Site.Master"  ➡
    Inherits="System.Web.Mvc.ViewPage<IEnumerable<MvcShopping.Models.  ➡
    AdminProduct>>" %>  ➡
```

モデルの型指定をしたビューを作成します。商品管理クラス（AdminProduct）のコレクションになります。

2
```
        <tr>
            <th></th>
            <th>
                ID
            </th>
            ...
```

テーブルのタイトル部分は自動生成されます。ここではAdminProductクラスの各プロパティの名前が自動で使われています。

3
```
    <% foreach (var item in Model) { %>
```

ビューに渡されるモデルがAdminProductクラスのコレクションになっているので、Modelプロパティのままforeachステートメントで繰り返し処理を行います。

4
```
            <td>
                <%: Html.ActionLink("Edit", "Edit", new { /* id=item.
                PrimaryKey */ }) %> |
                <%: Html.ActionLink("Details", "Details", new { /* id=item.
                PrimaryKey */ })%> |
                <%: Html.ActionLink("Delete", "Delete", new { /* id=item.
                PrimaryKey */ })%>
            </td>
```

一覧リストには、編集ボタン（Edit）、詳細ボタン（Details）、削除ボタン（Delete）が自動的に付けられます。この章では、これらのボタンの動作を記述していきます。

5
```
            <td>
                <%: item.ID %>
            </td>
            ...
```

AdminProductクラスの各プロパティの値を表示します。

6
```
    <p>
        <%: Html.ActionLink("Create New", "Create") %>
    </p>
```

新規作成ボタン（Create）を表示します。

一覧を表示するためのビューを修正する

自動生成された一覧のビューを元にして、表示項目を修正していきましょう。

❶
Index.aspxファイルに次のコードを記述する（色文字部分）。

```
<asp:Content ID="Content1" ContentPlaceHolderID="TitleContent" runat="server">
    日経BPショップ － 商品管理                                                ← 1
</asp:Content>

<asp:Content ID="Content2" ContentPlaceHolderID="MainContent" runat="server">

    <h2>日経BPショップ － 商品管理</h2>                                       ← 2

    <table>
        <tr>
            <th></th>
            <th>商品ID</th>                                                  ← 3
            <th>商品名</th>
            <th>カテゴリ</th>
            <th>価格</th>
            <th>販売数</th>
            <th>在庫数</th>
        </tr>
```

```
        <% foreach (var item in Model) { %>
            <tr>
                <td>                                                        ◀──── 4
                    <%: Html.ActionLink("編集", "Edit", new { item.ID })%> |
                    <%: Html.ActionLink("詳細", "Details", new { item.ID })%> |
                    <%: Html.ActionLink("削除", "Delete", new { item.ID })%>
                </td>
                <td>
                    <%: item.ID %>
                </td>
                <td>
                    <%: item.Name %>
                </td>
                <td>
                    <%: item.Category %>
                </td>
                <td>
                    <%: item.Price %>
                </td>
                <td>
                    <%: item.Sale %>
                </td>
                <td>
                    <%: item.Stock %>
                </td>
            </tr>
        <% } %>
        </table>

        <p>
            <%: Html.ActionLink("新規作成", "Create") %>          ◀──── 5
        </p>

</asp:Content>
```

❷ [ビルド] メニューの [MvcShoppingのビルド] をクリックする。

▶ 問題なくビルドされることを確認する。

コードの解説

1
```
<asp:Content ID="Content1" ContentPlaceHolderID="TitleContent" runat="server">
    日経BPショップ - 商品管理
</asp:Content>
```

ブラウザに表示するタイトルを記述します。

2
```
<asp:Content ID="Content2" ContentPlaceHolderID="MainContent" runat="server">
    <h2>日経BPショップ - 商品管理</h2>
```

ページに表示するタイトルを記述します。

3
```
        <tr>
            <th></th>
            <th>商品ID</th>
            <th>商品名</th>
            <th>カテゴリ</th>
            <th>価格</th>
            <th>販売数</th>
            <th>在庫数</th>
        </tr>
```

AdminProductのプロパティ名の部分を、それぞれの名称に変更します。

4
```
        <td>
            <%: Html.ActionLink("編集", "Edit", new { item.ID })%> |
            <%: Html.ActionLink("詳細", "Details", new { item.ID })%> |
            <%: Html.ActionLink("削除", "Delete", new { item.ID })%>
        </td>
```

それぞれのボタンの表示名と、アクションメソッドに渡す引数を変更します。ActionLinkメソッドの第1引数が、ボタンの表示名になります。アクションメソッドへ、商品ID（item.ID）を渡します。

5
```
    <p>
        <%: Html.ActionLink("新規作成", "Create") %>
    </p>
```

新規作成（Create）ボタンの表示名も変更します。

動作の確認

では、商品管理の一覧ページを表示してみましょう。

❶ [標準] ツールバーの [デバッグ開始] ボタンをクリックする。

❷ Internet Explorerが表示されることを確認する。

❸ トップ画面で [ログオン] ボタンをクリックする。

第13章　商品の追加/削除

❹ ログオンページの画面で、[admin] ユーザーとパスワードを入力する。

❺ [ログオン] ボタンをクリックする。
▶ メニューに [商品管理] が表示されることを確認する。

❻ [商品管理] をクリックする。

❼ 商品管理の一覧が表示されることを確認する。

❽ Internet Explorerの閉じるボタンをクリックする。
▶ プログラムが終了し、統合開発環境に戻る。

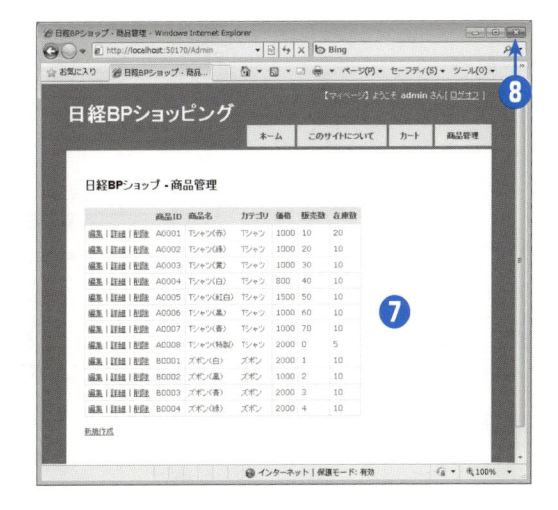

2 商品情報の詳細

次に商品の一覧から詳細情報のページを表示させます。このページでは一覧では表示されなかった商品の詳細情報も表示しましょう。

詳細ページのコントローラーを追加する

❶
AdminController.cs ファイルに次のコードを記述する（色文字部分）。

```csharp
public ActionResult Details(string id)                                    // 1
{
    // web.config から接続文字列を取得
    string cnstr = ConfigurationManager.ConnectionStrings[                // 2
        "mvcdbConnectionString"].ConnectionString;
    // データベースに接続する
    DataContext dc = new DataContext(cnstr);
    // 商品一覧を取得
    var item = from p in dc.GetTable<TProduct>()                          // 3
               join pd in dc.GetTable<TProductDetail>() on p.id equals pd.id
               join c in dc.GetTable<TCategory>() on p.cateid equals c.id
               join se in dc.GetTable<TSales>() on p.id equals se.id
               join st in dc.GetTable<TStock>() on p.id equals st.id
               where p.id == id
               select new AdminProduct
               {
                   ID = p.id,
                   Name = p.name,
                           Price = p.price,
                   Detail = pd.description,
                   Category = c.name,
                   Sale = se.num,
                   Stock = st.num
               };
    AdminProduct model = item.Single<AdminProduct>();                     // 4
    return View(model);                                                   // 5
}
```

❷
［ビルド］メニューの［MvcShoppingのビルド］をクリックする。

▶ 問題なくビルドされることを確認する。

コードの解説

1
```
public ActionResult Details(string id)
```

Detailsメソッドの引数を商品IDに合わせて、文字列型に変更します。

2
```
// web.config から接続文字列を取得
string cnstr = ConfigurationManager.ConnectionStrings[
    "mvcdbConnectionString"].ConnectionString;
// データベースに接続する
DataContext dc = new DataContext(cnstr);
```

データベースに接続します。

3
```
// 商品一覧を取得
var item = from p in dc.GetTable<TProduct>()
           join pd in dc.GetTable<TProductDetail>() on p.id equals pd.id
           join c in dc.GetTable<TCategory>() on p.cateid equals c.id
           join se in dc.GetTable<TSales>() on p.id equals se.id
           join st in dc.GetTable<TStock>() on p.id equals st.id
           where p.id == id
           select new AdminProduct
           {
               ID = p.id,
               Name = p.name,
               Price = p.price,
               Detail = pd.description,
               Category = c.name,
               Sale = se.num,
               Stock = st.num
           };
```

商品管理の一覧と同じようにLINQを利用してデータベースから商品の情報を取得します。一覧のコントローラーと異なる部分は、商品詳細テーブル（TProductDetail）と内部結合をしているところと、商品IDで検索をしているところになります。商品IDを指定するために、ここで得られるデータは1件になります。

4
```
AdminProduct model = item.Single<AdminProduct>();
```

取得したデータから、Singleメソッドを使い、1件だけ取り出します。

5
```
return View(model);
```

ビューに対しては、1件の商品管理クラス（AdminProduct）のオブジェクトを渡します。このオブジェクトが商品詳細のページに対するモデルになります。

詳細を表示するビューを自動生成する

次に、商品管理の詳細を表示するためのビューを作ります。詳細のビューもコントローラーと同じように、統合開発環境の機能を使って自動生成します。

❶
［ソリューションエクスプローラー］で［Views］-［Admin］を右クリックして、［追加］-［ビュー］をクリックする。

▶［ビューの追加］ダイアログボックスが表示される。

❷
［ビュー名］に **Details** と入力する。［厳密に型指定されたビューを作成する］にチェックを入れる。

▶［ビューデータクラス］のドロップダウンリストが有効になる。

❸
［ビューデータクラス］から、「MvcShopping.Models.AdminProduct」を選択する。

❹
［ビューコンテンツ］ドロップダウンリストから、［Details］を選択する。

❺
［追加］ボタンをクリックする。

▶ 新しいビュー（Details.aspx）が作成される。

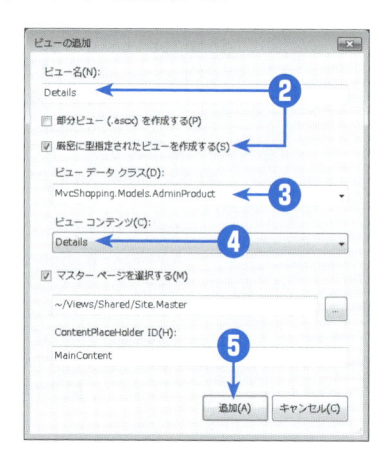

```
<%@ Page Title="" Language="C#" MasterPageFile="~/Views/Shared/Site.Master"
    Inherits="System.Web.Mvc.ViewPage<MvcShopping.Models.AdminProduct>" %>

<asp:Content ID="Content1" ContentPlaceHolderID="TitleContent" runat="server">
    Details
</asp:Content>

<asp:Content ID="Content2" ContentPlaceHolderID="MainContent" runat="server">

    <h2>Details</h2>

    <fieldset>
        <legend>Fields</legend>

        <div class="display-label">ID</div>
        <div class="display-field"><%: Model.ID %></div>

        <div class="display-label">Name</div>
        <div class="display-field"><%: Model.Name %></div>
```

```
            <div class="display-label">Category</div>
            <div class="display-field"><%: Model.Category %></div>

            <div class="display-label">Price</div>
            <div class="display-field"><%: Model.Price %></div>

            <div class="display-label">Detail</div>
            <div class="display-field"><%: Model.Detail %></div>

            <div class="display-label">Sale</div>
            <div class="display-field"><%: Model.Sale %></div>

            <div class="display-label">Stock</div>
            <div class="display-field"><%: Model.Stock %></div>

    </fieldset>
    <p>
        <%: Html.ActionLink("Edit", "Edit", new { Model.ID }) %> |      ← 3
        <%: Html.ActionLink("Back to List", "Index") %>                 ← 4
    </p>

</asp:Content>
```

❻

［ビルド］メニューの［MvcShoppingのビルド］をクリックする。

▶ 問題なくビルドされることを確認する。

コードの解説

❶

```
            <div class="display-label">ID</div>
```

詳細ページに表示する項目のラベルを記述します。自動生成時にはモデルのプロパティ名が使われています。

❷

```
            <div class="display-field"><%: Model.ID %></div>
```

詳細ページで表示する項目の値を記述します。商品IDの値を表示する場合は、「Model.ID」のようにモデルのプロパティになります。

❸

```
        <%: Html.ActionLink("Edit", "Edit", new { Model.ID }) %>
```

詳細ページから商品情報を編集するためのボタンです。

❹

```
        <%: Html.ActionLink("Back to List", "Index") %>
```

元の商品管理の一覧に戻るためのボタンです。

詳細ページのビューを修正する

自動生成された詳細のビューを元にして、表示項目を修正していきましょう。

❶

Details.aspxファイルに次のコードを記述する（色文字部分）。

```
<asp:Content ID="Content1" ContentPlaceHolderID="TitleContent" runat="server">
    日経BPショッピング - 商品管理                                      ←【1】
</asp:Content>

<asp:Content ID="Content2" ContentPlaceHolderID="MainContent" runat="server">

    <h2>商品管理 - <%: Model.Name %></h2>                              ←【2】

    <fieldset>
        <legend>Fields</legend>

        <div class="display-label">商品ID</div>                         ←【3】
        <div class="display-field"><%: Model.ID %></div>

        <div class="display-label">商品名</div>
        <div class="display-field"><%: Model.Name %></div>

        <div class="display-label">カテゴリ名</div>
        <div class="display-field"><%: Model.Category %></div>

        <div class="display-label">価格</div>
        <div class="display-field"><%: Model.Price %></div>

        <div class="display-label">商品詳細</div>
        <div class="display-field"><%: Model.Detail %></div>

        <div class="display-label">販売数</div>
        <div class="display-field"><%: Model.Sale %></div>

        <div class="display-label">在庫数</div>
        <div class="display-field"><%: Model.Stock %></div>

    </fieldset>
    <p>
        <%: Html.ActionLink("編集", "Edit", new { id=Model.ID }) %> |   ←【4】
        <%: Html.ActionLink("戻る", "Index") %>                         ←【5】
    </p>

</asp:Content>
```

❷

［ビルド］メニューの［MvcShoppingのビルド］をクリックする。

▶ 問題なくビルドされることを確認する。

コードの解説

1
```
<asp:Content ID="Content1" ContentPlaceHolderID="TitleContent" runat="server">
    日経BPショッピング - 商品管理
</asp:Content>
```

ブラウザに表示するタイトルを記述します。

2
```
<asp:Content ID="Content2" ContentPlaceHolderID="MainContent" runat="server">
    <h2>商品管理 - <%: Model.Name %></h2>
```

ページに表示するタイトルを記述します。ここでは、表示している商品名も同時に表示します。

3
```
<div class="display-label">商品ID</div>
<div class="display-field"><%: Model.ID %></div>
```

商品詳細を表示する項目のラベルを日本語名に変えます。

4
```
<%: Html.ActionLink("編集", "Edit", new { id=Model.ID }) %>
```

商品情報を変更するボタンに表示されている文字列を変更します。

5
```
<%: Html.ActionLink("戻る", "Index") %>
```

元へ戻るボタンの表示文字列も変更します。

動作の確認

では、商品管理の一覧ページを表示してみましょう。

① ［標準］ツールバーの［デバッグ開始］ボタンをクリックする。

② Internet Explorerが表示されることを確認する。

③ トップ画面で［ログオン］ボタンをクリックする。

❹
ログオンページの画面で、[admin] ユーザーとパスワードを入力する。

❺
[ログオン] ボタンをクリックする。
▶ メニューに [商品管理] が表示されることを確認する。

❻
[商品管理] をクリックする。

❼
商品管理の一覧が表示されることを確認する。

❽
商品の [詳細] ボタンをクリックする。

❾
クリックした商品の情報が1ページに表示される。

❿
Internet Explorerの閉じるボタンをクリックする。
▶ プログラムが終了し、統合開発環境に戻る。

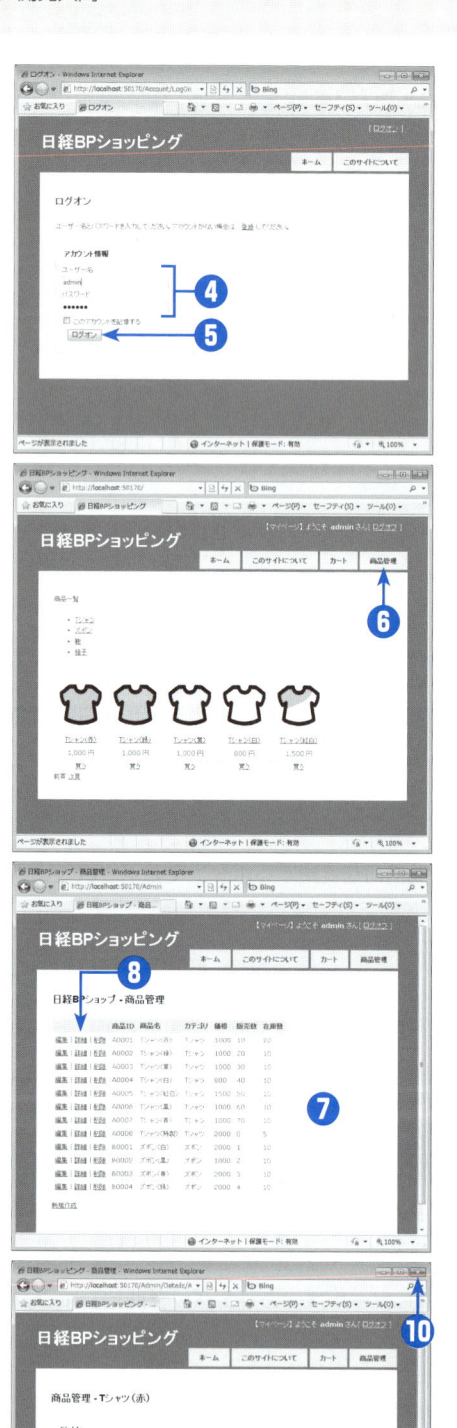

3 商品情報の変更

　商品情報の変更ページを作成しましょう。変更ページは、一覧ページや詳細ページで［編集］ボタンをクリックした時に呼び出されます。
　商品名や商品の説明、価格、在庫数を変更できるページを作成していきます。

変更ページのコントローラーを追加する

❶
AdminController.csファイルに次のコードを記述する（色文字部分）。

```
//
// GET: /Admin/Edit/5

public ActionResult Edit(string id)     ← 1
{
    return Details(id);     ← 2
}
```

❷
［ビルド］メニューの［MvcShoppingのビルド］をクリックする。
▶ 問題なくビルドされることを確認する。

コードの解説

1　`public ActionResult Edit(string id)`

Editメソッドの引数を商品IDに合わせて、文字列型に変更します。

2　`return Details(id);`

表示内容は詳細ページと同じなので、ビューの作成はDetailsメソッドを呼び出します。

変更ボタンのコントローラーを追加する

変更ページで[保存]ボタンをクリックした時の処理を記述します。フォームで入力した値を、データベースに反映します。

❶
AdminController.csファイルに次のコードを記述する（色文字部分）。

```
//
// POST: /Admin/Edit/5

[HttpPost]
public ActionResult Edit(string id, FormCollection collection)    ← 1
{
    try
    {
        // データベースを更新
        string cnstr = ConfigurationManager.ConnectionStrings[    ← 2
            "mvcdbConnectionString"].ConnectionString;
        // データベースに接続する
        DataContext dc = new DataContext(cnstr);

        // データを更新
        TProduct product = dc.GetTable<TProduct>().Single<TProduct>(t => t.id
            == id);                                                ← 3
        product.name = collection["Name"];
        TProductDetail detail = dc.GetTable<TProductDetail>().Single<TProduct
            Detail>(t => t.id == id);                              ← 4
        detail.description = collection["Detail"];
        TStock stock = dc.GetTable<TStock>().Single<TStock>(t => t.id == id);  ← 5
        stock.num = int.Parse( collection["Stock"] );
        // コミット
        dc.SubmitChanges();                                        ← 6

        return RedirectToAction("Index");
    }
    catch
    {
        return View();
    }
}
```

❷
[ビルド]メニューの[MvcShoppingのビルド]をクリックする。

▶ 問題なくビルドされることを確認する。

コードの解説

1
```
public ActionResult Edit(string id, FormCollection collection)
```

EditメソッドのEditの引数idを商品IDに合わせて、文字列型に変更します。

2
```
        // データベースを更新
        string cnstr = ConfigurationManager.ConnectionStrings[
            "mvcdbConnectionString"].ConnectionString;
        // データベースに接続する
        DataContext dc = new DataContext(cnstr);
```

データベースに接続します。

3
```
        TProduct product = dc.GetTable<TProduct>().Single<TProduct>(t =>
        t.id == id);
        product.name = collection["Name"];
```

指定された商品ID（id）のデータを取得します。Singleメソッドの引数では、ラムダ式を使うことができるので、この式のように短い場合は簡単に一行のデータを取得できます。これを、LINQを使った式で書き換えると次のようになります。

    var list = from t in dc.GetTable<TProduct>()
        where t.id == id
        select t ;
    TProduct product = list.Single<TProduct>();

取得した商品データ（TProductオブジェクト）を使って、商品名を変更します。ビューから引き渡された商品名は、FormCollectionコレクションを使って、collection["Name"]のように取得できます。

4
```
        TProductDetail detail = dc.GetTable<TProductDetail>().Single
        <TProductDetail>(t => t.id == id);
        detail.description = collection["Detail"];
```

商品データと同じように、商品の詳細データも変更します。「Detail」は、ビューで設定したテキストボックス（inputタグ）の名前にです。

5
```
        TStock stock = dc.GetTable<TStock>().Single<TStock>(t => t.id == id);
        stock.num = int.Parse( collection["Stock"] );
```

在庫数も同じように変更します。ビューから取得できるデータは文字列型（string型）になるので、int.Parseメソッドでint型に変換します。

6 `        dc.SubmitChanges();`

これらのすべての変更をデータベースに反映させます。

構文　DataContext dc = new DataContext(...)
　　　　　　dc.SubmitChanges()
LINQ to SQLを扱うDataContextクラスでは、データの変更をデータベースに反映させるためにSubmitChangesメソッドを使います。

変更ページのビューを自動生成する

次に、商品管理の編集を行うためのビューを作ります。編集のビューもコントローラーと同じように、統合開発環境の機能を使って自動生成します。

❶ [ソリューションエクスプローラー] で [Views] - [Admin] を右クリックして、[追加] - [ビュー] をクリックする。

▶ [ビューの追加] ダイアログボックスが表示される。

❷ [ビュー名] に **Edit** と入力する。[厳密に型指定されたビューを作成する] にチェックを入れる。

▶ [ビューデータクラス] のドロップダウンリストが有効になる。

❸ [ビューデータクラス] から、「MvcShopping.Models.AdminProduct」を選択する。

❹ [ビューコンテンツ] ドロップダウンリストから、[Edit] を選択する。

❺ [追加] ボタンをクリックする。

▶ 新しいビュー（Edit.aspx）が作成される。

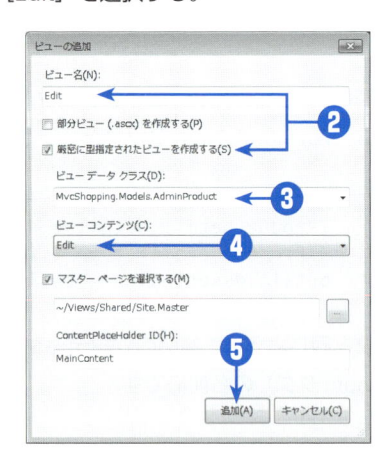

```
<%@ Page Title="" Language="C#" MasterPageFile="~/Views/Shared/Site.Master"
    Inherits="System.Web.Mvc.ViewPage<MvcShopping.Models.AdminProduct>" %>

<asp:Content ID="Content1" ContentPlaceHolderID="TitleContent" runat="server">
    Edit
</asp:Content>
```

```
<asp:Content ID="Content2" ContentPlaceHolderID="MainContent" runat="server">

    <h2>Edit</h2>

    <% using (Html.BeginForm()) {%>          ←──────────────────  1
        <%: Html.ValidationSummary(true) %>  ←──────────────────  2

        <fieldset>
            <legend>Fields</legend>

            <div class="editor-label">       ←──────────────────  3
                <%: Html.LabelFor(model => model.ID) %>
            </div>
            <div class="editor-field">       ←──────────────────  4
                <%: Html.TextBoxFor(model => model.ID) %>
                <%: Html.ValidationMessageFor(model => model.ID) %>
            </div>

            <div class="editor-label">
                <%: Html.LabelFor(model => model.Name) %>
            </div>
            <div class="editor-field">
                <%: Html.TextBoxFor(model => model.Name) %>
                <%: Html.ValidationMessageFor(model => model.Name) %>
            </div>

            <div class="editor-label">
                <%: Html.LabelFor(model => model.Category) %>
            </div>
            <div class="editor-field">
                <%: Html.TextBoxFor(model => model.Category) %>
                <%: Html.ValidationMessageFor(model => model.Category) %>
            </div>

            <div class="editor-label">
                <%: Html.LabelFor(model => model.Price) %>
            </div>
            <div class="editor-field">
                <%: Html.TextBoxFor(model => model.Price) %>
                <%: Html.ValidationMessageFor(model => model.Price) %>
            </div>

            <div class="editor-label">
                <%: Html.LabelFor(model => model.Detail) %>
            </div>
            <div class="editor-field">
                <%: Html.TextBoxFor(model => model.Detail) %>
                <%: Html.ValidationMessageFor(model => model.Detail) %>
            </div>

            <div class="editor-label">
                <%: Html.LabelFor(model => model.Sale) %>
            </div>
            <div class="editor-field">
                <%: Html.TextBoxFor(model => model.Sale) %>
                <%: Html.ValidationMessageFor(model => model.Sale) %>
            </div>

            <div class="editor-label">
                <%: Html.LabelFor(model => model.Stock) %>
```

```
                </div>
                <div class="editor-field">
                    <%: Html.TextBoxFor(model => model.Stock) %>
                    <%: Html.ValidationMessageFor(model => model.Stock) %>
                </div>

                <p>
                    <input type="submit" value="Save" />    ← 5
                </p>
            </fieldset>

        <% } %>

        <div>
            <%: Html.ActionLink("Back to List", "Index") %>   ← 6
        </div>

</asp:Content>
```

6 [ビルド] メニューの [MvcShoppingのビルド] をクリックする。

▶ 問題なくビルドされることを確認する。

コードの解説

1
```
    <% using (Html.BeginForm()) {%>
```

フォームタグの開始になります。inputタグでのテキストボックスやsubmitボタンは、このフォームタグの中に入ります。

2
```
        <%: Html.ValidationSummary(true) %>
```

入力値の検証（Validation）を行ったときに、エラーメッセージを表示する場所です。

3
```
            <div class="editor-label">
                <%: Html.LabelFor(model => model.ID) %>
            </div>
```

商品管理データのラベルです。Html.LabelForメソッドにより、モデルクラス（AdminProduct）のDisplayName属性の値を表示します。ここでは、「商品ID」が表示されます。

4
```
            <div class="editor-field">
                <%: Html.TextBoxFor(model => model.ID) %>
                <%: Html.ValidationMessageFor(model => model.ID) %>
            </div>
```

商品管理データの入力用のテキストボックスや検証の記述です。Html.TextBoxForメソッドでinputタグによりテキストボックスが表示されます。商品IDは変更できないようにするために、後でこの部分を変更します。Html.ValidationMessageForメソッドは、検証でエラーになった場合にメッセージを表示する場所を確保します。

5
```
        <p>
            <input type="submit" value="Save" />
        </p>
```

編集した結果を保存するためのボタンです。

6
```
        <div>
            <%: Html.ActionLink("Back to List", "Index") %>    ← 6
        </div>
```

元の商品管理の一覧に戻るためのボタンです。

変更ページを修正する

自動生成された編集のビューを元にして、表示項目を修正していきましょう。

1 Edit.aspxファイルに次のコードを記述する(色文字部分)。

```
<asp:Content ID="Content1" ContentPlaceHolderID="TitleContent" runat="server">
    日経BPショッピング - 商品管理    ← 1
</asp:Content>

<asp:Content ID="Content2" ContentPlaceHolderID="MainContent" runat="server">

    <h2>商品管理 - <%: Model.Name %></h2>    ← 2

    <% using (Html.BeginForm()) {%>
        <%: Html.ValidationSummary(true) %>

        <fieldset>
            <legend>Fields</legend>

            <div class="editor-label">
                <%: Html.LabelFor(model => model.ID) %>
            </div>
            <div class="display-field"><%: Model.ID %></div>    ← 3

            <div class="editor-label">
                <%: Html.LabelFor(model => model.Name) %>
            </div>
            <div class="editor-field">
                <%: Html.TextBoxFor(model => model.Name) %>
                <%: Html.ValidationMessageFor(model => model.Name) %>
            </div>
```

```
            <div class="editor-label">
                <%: Html.LabelFor(model => model.Category) %>
            </div>
            <div class="display-field"><%: Model.Category %></div>          ← 4

            <div class="editor-label">
                <%: Html.LabelFor(model => model.Price) %>
            </div>
            <div class="display-field"><%: Model.Price %></div>             ← 5

            <div class="editor-label">
                <%: Html.LabelFor(model => model.Detail) %>
            </div>
            <div class="editor-field">
                <%: Html.TextBoxFor(model => model.Detail) %>
                <%: Html.ValidationMessageFor(model => model.Detail) %>
            </div>

            <div class="editor-label">
                <%: Html.LabelFor(model => model.Sale) %>
            </div>
            <div class="display-field"><%: Model.Sale %></div>              ← 6

            <div class="editor-label">
                <%: Html.LabelFor(model => model.Stock) %>
            </div>
            <div class="editor-field">
                <%: Html.TextBoxFor(model => model.Stock) %>
                <%: Html.ValidationMessageFor(model => model.Stock) %>
            </div>

            <p>
                <input type="submit" value="保存" />                          ← 7
            </p>
        </fieldset>

    <% } %>

    <div>
        <%: Html.ActionLink("戻る", "Index") %>                              ← 8
    </div>

</asp:Content>
```

❷ ［ビルド］メニューの［MvcShoppingのビルド］をクリックする。

▶ 問題なくビルドされることを確認する。

コードの解説

1
```
<asp:Content ID="Content1" ContentPlaceHolderID="TitleContent" runat="server">
    日経BPショッピング - 商品管理
</asp:Content>
```

ブラウザに表示するタイトルを記述します。

2
```
<h2>商品管理 - <%: Model.Name %></h2>
```

ページに表示するタイトルを記述します。ここでは、表示している商品名も同時に表示します。

3
```
<div class="editor-label">
    <%: Html.LabelFor(model => model.ID) %>
</div>
<div class="display-field"><%: Model.ID %></div>
```

商品IDを読み取り専用にするために、内容のみを表示します。

4
```
<div class="editor-label">
    <%: Html.LabelFor(model => model.Category) %>
</div>
<div class="display-field"><%: Model.Category %></div>
```

カテゴリ名を読み取り専用にするために、内容のみを表示します。

5
```
<div class="editor-label">
    <%: Html.LabelFor(model => model.Price) %>
</div>
<div class="display-field"><%: Model.Price %></div>
```

価格を読み取り専用にするために、内容のみを表示します。

6
```
<div class="editor-label">
    <%: Html.LabelFor(model => model.Sale) %>
</div>
<div class="display-field"><%: Model.Sale %></div>
```

販売数を読み取り専用にするために、内容のみを表示します。

7
```
<p>
    <input type="submit" value="保存" />
</p>
```

submitボタンに表示されている文字列を変更します。

8
```
<div>
    <%: Html.ActionLink("戻る", "Index") %>
</div>
```

元へ戻るボタンの表示文字列も変更します。

動作の確認

では、商品管理の編集ページの動作を確認してみましょう。

① [標準] ツールバーの [デバッグ開始] ボタンをクリックする。

② Internet Explorerが表示されることを確認する。

③ トップ画面で [ログオン] ボタンをクリックする。

④ ログオンページの画面で、[admin] ユーザーとパスワードを入力する。

⑤ [ログオン] ボタンをクリックする。

▶ メニューに [商品管理] が表示されることを確認する。

⑥ [商品管理] をクリックする。

❼ 商品管理の一覧が表示されることを確認する。

❽ 商品の［編集］ボタンをクリックする。

❾ クリックした商品の情報が表示される。

❿ 商品名を変更して［保存］ボタンをクリックする。

⓫ 変更した商品名が、商品管理の一覧に反映されていることを確認する。

⓬ 再び商品の［編集］ボタンをクリックする。

⓭ クリックした商品の情報が表示される。

⓮ 商品名を元に戻して［保存］ボタンをクリックする。

⓯ 変更した商品名は、元の名称になり商品管理の一覧で表示されていることを確認する。

⓰ Internet Explorerの閉じるボタンをクリックする。

▶ プログラムが終了し、統合開発環境に戻る。

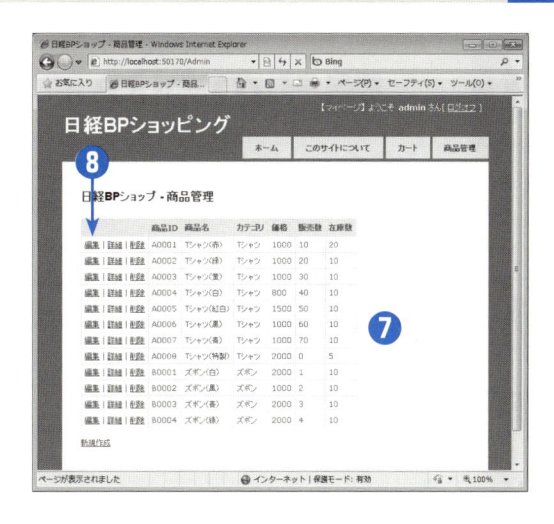

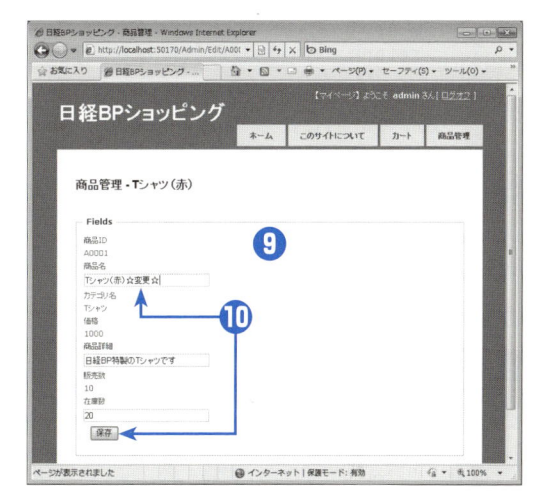

4 商品の削除

商品の削除ページを作成しましょう。商品の削除は、一覧ページから［編集］ボタンをクリックした後に削除ページを表示します。削除ページで内容を確認した後に、［削除］ボタンで商品を削除します。

削除ボタンのコントローラーを追加する

❶ AdminController.cs ファイルに次のコードを記述する（色文字部分）。

```
public ActionResult Delete(string id)    ← 1
{
    return Details(id);    ← 2
}
```

❷ ［ビルド］メニューの［MvcShoppingのビルド］をクリックする。

▶ 問題なくビルドされることを確認する。

コードの解説

1
```
public ActionResult Delete(string id)
```

Delete メソッドの引数を商品IDに合わせて、文字列型に変更します。

2
```
    return Details(id);
```

表示内容は詳細ページと同じなので、ビューの作成は Details メソッドを呼び出します。

削除ページのコントローラーを追加する

削除ページで［削除］ボタンをクリックした時の処理を記述します。フォームで入力した値を、データベースに反映します。

❶ AdminController.cs ファイルに次のコードを記述する（色文字部分）。

```
[HttpPost]
public ActionResult Delete(string id, FormCollection collection)   ← 1
{
    try
    {
        // データベースを更新
        string cnstr = ConfigurationManager.ConnectionStrings[   ← 2
            "mvcdbConnectionString"].ConnectionString;
        // データベースに接続する
        DataContext dc = new DataContext(cnstr);

        // データを削除
        TProduct product = dc.GetTable<TProduct>().Single<TProduct>(t =>
        t.id == id);   ← 3
        dc.GetTable<TProduct>().DeleteOnSubmit(product);
        TProductDetail detail = dc.GetTable<TProductDetail>().
        Single<TProductDetail>(t => t.id == id);   ← 4
        dc.GetTable<TProductDetail>().DeleteOnSubmit(detail);
        TSales sales = dc.GetTable<TSales>().Single<TSales>(t => t.id == id);   ← 5
        dc.GetTable<TSales>().DeleteOnSubmit(sales);
        TStock stock = dc.GetTable<TStock>().Single<TStock>(t => t.id == id);   ← 6
        dc.GetTable<TStock>().DeleteOnSubmit(stock);
        // コミット
        dc.SubmitChanges();   ← 7

        return RedirectToAction("Index");
    }
    catch
    {
        return View();
    }
}
```

❷［ビルド］メニューの［MvcShoppingのビルド］をクリックする。

▶ 問題なくビルドされることを確認する。

コードの解説

1
```
public ActionResult Delete(string id, FormCollection collection)
```

Deleteメソッドの引数idを商品IDに合わせて、文字列型に変更します。

2
```
        // データベースを更新
        string cnstr = ConfigurationManager.ConnectionStrings[
            "mvcdbConnectionString"].ConnectionString;
        // データベースに接続する
        DataContext dc = new DataContext(cnstr);
```

データベースに接続します。

3
```
        TProduct product = dc.GetTable<TProduct>().Single<TProduct>(t => →
        t.id == id);
        dc.GetTable<TProduct>().DeleteOnSubmit(product);
```

指定された商品ID（id）のデータを取得します。その後、データを削除するために、要素を指定してDeleteOnSubmitメソッドを呼び出します。

> **構文** ＜テーブル＞.DeleteOnSubmit(＜要素＞)
>
> 指定したテーブルから要素を指定して削除します。
> テーブルには主キーを設定しておく必要があります。

4
```
        TProductDetail detail = dc.GetTable<TProductDetail>().Single →
        <TProductDetail>(t => t.id == id);
        dc.GetTable<TProductDetail>().DeleteOnSubmit(detail);
```

指定された商品の詳細データを削除します。

5
```
        TSales sales = dc.GetTable<TSales>().Single<TSales>(t => t.id == id);
        dc.GetTable<TSales>().DeleteOnSubmit(sales);
```

指定された商品の販売データを削除します。

6
```
        TStock stock = dc.GetTable<TStock>().Single<TStock>(t => t.id == id);
        dc.GetTable<TStock>().DeleteOnSubmit(stock);
```

指定された商品の在庫データを削除します。

7
```
        dc.SubmitChanges();
```

これらのすべての変更をデータベースに反映させます。

変更ページのビューを自動生成する

次に、商品管理の削除を行うためのビューを作ります。

❶ [ソリューションエクスプローラー]で[Views]-[Admin]を右クリックして、[追加]-[ビュー]をクリックする。

▶ [ビューの追加]ダイアログボックスが表示される。

❷ [ビュー名]に **Delete** と入力する。[厳密に型指定されたビューを作成する]にチェックを入れる。

▶ [ビューデータクラス]のドロップダウンリストが有効になる。

❸ [ビューデータクラス]から、「MvcShopping.Models.AdminProduct」を選択する。

❹ [ビューコンテンツ]ドロップダウンリストから、[Delete]を選択する。

❺ [追加]ボタンをクリックする。

▶ 新しいビュー(Delete.aspx)が作成される。

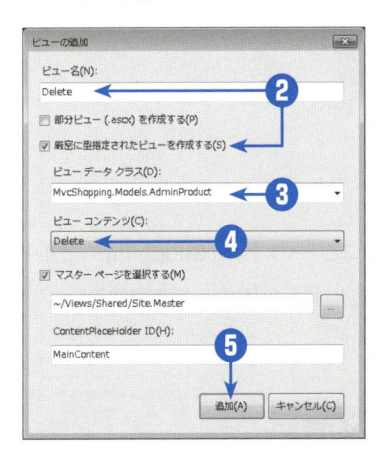

```
<%@ Page Title="" Language="C#" MasterPageFile="~/Views/Shared/Site.Master"
    Inherits="System.Web.Mvc.ViewPage<MvcShopping.Models.AdminProduct>" %>

<asp:Content ID="Content1" ContentPlaceHolderID="TitleContent" runat="server">
    Delete
</asp:Content>

<asp:Content ID="Content2" ContentPlaceHolderID="MainContent" runat="server">

    <h2>Delete</h2>

    <h3>Are you sure you want to delete this?</h3>
    <fieldset>
        <legend>Fields</legend>

        <div class="display-label">ID</div>            ← ❶
        <div class="display-field"><%: Model.ID %></div>

        <div class="display-label">Name</div>
        <div class="display-field"><%: Model.Name %></div>
```

```
            <div class="display-label">Category</div>
            <div class="display-field"><%: Model.Category %></div>

            <div class="display-label">Price</div>
            <div class="display-field"><%: Model.Price %></div>

            <div class="display-label">Detail</div>
            <div class="display-field"><%: Model.Detail %></div>

            <div class="display-label">Sale</div>
            <div class="display-field"><%: Model.Sale %></div>

            <div class="display-label">Stock</div>
            <div class="display-field"><%: Model.Stock %></div>

    </fieldset>
    <% using (Html.BeginForm()) { %>
        <p>
            <input type="submit" value="Delete" /> |         ←  ②
            <%: Html.ActionLink("Back to List", "Index") %>  ←  ③
        </p>
    <% } %>

</asp:Content>
```

❻

[ビルド] メニューの [MvcShoppingのビルド] をクリックする。

▶ 問題なくビルドされることを確認する。

コードの解説

❶
```
            <div class="display-label">ID</div>
            <div class="display-field"><%: Model.ID %></div>
```

商品データのラベルと内容を表示します。ラベルはモデルクラスのプロパティ名になります。

❷
```
            <input type="submit" value="Delete" /> |
```

削除を実行するときのsubmitボタンです。

❸
```
            <%: Html.ActionLink("Back to List", "Index") %>
```

元の商品管理の一覧に戻るためのボタンです。

変更ページを修正する

自動生成された削除のビューを元にして、表示項目を修正していきましょう。

❶ Delete.aspx ファイルに次のコードを記述する（色文字部分）。

```
<asp:Content ID="Content1" ContentPlaceHolderID="TitleContent" runat="server">
    日経BPショッピング - 商品管理                            ← 1
</asp:Content>

<asp:Content ID="Content2" ContentPlaceHolderID="MainContent" runat="server">

    <h2>商品管理 - <%: Model.Name %></h2>                  ← 2

    <h3>商品を削除してもよろしいですか？</h3>              ← 3
    <fieldset>
        <legend>Fields</legend>

        <div class="display-label">商品ID</div>            ← 4
        <div class="display-field"><%: Model.ID %></div>

        <div class="display-label">商品名</div>
        <div class="display-field"><%: Model.Name %></div>

        <div class="display-label">カテゴリ</div>
        <div class="display-field"><%: Model.Category %></div>

        <div class="display-label">価格</div>
        <div class="display-field"><%: Model.Price %></div>

        <div class="display-label">詳細情報</div>
        <div class="display-field"><%: Model.Detail %></div>

        <div class="display-label">販売数</div>
        <div class="display-field"><%: Model.Sale %></div>

        <div class="display-label">在庫数</div>
        <div class="display-field"><%: Model.Stock %></div>

    </fieldset>
    <% using (Html.BeginForm()) { %>
        <p>
            <input type="submit" value="削除" /> |         ← 5
            <%: Html.ActionLink("戻る", "Index") %>         ← 6
        </p>
    <% } %>

</asp:Content>
```

コードの解説

1
```
<asp:Content ID="Content1" ContentPlaceHolderID="TitleContent" runat="server">
    日経BPショッピング - 商品管理
</asp:Content>
```

ブラウザに表示するタイトルを記述します。

2
```
<asp:Content ID="Content2" ContentPlaceHolderID="MainContent" runat="server">

    <h2>商品管理 - <%: Model.Name %></h2>
```

ページに表示するタイトルを記述します。ここでは、表示している商品名も同時に表示します。

3
```
        <h3>商品を削除してもよろしいですか？</h3>
```

問い合わせをするメッセージを日本語にします。

4
```
            <div class="display-label">商品ID</div>
            <div class="display-field"><%: Model.ID %></div>
```

商品データのラベルを変更します。

5
```
            <input type="submit" value="削除" /> |
```

submitボタンに表示されている文字列を変更します。

6
```
            <%: Html.ActionLink("戻る", "Index") %>
```

同じように、元へ戻るボタンの表示文字列も変更します。

動作の確認

では、商品管理の削除ページの動作を確認してみましょう。

❶ ［標準］ツールバーの［デバッグ開始］ボタンをクリックする。

❷ Internet Explorerが表示されることを確認する。

❸ トップ画面で［ログオン］ボタンをクリックする。

❹ ログオンページの画面で、［admin］ユーザーとパスワードを入力する。

❺ ［ログオン］ボタンをクリックする。
▶ メニューに［商品管理］が表示されることを確認する。

❻ ［商品管理］をクリックする。

❼ 商品管理の一覧が表示されることを確認する。

❽ 商品の［削除］ボタンをクリックする。

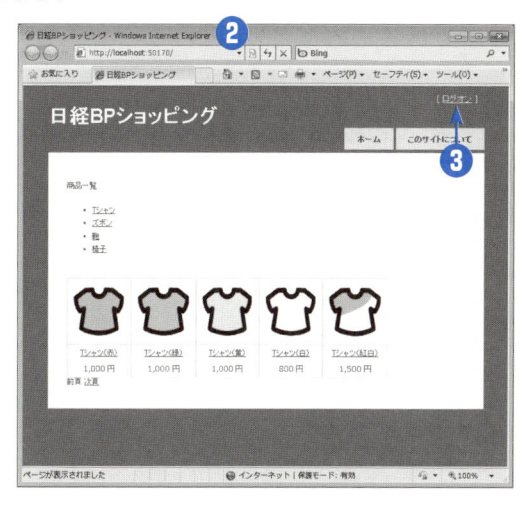

❾ クリックした商品の情報が表示される。

❿ 商品名を確認して［削除］ボタンをクリックする。

⓫ 変更した商品名が、商品管理の一覧から削除されていることを確認する。

⓬ トップページに戻り、商品が削除されていることを確認する。

⓭ Internet Explorerの閉じるボタンをクリックする。

◆ プログラムが終了し、統合開発環境に戻る。

5 商品の追加

最後に、商品を新規追加するページを作成します。商品の追加、一覧ページで[新規追加]ボタンをクリックした後に追加用のページを表示します。追加ページで内容を入力した後に、[作成]ボタンで商品をデータベースに追加します。

新規追加ボタンのコントローラーを追加する

❶ AdminController.csファイルに次のコードを記述する(色文字部分)。

```
public ActionResult Create()
{
    AdminProduct item = new AdminProduct();   ← 1
    return View(item);   ← 2
}
```

❷ [ビルド]メニューの[MvcShoppingのビルド]をクリックする。

▶ 問題なくビルドされることを確認する。

コードの解説

1
```
AdminProduct item = new AdminProduct();
```

ビューに渡すための商品管理のオブジェクトを作成します。本書では、そのままビューに引き渡しますが、商品IDやカテゴリなどの初期値を設定することができます。

2
```
return View(item);
```

編集のビューに商品管理のデータをモデルとして渡します。

新規ページのコントローラーを追加する

新規追加ページで[作成]ボタンをクリックした時の処理を記述します。フォームで入力した値を、データベースに反映します。

❶

AdminController.cs ファイルに次のコードを記述する（色文字部分）。

```csharp
[HttpPost]
public ActionResult Create(FormCollection collection)   ← 1
{
    try
    {
        // データベースを更新
        string cnstr = ConfigurationManager.ConnectionStrings[   ← 2
            "mvcdbConnectionString"].ConnectionString;
        // データベースに接続する
        DataContext dc = new DataContext(cnstr);

        int categoryid = dc.GetTable<TCategory>().Single<TCategory>(
            t => t.name == collection["Category"]).id;   ← 3

        // データを作成
        TProduct product = new TProduct   ← 4
        {
            id = collection["ID"],
            name = collection["Name"],
            price = int.Parse(collection["Price"]),
            cateid = categoryid
        };
        dc.GetTable<TProduct>().InsertOnSubmit( product );

        TProductDetail detail = new TProductDetail   ← 5
        {
            id = collection["ID"],
            description = collection["Detail"]
        };
        dc.GetTable<TProductDetail>().InsertOnSubmit(detail);

        TSales sales = new TSales   ← 6
        {
            id = collection["ID"],
            num = 0
        };
        dc.GetTable<TSales>().InsertOnSubmit(sales);

        TStock stock = new TStock   ← 7
        {
            id = collection["ID"],
            num = int.Parse(collection["Stock"])
        };
        dc.GetTable<TStock>().InsertOnSubmit(stock);
        // コミット
        dc.SubmitChanges();   ← 8

        return RedirectToAction("Index");
    }
    catch
    {
        return View();
    }
}
```

❷
［ビルド］メニューの［MvcShoppingのビルド］をクリックする。
▶ 問題なくビルドされることを確認する。

コードの解説

1
```
public ActionResult Create(FormCollection collection)
```

ビューから渡されたフォームの値を、FormCollectionコレクションで受け取ります。

2
```
// データベースを更新
string cnstr = ConfigurationManager.ConnectionStrings[
    "mvcdbConnectionString"].ConnectionString;
// データベースに接続する
DataContext dc = new DataContext(cnstr);
```

データベースに接続します。

3
```
int categoryid = dc.GetTable<TCategory>().Single<TCategory>(
    t => t.name == collection["Category"]).id;
```

指定されたカテゴリ名から、カテゴリIDを取得します。

4
```
TProduct product = new TProduct
{
    id = collection["ID"],
    name = collection["Name"],
    price = int.Parse(collection["Price"]),
    cateid = categoryid
};
dc.GetTable<TProduct>().InsertOnSubmit( product );
```

　フォームの値から、商品テーブルのオブジェクトを作成します。オブジェクトを作成する時に、上記のようにプロパティを同時に設定することができます。new演算子を使った後に、それぞれのプロパティを設定する場合と同じになります。

```
TProduct product = new Product()
product.id = collection["ID"];
product.name = collection["Name"];
product.price = int.Parse(collection["Price"]);
product.cateid = categoryid;
```

　データの挿入は、InsertOnSubmitメソッドを使います。

構文　＜テーブル＞.InsertOnSubmit(＜要素＞)

指定したテーブルに要素を挿入します。

5
```
TProductDetail detail = new TProductDetail
{
    id = collection["ID"],
    description = collection["Detail"]
};
dc.GetTable<TProductDetail>().InsertOnSubmit(detail);
```

商品の詳細テーブルのオブジェクトを作成し、テーブルに挿入します。

6
```
TSales sales = new TSales
{
    id = collection["ID"],
    num = 0
};
dc.GetTable<TSales>().InsertOnSubmit(sales);
```

販売テーブルのオブジェクトを作成し、テーブルに挿入します。

7
```
TStock stock = new TStock
{
    id = collection["ID"],
    num = int.Parse(collection["Stock"])
};
dc.GetTable<TStock>().InsertOnSubmit(stock);
```

在庫テーブルのオブジェクトを作成し、テーブルに挿入します。

8
```
// コミット
dc.SubmitChanges();
```

これらのすべての変更をデータベースに反映させます。

追加ページのビューを自動生成する

次に、商品の追加を行うためのビューを作ります。

❶
［ソリューションエクスプローラー］で［Views］－［Admin］を右クリックして、［追加］－［ビュー］をクリックする。

▶［ビューの追加］ダイアログボックスが表示される。

❷
［ビュー名］に **Create** と入力する。［厳密に型指定されたビューを作成する］にチェックを入れる。

第13章 商品の追加/削除

▶ [ビューデータクラス] のドロップダウンリストが有効になる。

❸ [ビューデータクラス] から、「MvcShopping.Models.AdminProduct」を選択する。

❹ [ビューコンテンツ] ドロップダウンリストから、[Create] を選択する。

❺ [追加] ボタンをクリックする。

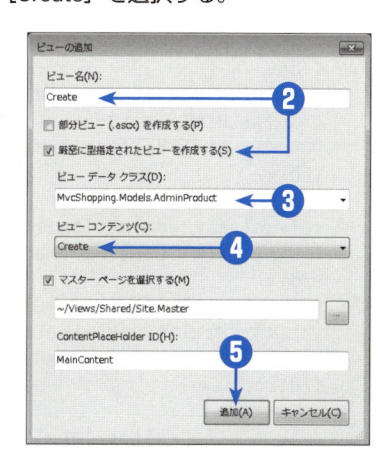

▶ 新しいビュー (Create.aspx) が作成される。

```
<%@ Page Title="" Language="C#" MasterPageFile="~/Views/Shared/Site.Master"
Inherits="System.Web.Mvc.ViewPage<MvcShopping.Models.AdminProduct>" %>

<asp:Content ID="Content1" ContentPlaceHolderID="TitleContent" runat="server">
    Create
</asp:Content>

<asp:Content ID="Content2" ContentPlaceHolderID="MainContent" runat="server">

    <h2>Create</h2>

    <% using (Html.BeginForm()) {%>
        <%: Html.ValidationSummary(true) %>

        <fieldset>
            <legend>Fields</legend>

            <div class="editor-label">
                <%: Html.LabelFor(model => model.ID) %>
            </div>
            <div class="editor-field">
                <%: Html.TextBoxFor(model => model.ID) %>
                <%: Html.ValidationMessageFor(model => model.ID) %>
            </div>

            <div class="editor-label">
                <%: Html.LabelFor(model => model.Name) %>
            </div>
            <div class="editor-field">
                <%: Html.TextBoxFor(model => model.Name) %>
                <%: Html.ValidationMessageFor(model => model.Name) %>
            </div>

            <div class="editor-label">
                <%: Html.LabelFor(model => model.Category) %>
```

```
                </div>
                <div class="editor-field">
                    <%: Html.TextBoxFor(model => model.Category) %>
                    <%: Html.ValidationMessageFor(model => model.Category) %>
                </div>

                <div class="editor-label">
                    <%: Html.LabelFor(model => model.Price) %>
                </div>
                <div class="editor-field">
                    <%: Html.TextBoxFor(model => model.Price)%>
                    <%: Html.ValidationMessageFor(model => model.Price)%>
                </div>

                <div class="editor-label">
                    <%: Html.LabelFor(model => model.Detail) %>
                </div>
                <div class="editor-field">
                    <%: Html.TextBoxFor(model => model.Detail) %>
                    <%: Html.ValidationMessageFor(model => model.Detail) %>
                </div>

                <div class="editor-label">
                    <%: Html.LabelFor(model => model.Sale) %>
                </div>
                <div class="editor-field">
                    <%: Html.TextBoxFor(model => model.Sale) %>
                    <%: Html.ValidationMessageFor(model => model.Sale) %>
                </div>

                <div class="editor-label">
                    <%: Html.LabelFor(model => model.Stock) %>
                </div>
                <div class="editor-field">
                    <%: Html.TextBoxFor(model => model.Stock) %>
                    <%: Html.ValidationMessageFor(model => model.Stock) %>
                </div>

                <p>
                    <input type="submit" value="Create" />　　　　◀ 5
                </p>
            </fieldset>

    <% } %>

    <div>
        <%: Html.ActionLink("Back to List", "Index") %>　　　　◀ 6
    </div>

</asp:Content>
```

6 ［ビルド］メニューの［MvcShoppingのビルド］をクリックする。

▶ 問題なくビルドされることを確認する。

コードの解説

1
```
<% using (Html.BeginForm()) {%>
```
テキストボックスなどのフォームの要素を開始になります。

2
```
<%: Html.ValidationSummary(true) %>
```
入力値の検証（Validation）を行ったときに、エラーメッセージを表示する場所です。

3
```
<div class="editor-label">
    <%: Html.LabelFor(model => model.ID) %>
</div>
```
商品管理データのラベルです。

4
```
<div class="editor-field">
    <%: Html.TextBoxFor(model => model.ID) %>
    <%: Html.ValidationMessageFor(model => model.ID) %>
</div>
```
商品管理データの入力用のテキストボックスや検証の記述です。

5
```
<p>
    <input type="submit" value="Create" />
</p>
```
編集した結果を保存するためのボタンです。

6
```
<div>
    <%: Html.ActionLink("Back to List", "Index") %>
</div>
```
商品管理の一覧に戻るためのボタンです。

追加ページを修正する

自動生成された新規作成のビューを元にして、表示項目を修正していきましょう。

① Create.aspx ファイルに次のコードを記述する（色文字部分）。

```
<asp:Content ID="Content1" ContentPlaceHolderID="TitleContent" runat="server">
    日経BPショッピング - 商品管理                                              ← 1
</asp:Content>

<asp:Content ID="Content2" ContentPlaceHolderID="MainContent" runat="server">

    <h2>商品管理 - 新規作成</h2>                                             ← 2

    <% using (Html.BeginForm()) {%>
        <%: Html.ValidationSummary(true) %>

        <fieldset>
            <legend>Fields</legend>

            <div class="editor-label">
                <%: Html.LabelFor(model => model.ID) %>
            </div>
            <div class="editor-field">
                <%: Html.TextBoxFor(model => model.ID) %>
                <%: Html.ValidationMessageFor(model => model.ID) %>
            </div>

            <div class="editor-label">
                <%: Html.LabelFor(model => model.Name) %>
            </div>
            <div class="editor-field">
                <%: Html.TextBoxFor(model => model.Name) %>
                <%: Html.ValidationMessageFor(model => model.Name) %>
            </div>

            <div class="editor-label">
                <%: Html.LabelFor(model => model.Category) %>
            </div>
            <div class="editor-field">
                <%: Html.TextBoxFor(model => model.Category) %>
                <%: Html.ValidationMessageFor(model => model.Category) %>
            </div>

            <div class="editor-label">
                <%: Html.LabelFor(model => model.Price) %>
            </div>
            <div class="editor-field">
                <%: Html.TextBoxFor(model => model.Price)%>
                <%: Html.ValidationMessageFor(model => model.Price)%>
            </div>

            <div class="editor-label">
                <%: Html.LabelFor(model => model.Detail) %>
            </div>
            <div class="editor-field">
                <%: Html.TextBoxFor(model => model.Detail) %>
                <%: Html.ValidationMessageFor(model => model.Detail) %>
            </div>

            <div class="editor-label">
                <%: Html.LabelFor(model => model.Sale) %>
            </div>
            <div class="display-field"><%: Model.Sale %></div>        ← 3
```

```
                <div class="editor-label">
                    <%: Html.LabelFor(model => model.Stock) %>
                </div>
                <div class="editor-field">
                    <%: Html.TextBoxFor(model => model.Stock) %>
                    <%: Html.ValidationMessageFor(model => model.Stock) %>
                </div>

                <p>
                    <input type="submit" value="作成" />          ← 4
                </p>
        </fieldset>

    <% } %>

    <div>
        <%: Html.ActionLink("戻る", "Index") %>          ← 5
    </div>

</asp:Content>
```

コードの解説

1
```
<asp:Content ID="Content1" ContentPlaceHolderID="TitleContent" runat="server">
    日経BPショッピング - 商品管理
</asp:Content>
```

ブラウザに表示するタイトルを記述します。

2
```
<asp:Content ID="Content2" ContentPlaceHolderID="MainContent" runat="server">

    <h2>商品管理 - 新規作成</h2>
```

ページに表示するタイトルを記述します。

3
```
            <div class="editor-label">
                <%: Html.LabelFor(model => model.Sale) %>
            </div>
            <div class="display-field"><%: Model.Sale %></div>
```

販売数は新規追加時に0のために、読み取り専用なので内容のみを表示します。

4
```
            <p>
                <input type="submit" value="作成" />
            </p>
```

submitボタンに表示されている文字列を変更します。

5
```
<div>
    <%: Html.ActionLink("戻る", "Index") %>
</div>
```

元へ戻るボタンの表示文字列も変更します。

動作の確認

では、商品管理の新規追加ページの動作を確認してみましょう。

❶ [標準] ツールバーの [デバッグ開始] ボタンをクリックする。

❷ Internet Explorerが表示されることを確認する。

❸ トップ画面で [ログオン] ボタンをクリックする。

❹ ログオンページの画面で、[admin] ユーザーとパスワードを入力する。

❺ [ログオン] ボタンをクリックする。
　→ メニューに [商品管理] が表示されることを確認する。

❻ [商品管理] をクリックする。

❼ 商品管理の一覧が表示されることを確認する。

❽ 商品の [新規作成] ボタンをクリックする。

❾ 新規作成のビューが表示される。

❿ 各項目を入力して［作成］ボタンをクリックする。

⓫ 追加した商品名が、商品管理の一覧に反映されていることを確認する。

⓬ トップページで追加した商品が表示されていることを確認する。

⓭ Internet Explorerの閉じるボタンをクリックする。

▶ プログラムが終了し、統合開発環境に戻る。

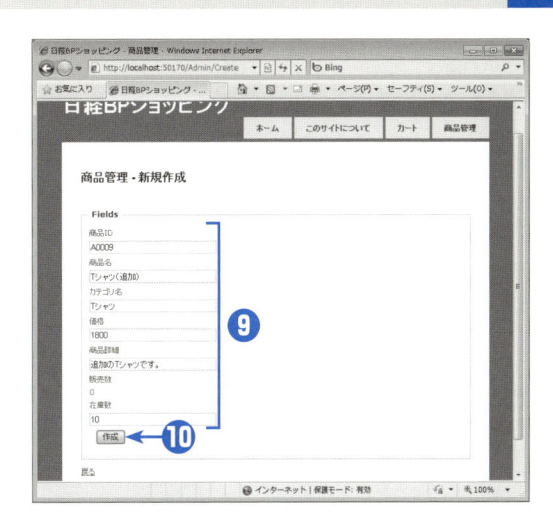

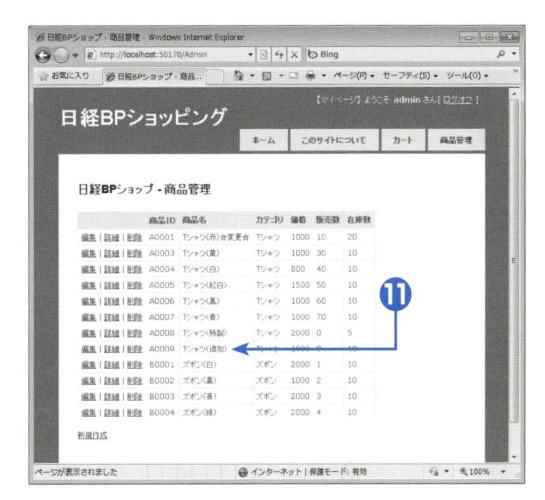

商品詳細情報の更新

第14章

1 商品詳細情報の変更
2 例外時の処理

これまで商品の詳細情報は1行だけの簡単なものでした。しかし、ショッピングサイトであれば、もっと詳しい情報が表示できるほうがよいでしょう。この章では、詳細情報を複数行書けるように変更します。

この章で学習する内容と身に付くテクニック

この章では、引き続き商品管理の実装をします。商品の詳細情報を変更するためのViewを用意して、詳細を変更できるようにします。

STEP 1 テンプレートでは、詳細情報は1行しか入力できませんが、これを複数行入力できるように変更します。HTMLのtextareaタグを使い、商品の詳細情報を入力するViewを変更します。

STEP 2 詳細情報が複数行に対応したので、詳細情報を表示するViewも変更します。詳細情報として改行コードを、HTMLタグのBRタグに変更して表示するようにします。

STEP 3 商品管理のページで、誤った商品情報を入力した場合には例外が発生してしまいます。在庫数が「-1」など、不正な入力を行ったときにはエラーメッセージを表示するようにControllerを変更します。

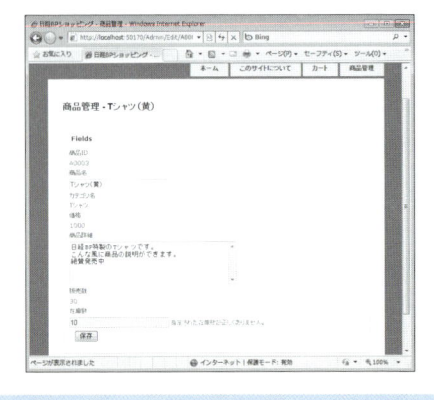

1 商品詳細情報の変更

　商品の詳細情報は、inputタグを使って1行で入力していますが、これを複数行対応にしましょう。複数行入力できるようにする場合は、textareaタグを使います。

商品管理の変更ページを修正する

❶ コードエディターにViews/Admin/Edit.aspxファイルを表示する。

❷ Edit.aspxファイルに次のコードを記述する（色文字部分）。

```
<div class="editor-label">
    <%: Html.LabelFor(model => model.Detail) %>
</div>
<div class="editor-field">
    <%: Html.TextAreaFor(model => model.Detail,5,40,null) %>    ← 1
    <%: Html.ValidationMessageFor(model => model.Detail) %>
</div>
```

❸ ［ビルド］メニューの［MvcShoppingのビルド］をクリックする。

▶ 問題なくビルドされることを確認する。

コードの解説

1　　`<%: Html.TextAreaFor(model => model.Detail,5,40,null) %>`

　Html.TextAreaForメソッドを使ってtextareaタグを作成します。5行40桁のtextareaになります。TextAreaForメソッドの第4引数は、タグの属性をしていますが、ここでは必要ないのでnullを指定します。

商品管理の新規作成ページを修正する

❶ コードエディターに Views/Admin/Create.aspx ファイルを表示する。

❷ Create.aspx ファイルに次のコードを記述する（色文字部分）。

```
<div class="editor-label">
    <%: Html.LabelFor(model => model.Detail) %>
</div>
<div class="editor-field">
    <%: Html.TextAreaFor(model => model.Detail,5,40,null) %>    ← 1
    <%: Html.ValidationMessageFor(model => model.Detail) %>
</div>
```

❸ ［ビルド］メニューの［MvcShopping のビルド］をクリックする。

▶ 問題なくビルドされることを確認する。

コードの解説

1　　`<%: Html.TextAreaFor(model => model.Detail,5,40,null) %>`

変更ページと同じように、5行40桁の textarea を指定します。

商品管理の詳細ページを修正する

❶ コードエディターに Views/Admin/Details.aspx ファイルを表示する。

❷ Details.aspx ファイルに次のコードを記述する（色文字部分）。

```
<div class="display-label">商品詳細</div>
<div class="display-field">
    <%= Model.Detail.Replace("¥n","<br/>") %>    ← 1
</div>
```

❸ ［ビルド］メニューの［MvcShopping のビルド］をクリックする。

▶ 問題なくビルドされることを確認する。

コードの解説

1 `<%= Model.Detail.Replace("¥n","<br/>") %>`

　指定された詳細データで、改行（¥n）を改行タグ（
）に変換します。これにより、変更ページや新規作成ページで入力した改行通りに、商品の詳細情報が改行されて表示されます。なお、このView/Admin/Delete.aspxファイルと、この直後で説明するView/Admin/Details.aspxファイル、View/Home/Item.aspxファイルにおいて、改行を改行タグに変換する箇所があります。これらの箇所では、「<%:」ではなく、「<%=」を使用します（「<%:」を使うと、「
」の部分が「
」のように自動変換されてしまうため）。

商品管理の削除ページを修正する

① コードエディターにViews/Admin/Delete.aspxファイルを表示する。

② Delete.aspxファイルに次のコードを記述する（色文字部分）。

```
<div class="display-label">詳細情報</div>
<div class="display-field">
    <%= Model.Detail.Replace("¥n","<br/>") %>   ← 1
</div>
```

③ ［ビルド］メニューの［MvcShoppingのビルド］をクリックする。

▶ 問題なくビルドされることを確認する。

コードの解説

1 `<%= Model.Detail.Replace("¥n","<br/>") %>`

　削除の確認の場合でも、同じように改行（¥n）を改行タグ（
）に変換します。

商品の詳細ページを修正する

❶ コードエディターにViews/Home/Item.aspxファイルを表示する。

❷ Item.aspxファイルに次のコードを記述する（色文字部分）。

```
商品ID: <%: Model.Product.id %><br />
価格:   <%: Model.Product.price %><br />
詳細情報: <br />
    <%= Model.ProductDetail.description.Replace("¥n", "<br/>")%>
    <br/>
```
1

❸ ［ビルド］メニューの［MvcShoppingのビルド］をクリックする。
▶ 問題なくビルドされることを確認する。

コードの解説

1
```
<%= Model.ProductDetail.description.Replace("¥n", "<br/>")%>
<br/>
```

商品の詳細ページでも、同じように改行（¥n）を改行タグ（
）に変換します。

動作の確認

では、商品の詳細情報を編集して確認してみましょう。

❶ ［標準］ツールバーの［デバッグ開始］ボタンをクリックする。

❷ Internet Explorerが表示されることを確認する。

❸ トップ画面で［ログオン］ボタンをクリックする。

❹ ログオンページの画面で、［admin］ユーザーとパスワードを入力する。

❺ ［ログオン］ボタンをクリックする。
▶ メニューに［商品管理］が表示されることを確認する。

❻ ［商品管理］をクリックする。

❼ 商品管理の一覧が表示されることを確認する。

❽ 商品の［編集］ボタンをクリックする。

❾ 詳細情報のテキストボックスに、改行付きの解説を入力する。

❿ ［保存］ボタンをクリックして一覧に戻る。

⓫ ［詳細］ボタンをクリックして、詳細情報が改行していることを確認する。

⓬ メニューの［ホーム］ボタンをクリックする。

⓭ 詳細情報を編集した、商品名をクリックする。

⓮ 詳細情報が改行されていることを確認する。

⓯ Internet Explorerの閉じるボタンをクリックする。

▶ プログラムが終了し、統合開発環境に戻る。

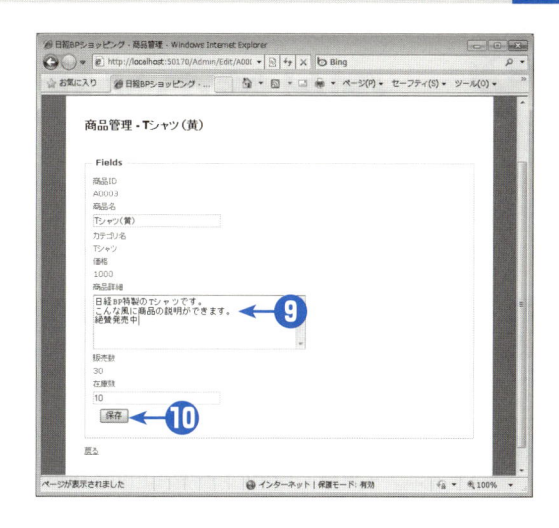

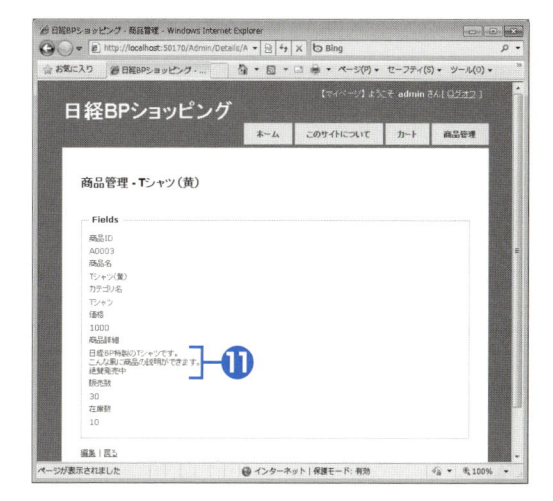

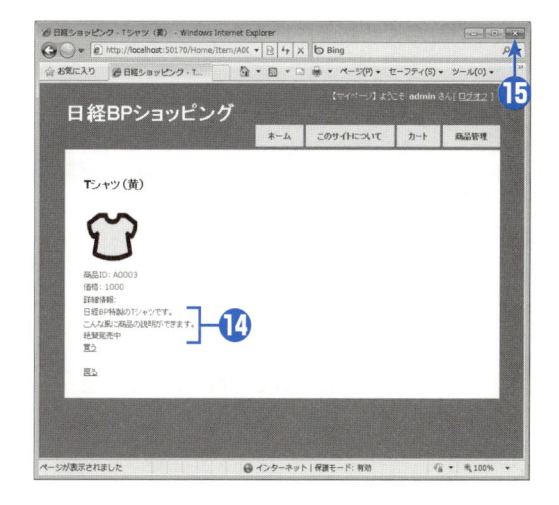

2 例外時の処理

　商品管理の編集時に、在庫数に「-1」を入力したときの処理を加えます。在庫数は、0以上となるためマイナスの値を入れた場合はエラー処理が必要になります。

商品管理の編集のコントローラーを修正する

商品管理を編集するときのEditメソッドに、在庫数をチェックする処理を入れます。

❶ コードエディターにControllers/AdminController.csファイルを表示する。

❷ AdminController.csファイルに次のコードを記述する（色文字部分）。

```
public ActionResult Edit(string id, FormCollection collection)
{
    try
    {
        // 在庫数をチェックする
        int num = int.Parse(collection["Stock"]);         ← 1
        if (num < 0)
        {
            ModelState.AddModelError("Stock", "指定された在庫数が正しくありません。");  ← 2
            return Edit(id);                              ← 3
        }
```

❸ ［ビルド］メニューの［MvcShoppingのビルド］をクリックする。

▶ 問題なくビルドされることを確認する。

コードの解説

1
```
int num = int.Parse(collection["Stock"]);
if (num < 0)
{
```

フォームから在庫数を取得します。フォームでの名前は「Stock」になります。

2
```
ModelState.AddModelError("Stock", "指定された在庫数が正しくありません。");
```

　在庫数が0未満の場合にエラーにします。エラーを表示する場合は、ModelState.AddModelErrorメソッドを使います。この時に、最初の引数にエラーを表示するテキストボックスの名前を指定します。ここでは、在庫数のテキストボックスにエラーを表示させるために「Stock」を指定します。

3
```
            return Edit(id);
```

　本来ならば、エラーとなる在庫数を表示されたほうがいいのでしょうが、ここでは簡単のために編集前のデータをもう一度表示します。

動作の確認

では、商品の詳細情報を編集して確認してみましょう。

1 ［標準］ツールバーの［デバッグ開始］ボタンをクリックする。

2 Internet Explorerが表示されることを確認する。

3 トップ画面で［ログオン］ボタンをクリックする。

4 ログオンページの画面で、［admin］ユーザーとパスワードを入力する。

5 ［ログオン］ボタンをクリックする。
　▶ メニューに［商品管理］が表示されることを確認する。

6 ［商品管理］をクリックする。

7 商品管理の一覧が表示されることを確認する。

8 商品の［編集］ボタンをクリックする。

⑨ 在庫数に **-1** を入力して、[保存]ボタンをクリックする。

⑩ 在庫数でエラーメッセージが表示されることを確認する。

⑪ 在庫数に **30** を入力して、[保存]ボタンをクリックする。

⑫ 保存に成功し、商品管理の一覧が表示されることを確認する。

⑬ Internet Explorerの閉じるボタンをクリックする。

▶ プログラムが終了し、統合開発環境に戻る。

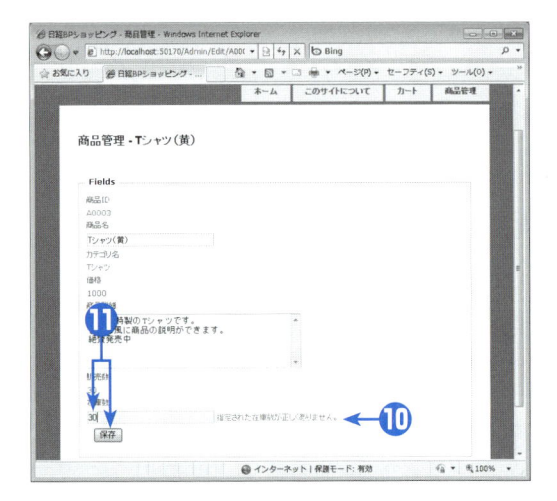

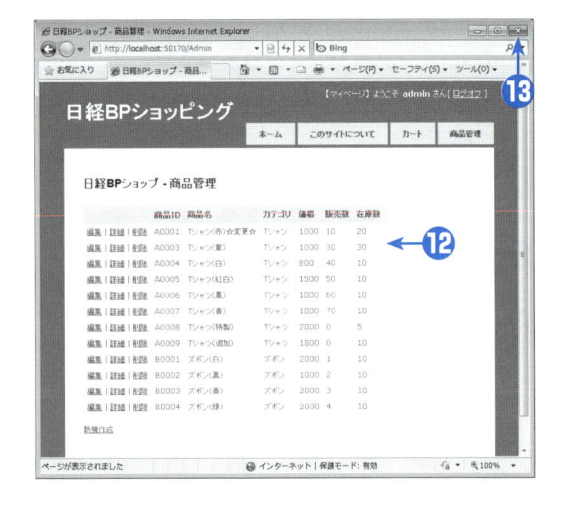

決済機能

第15章

1 クレジット決済の流れ
2 カート内容の確認
3 Webサービスの呼び出し
4 決済結果を表示

ショッピングサイトでは、商品をカートに入れたあとにオンライン決済をする必要があります。オンライン決済では、クレジット会社が提供するAPI（Webサービスなど）を利用して、決済を行います。
最後の章では、オンライン決済を想定したWebサービスの呼び出しを追加していきます。

この章で学習する内容 と 身に付くテクニック

　この章では、ASP.NET MVC アプリケーションから他のWebサービスを利用する例を示します。クレジット決済を想定して、別のサービスを呼び出す準備をします。

STEP 1 簡単にクレジット決済の流れを解説します。カートの内容を確認した後に、クレジット会社への接続、そして確認のページを表示するまでの流れを作ります。

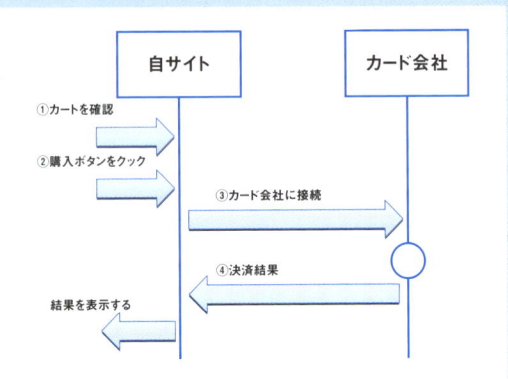

STEP 2 カートの内容を確認した後に、購入するボタンをクリックしたときの処理を実装します。第10章で作成したカートのページを修正していきます。

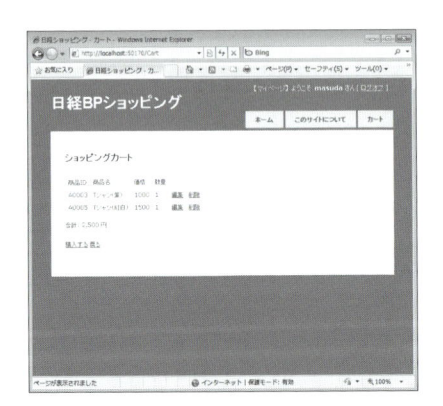

STEP 3 実際のWebサービスを呼び出す代わりに、数秒間ASP.NET MVCアプリケーション内で処理を止めます。この間に、お待ちくださいと表示するページと、決済処理が終わった後の結果のページを作成します。

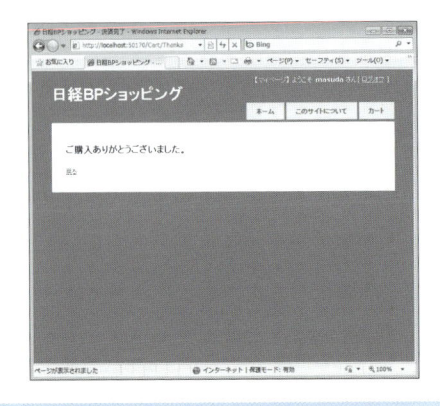

1 クレジット決済の流れ

　最後にショッピングサイトにクレジット決済機能を追加してみましょう。ただし、実際にクレジット会社に接続することはできないので、クレジットカード会社に接続しているように「しばらくお待ちください」のページが出るように工夫をします。

■ 決済の流れ

　ショッピングサイトからクレジット決済を行う場合、カード会社のサーバーにアクセスすることになります。カード会社のサーバーには通常、Webサービスと呼ばれるブラウザを使わない仕組みが使われています。

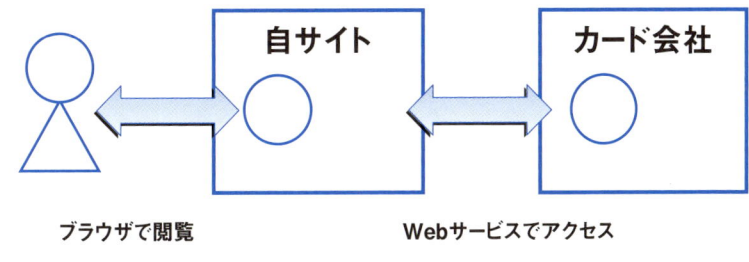

```
   [人]  ⇔  [自サイト]  ⇔  [カード会社]
   ブラウザで閲覧       Webサービスでアクセス
```

■ショッピングサイトとカード会社の関係

　ショッピングサイトからカード会社に接続する場合は、このWebサービスを呼び出せばいいのですが、通常のWindowsアプリケーションがWebサービスを呼び出す場合と違って、少し複雑な手順が必要になります。

1. 購入前にカートの内容を確認する。
2. ユーザーに［購入］ボタンをクリックして貰う。
3. ショッピングサイトからカード会社に接続する。
4. 決済が完了したことをユーザーに知らせる。

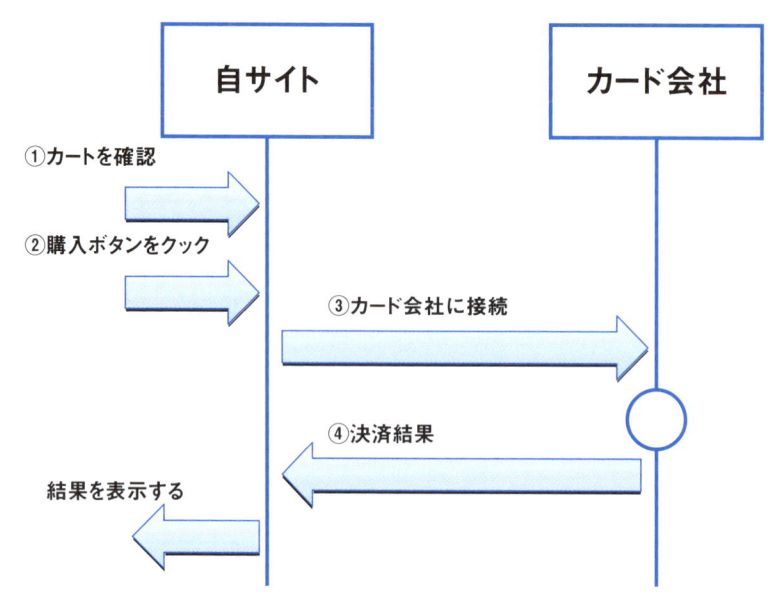

■ショッピングサイトで発生するカード会社とのやり取り

　手順1、2、4の場合は、通常のASP.NET MVCアプリケーションとして作成できるのですが、手順3のところはカード会社のWebサービスを呼び出さなければならないので、少し手間が掛かります。

ページの遷移

　本書では、カード会社に接続する部分を、C#のSleep関数を使って10秒程度処理を待つ処理をいれます。これにより、ユーザーからみると少し時間が掛かっている処理に見えます。

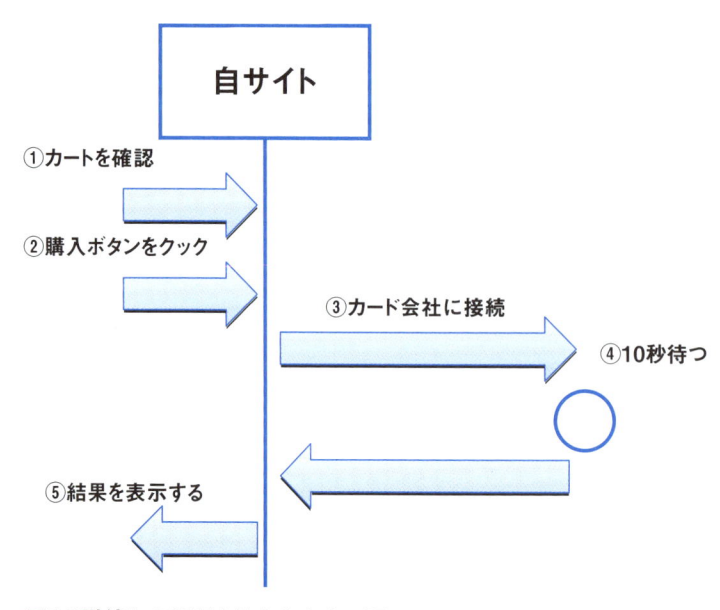

■10秒待ちの処理を入れたときの図

各ページについては、次のようにビューを決めましょう。

ビュー名	機能
Confirm	カートの内容を確認する
Commit	クレジットカード会社へ接続する。
Thanks	決済が完了したことを通知する。

　クレジットカード会社に接続して、決済の完了待ちをするCommitのページでは、ユーザーに「しばらくお待ちください」のメッセージを表示します。決済が完了したら、自動的に完了通知のThanksページに遷移するようにします。

2 カート内容の確認

ショッピングカートの内容を確認するビューとコントローラーを作成しましょう。カート内容の確認では、[決済する] ボタンを付けて、決済ページ（Commit）に進むようにします。

ショッピングカートのビューを修正

最初にショッピングカートのビューに [購入する] ボタンを追加します。

❶ コードエディターに Views/Cart/Index.aspx ファイルを表示する。

❷ Index.aspx ファイルに次のコードを記述する（色文字部分）。

```
<p>
    <% if (Model.Items.Count > 0)    ← 1
       { %>
    <%: Html.ActionLink("購入する", "Confirm")%>
    <% } %>
    <%: Html.ActionLink("戻る", "", "Home") %>
</p>
```

❸ [ビルド] メニューの [MvcShopping のビルド] をクリックする。

▶ 問題なくビルドされることを確認する。

コードの解説

1
```
<% if (Model.Items.Count > 0)
   { %>
<%: Html.ActionLink("購入する", "Confirm")%>
<% } %>
```

カートに商品が入っている場合だけ、[購入する] ボタンを表示します。呼び出すアクション名は、Confirm メソッドになります。

カート内容の確認のコントローラーを追加する

次にカートの内容を確認するときに使うコントローラーを追加します。

❶ コードエディターに Controllers/CartController.cs ファイルを表示する。

❷ CartController.cs ファイルに次のコードを記述する（色文字部分）。

```
[Authorize]
public ActionResult Confirm()          ← 1
{
    // セッション情報からカートのモデルを取得する
    CartModel model = Session["Cart"] as CartModel;    ← 2
    return View(model);
}
```

❸ ［ビルド］メニューの［MvcShoppingのビルド］をクリックする。

▶ 問題なくビルドされることを確認する。

コードの解説

1
```
[Authorize]
public ActionResult Confirm()
```

メソッドを定義します。ログイン時に制限するためにAuthorize属性を付けます。

2
```
    CartModel model = Session["Cart"] as CartModel;
    return View(model);
```

セッションからカート情報を取得して、モデルとしてビューに渡します。

カート内容の確認のビューを追加する

カートの内容を確認するためのビューを追加します。表示する内容はショッピングカートのビュー（Index.aspx）と、ほぼ同じです。

❶
[ソリューションエクスプローラー] で [Views] – [Cart] を右クリックして、[追加] – [ビュー] をクリックする。

▶ [ビューの追加] ダイアログボックスが表示される。

❷
[ビュー名] に **Confirm** と入力する。[厳密に型指定されたビューを作成する] にチェックを入れる。

▶ [ビューデータクラス] のドロップダウンリストが有効になる。

❸
[ビューデータクラス] から、「MvcShopping.Models.CartModel」を選択する。

❹
[追加] ボタンをクリックする。

▶ 新しいビュー(Confirm.aspx) が作成される。

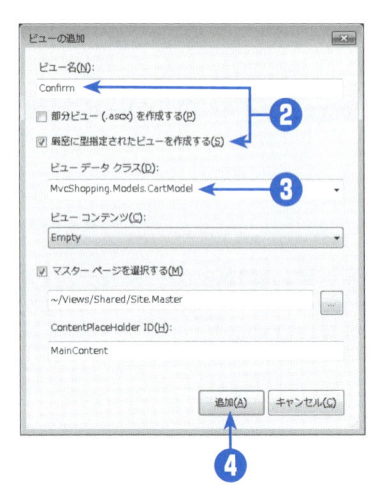

❺
Confirm.aspx ファイルに次のコードを記述する（色文字部分）。

```
<%@ Page Title="" Language="C#" MasterPageFile="~/Views/Shared/Site.Master"
    Inherits="System.Web.Mvc.ViewPage<MvcShopping.Models.CartModel>" %>

<asp:Content ID="Content1" ContentPlaceHolderID="TitleContent" runat="server">
    日経BPショッピング - 決済                                                        １
</asp:Content>

<asp:Content ID="Content2" ContentPlaceHolderID="MainContent" runat="server">

    <h2>購入する商品を確認してください。</h2>            ２

    <table>                                          ３
    <tr>
        <td>商品ID</td>
        <td>商品名</td>
        <td>価格</td>
        <td>数量</td>
    </tr>
    <% int sum = 0;
       foreach (var item in Model.Items)
       { %>
    <tr>
        <td><%: item.ID %></td>
```

```
            <td><%: item.Name %></td>
            <td><%: item.Price %></td>
            <td><%: item.Count  %></td>
        </tr>

        <% sum += item.Price * item.Count;
           } %>
    </table>
    <p>合計: <%: string.Format("{0:#,###} 円", sum)%></p>

    <p>
    <%: Html.ActionLink("決済する", "Commit") %> |                    ← 4
    <%: Html.ActionLink("戻る", "", "Home") %>
    </p>
</asp:Content>
```

コードの解説

1
```
<asp:Content ID="Content1" ContentPlaceHolderID="TitleContent" runat="server">
    日経BPショッピング - 決済
</asp:Content>
```

ブラウザに表示するタイトルを記述します。

2
```
        <h2>購入する商品を確認してください。</h2>
```

ページに表示するタイトルを記述します。

3
```
        <table>
        <tr>
            <td>商品ID</td>
            <td>商品名</td>
            <td>価格</td>
            <td>数量</td>
        </tr>
        <% int sum = 0;
           foreach (var item in Model.Items)
           { %>
        ...
```

ショッピングカートの内容をforeachステートメントを使って表示します。ショッピングカートのビューとは違い、編集ボタンなどはありません。

4
```
        <%: Html.ActionLink("決済する", "Commit") %> |
        <%: Html.ActionLink("戻る", "", "Home") %>
```

［決済］ボタンと［戻る］ボタンを付けます。

動作の確認

では、カート内容の確認ページの動作を見てみましょう。

① [標準] ツールバーの [デバッグ開始] ボタンをクリックする。

② Internet Explorerが表示されることを確認する。

③ トップ画面で [ログオン] ボタンをクリックして、ログオンする。

④ 商品の一覧からショッピングカートに商品を追加する。

⑤ メニューの [カート] ボタンをクリックする。

⑥ [購入する] ボタンをクリックする。

⑦ ショッピングカートの内容が表示されていることを確認する。

⑧ Internet Explorerの閉じるボタンをクリックする。

　▶ プログラムが終了し、統合開発環境に戻る。

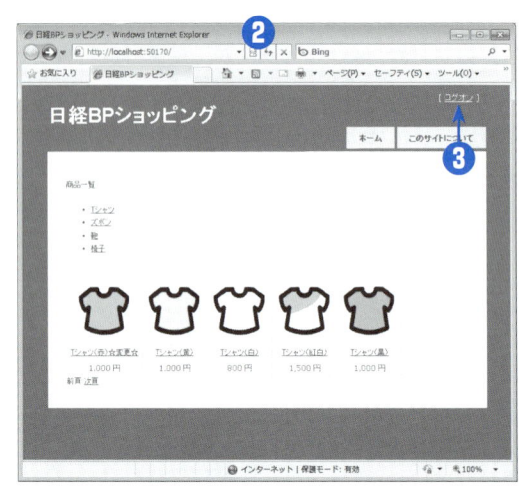

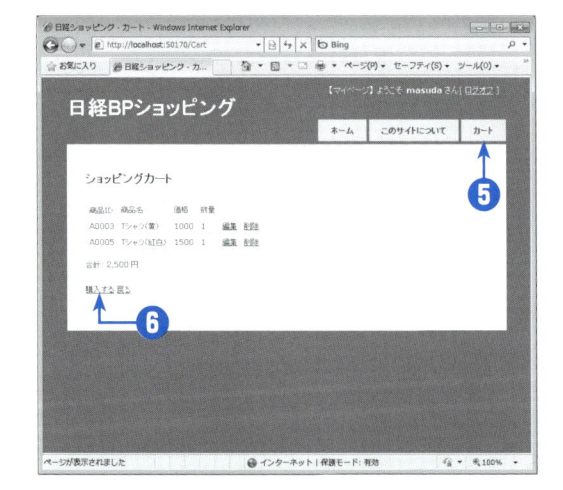

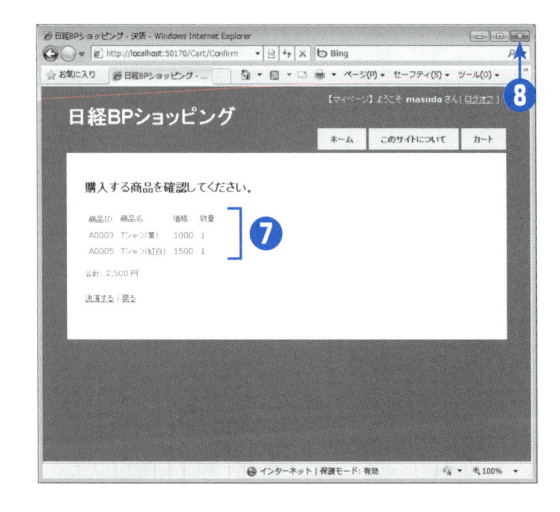

3 Webサービスの呼び出し

　さて、決済ページを作成していきましょう。ビューとしては「しばらくお待ちください」のメッセージしか表示しないのですが、コントローラーのほうに仕掛けを付けます。

■ カートのモデルを修正する

　Webサービスの呼び出しはスレッドを使います。スレッドを使うことにより、ユーザーを過度に待たせることのない実装が可能です。.NET Frameworkにはスレッドを安全に扱うBackgroundWorkerクラスがあるので、これを利用します。

❶ コードエディターにModels/CartModel.csファイルを表示する。

❷ CartModel.csファイルに次のコードを記述する（色文字部分）。

```csharp
/// <summary>
/// カートのモデルクラス
/// </summary>
public class CartModel
{
    // 商品コレクション
    public List<CartItem> Items;
    /// <summary>
    /// コンストラクタ
    /// </summary>
    public CartModel()
    {
        this.Items = new List<CartItem>();
        this.EditID = null;
    }
    // 編集中の商品ID
    public string EditID { get; set; }

    // 決済の処理スレッド
    public System.ComponentModel.BackgroundWorker worker;   ← 1
    // 決済完了のフラグ
    public bool CartComplete { get; set; }   ← 2
}
```

❸ ［ビルド］メニューの［MvcShoppingのビルド］をクリックする。

▶ 問題なくビルドされることを確認する。

コードの解説

1 `public System.ComponentModel.BackgroundWorker worker;`

決済をするためのWebサービスを呼び出すスレッドです。安全にスレッドを実行するためにBackgroundWorkerクラスを使います。

2 `public bool CartComplete { get; set; }`

スレッドが終了したかどうかを持つフラグです。終了した場合には、trueになります。

コントローラーを修正する

決済中のことを示すページを表示するコントローラーを追加します。

❶ コードエディターにControllers/CartController.csファイルを表示する。

❷ CartController.csファイルに次のコードを記述する（色文字部分）。

```csharp
/// <summary>
/// 決済中のページ
/// </summary>
/// <returns></returns>
[Authorize]
public ActionResult Commit()
{
    // セッション情報からカートのモデルを取得する
    CartModel model = Session["Cart"] as CartModel;

    if (model.worker == null)                                           // 1
    {
        model.CartComplete = false;                                     // 2
        model.worker = new System.ComponentModel.BackgroundWorker();    // 3
        model.worker.DoWork += new System.ComponentModel.DoWorkEventHandler →
        (worker_DoWork);
        model.worker.RunWorkerCompleted += new System.ComponentModel.RunWorker →
        CompletedEventHandler(worker_RunWorkerCompleted);
        model.worker.RunWorkerAsync();                                  // 4
        // 最初は決済中のページを表示
        return View();
    }
    else if (model.CartComplete == false)                               // 5
    {
        // 処理が終わっていなければ、そのまま
        return View();
    }
    else                                                                // 6
    {
```

```
            // 作業が完了していれば、カートを空にする
            model.worker = null;
            Session["Cart"] = null;
            // お礼のページへ
            return RedirectToAction("Thanks");
        }
    }

    // 作業中
    void worker_RunWorkerCompleted(object sender,
        System.ComponentModel.RunWorkerCompletedEventArgs e)        ← 7
    {
        // 決済の処理を行う
        System.Threading.Thread.Sleep(10000);
    }
    // 完了時
    void worker_DoWork(object sender, System.ComponentModel.DoWorkEventArgs e)    ← 8
    {
        // 決済完了時の処理
        CartModel model = Session["Cart"] as CartModel;
        model.CartComplete = true;
    }
```

コードの解説

1
```
        if (model.worker == null)
        {
```

最初の呼び出しのときの処理を入れます。ワーカープロセスがnullであることを確認します。

2
```
            model.CartComplete = false;
```

決済完了フラグを初期化します。

3
```
            model.worker = new System.ComponentModel.BackgroundWorker();
            model.worker.DoWork += new System.ComponentModel.DoWorkEventHandler →
            (worker_DoWork);
            model.worker.RunWorkerCompleted +=
                new System.ComponentModel.RunWorkerCompletedEventHandler(worke →
            r_RunWorkerCompleted);
```

ワーカープロセスを作成した後に、スレッドで動作するメソッド（worker_DoWork）、スレッドが完了したときのメソッド（worker_RunWorkerCompleted）をイベントハンドラに定義します。

4
```
        model.worker.RunWorkerAsync();
        // 最初は決済中のページを表示
        return View();
```

決済のスレッドをRunWorkerAsyncメソッドで実行した後に、ビューを表示します。ビューは、決済中のページになります。

5
```
    else if (model.CartComplete == false)
    {
        // 処理が終わっていなければ、そのまま
        return View();
    }
```

ワーカープロセスは作成しているが、決済処理がまだ完了していないときの処理を記述します。決済中のページからは一定間隔でリロードが行われます。このときに、Webサービスの処理がまだ完了していないときの動作になります。

もう一度、決済中のページを表示します。

6
```
    else
    {
        // 作業が完了していれば、カートを空にする
        model.worker = null;
        Session["Cart"] = null;
        // お礼のページへ
        return RedirectToAction("Thanks");
    }
```

リロード後に決済が完了している（CartCompleteの値がture）の場合は、決済完了のページへ遷移します。このとき、ワーカープロセスと、カートのセッション情報をクリアしておきます。

7
```
void worker_RunWorkerCompleted(object sender,
    System.ComponentModel.RunWorkerCompletedEventArgs e)
{
    // 決済の処理を行う
    System.Threading.Thread.Sleep(10000);
}
```

Webサービスを呼び出すワーカープロセスの実行部分は、このようにSleepメソッドを使った呼び出しをエミュレートしています。ここでは、強制的に10秒間処理を待ちます。

8
```
void worker_DoWork(object sender, System.ComponentModel.DoWorkEventArgs e)
{
    // 決済完了時の処理
    CartModel model = Session["Cart"] as CartModel;
    model.CartComplete = true;
}
```

スレッドが終了したときに呼び出されるメソッドです。セッション情報を取得して、決済完了フラグ（CartComplete）にtrueを代入します。

決済中のビューを追加する

❶ [ソリューションエクスプローラー] で [Views] – [Cart] を右クリックして、[追加] – [ビュー] をクリックする。
▶ [ビューの追加] ダイアログボックスが表示される。

❷ [ビュー名] に **Commit** と入力する。

❸ [追加] ボタンをクリックする。
▶ 新しいビュー（Commit.aspx）が作成される。

❹ Commit.aspx ファイルに次のコードを記述する（色文字部分）。

```
<%@ Page Title="" Language="C#" MasterPageFile="~/Views/Shared/Site.Master"
Inherits="System.Web.Mvc.ViewPage<dynamic>" %>

<asp:Content ID="Content1" ContentPlaceHolderID="TitleContent" runat="server">
    日経BPショッピング － 決済                                            ❶
</asp:Content>

<asp:Content ID="Content2" ContentPlaceHolderID="MainContent" runat="server">

    <h2>決済中です。しばらくお待ちください。</h2>                          ❷
<script>                                                                  ❸
    function reload() {
        location.reload();
    }
    setTimeout("reload()", 5000);
</script>
</asp:Content>
```

❺ [ビルド] メニューの [MvcShoppingのビルド] をクリックする。
▶ 問題なくビルドされることを確認する。

コードの解説

❶
```
<asp:Content ID="Content1" ContentPlaceHolderID="TitleContent" runat="server">
    日経BPショッピング － 決済
</asp:Content>
```

ブラウザに表示するタイトルを記述します。

2　　　`<h2>決済中です。しばらくお待ちください。</h2>`

決済中のメッセージです。

3
```
<script>
    function reload() {
        location.reload();
    }
    setTimeout("reload()", 5000);
</script>
```

5秒間ごとにリロードするJavaScriptです。決済ができたかどうかをサーバーに問い合わせるために必要です。

動作の確認

❶ [標準] ツールバーの [デバッグ開始] ボタンをクリックする。

❷ Internet Explorerが表示されることを確認する。

❸ トップ画面で [ログオン] ボタンをクリックして、ログオンする。

❹ 商品の一覧からショッピングカートに商品を追加する。

❺ メニューの [カート] ボタンをクリックする。

❻ [購入する] ボタンをクリックする。

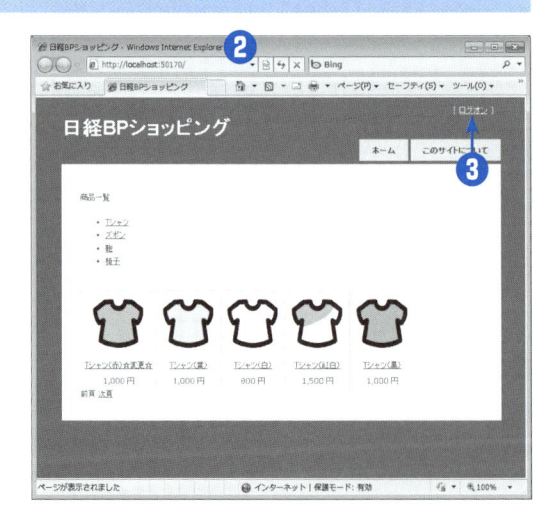

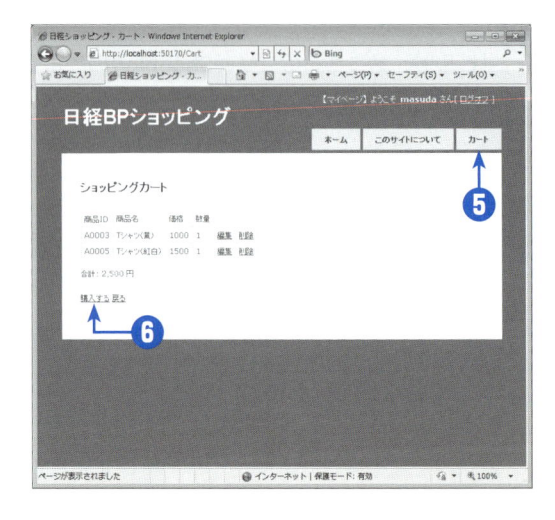

❼
ショッピングカートの内容が表示されていることを確認する。

❽
［決済する］ボタンをクリックする。

❾
決済中のページが表示される。

▶ しばらく経つと、完了のページを表示しようとするために、ここではエラーになります。

❿
Internet Explorerの閉じるボタンをクリックする。

▶ プログラムが終了し、統合開発環境に戻る。

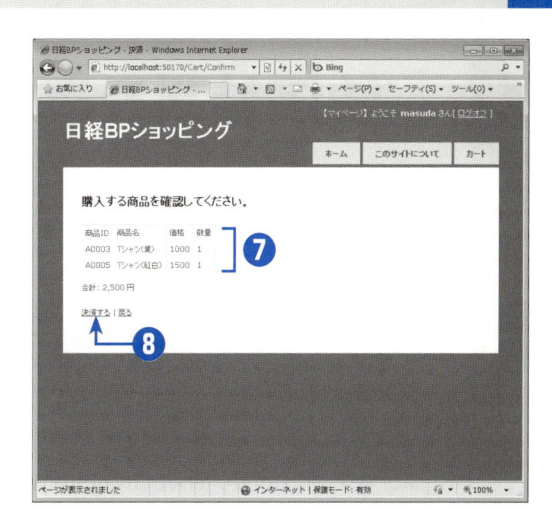

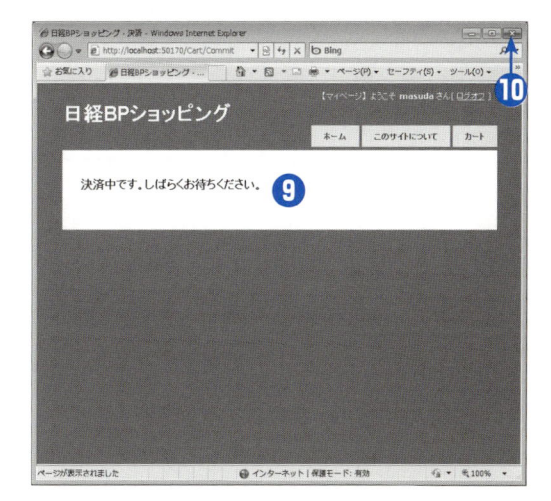

4 決済結果を表示

決済処理が終わった後の結果のページを作成します。ユーザーに完了を通知して、お礼のメッセージを表示すれば完了です。

完了ページのコントローラーを追加する

完了ページを表示するコントローラーです。

❶ コードエディターにControllers/CartControllers.csファイルを表示する。

❷ CartControllers.csファイルに次のコードを記述する（色文字部分）。

```
// 完了ページ
[Authorize]
public ActionResult Thanks()     ← 1
{
    return View();
}
```

❸ ［ビルド］メニューの［MvcShoppingのビルド］をクリックする。

▶ 問題なくビルドされることを確認する。

コードの解説

1
```
[Authorize]
public ActionResult Thanks()
{
    return View();
}
```

完了ページを表示するための簡単なコントローラーです。

完了ページのビューを追加する

完了メッセージを表示するだけの簡単なビューになります。

❶ ［ソリューションエクスプローラー］で［Views］－［Cart］を右クリックして、［追加］－［ビュー］をクリックする。
▶ ［ビューの追加］ダイアログボックスが表示される。

❷ ［ビュー名］に **Thanks** と入力する。

❸ ［追加］ボタンをクリックする。
▶ 新しいビュー（Thanks.aspx）が作成される。

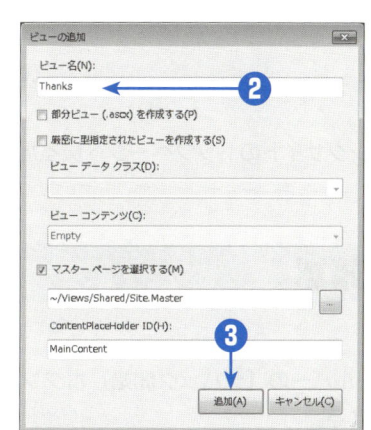

❹ Thanks.aspx ファイルに次のコードを記述する（色文字部分）。

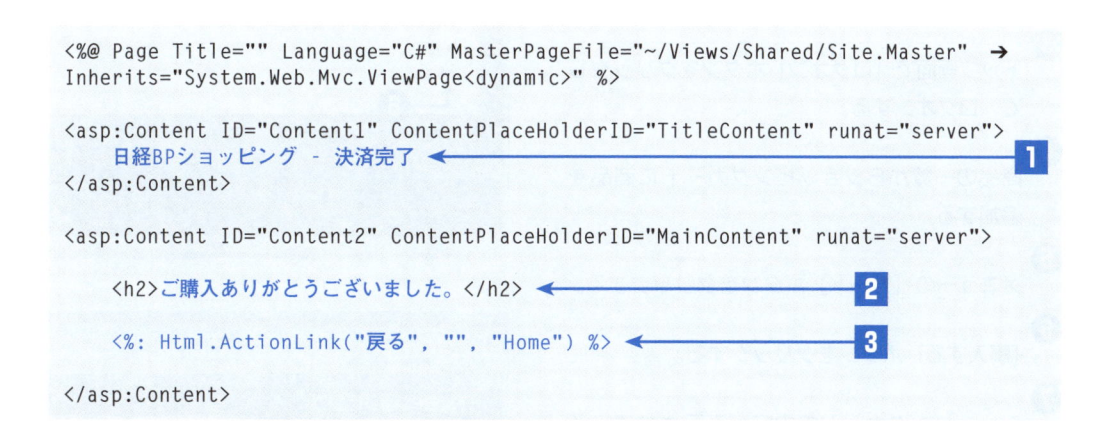

```
<%@ Page Title="" Language="C#" MasterPageFile="~/Views/Shared/Site.Master"
    Inherits="System.Web.Mvc.ViewPage<dynamic>" %>

<asp:Content ID="Content1" ContentPlaceHolderID="TitleContent" runat="server">
    日経BPショッピング - 決済完了                                            ❶
</asp:Content>

<asp:Content ID="Content2" ContentPlaceHolderID="MainContent" runat="server">

    <h2>ご購入ありがとうございました。</h2>                                    ❷

    <%: Html.ActionLink("戻る", "", "Home") %>                              ❸

</asp:Content>
```

❸ ［ビルド］メニューの［MvcShoppingのビルド］をクリックする。
▶ 問題なくビルドされることを確認する。

コードの解説

❶
```
<asp:Content ID="Content1" ContentPlaceHolderID="TitleContent" runat="server">
    日経BPショッピング - 決済完了
</asp:Content>
```

ブラウザに表示するタイトルを記述します。

2
```
<h2>ご購入ありがとうございました。</h2>
```

購入後のメッセージです。

3
```
<%: Html.ActionLink("戻る", "", "Home") %>
```

ショッピングサイトのトップページへ戻るためのリンクを付けます。

動作の確認

❶ [標準]ツールバーの[デバッグ開始]ボタンをクリックする。

❷ Internet Explorerが表示されることを確認する。

❸ トップ画面で[ログオン]ボタンをクリックして、ログオンする。

❹ 商品の一覧からショッピングカートに商品を追加する。

❺ メニューの[カート]ボタンをクリックする。

❻ [購入する]ボタンをクリックする。

❼ ショッピングカートの内容が表示されていることを確認する。

❽ [決済する]ボタンをクリックする。

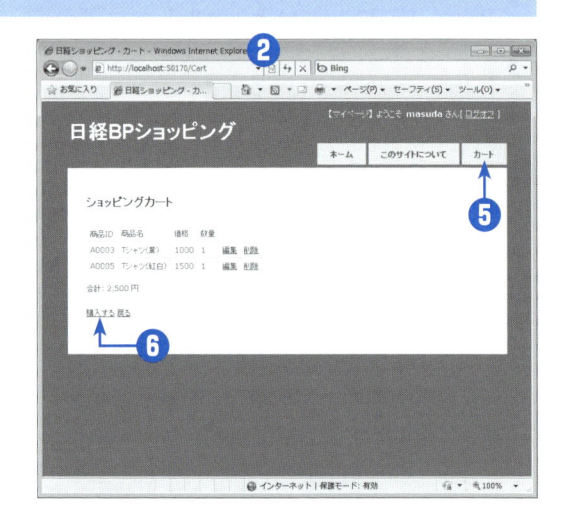

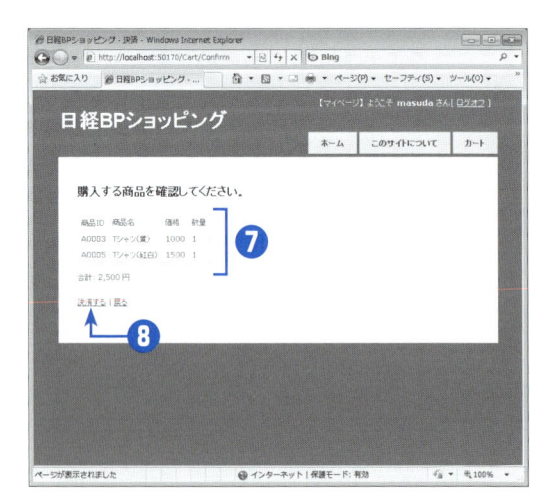

❾ 決済中のページが表示される。

❿ しばらく経つと、決済完了のページが表示される。

⓫ [戻る] ボタンをクリックする。
▶ ショッピングサイトのトップページが表示されることを確認する。

⓬ Internet Explorerの閉じるボタンをクリックする。
▶ プログラムが終了し、統合開発環境に戻る。

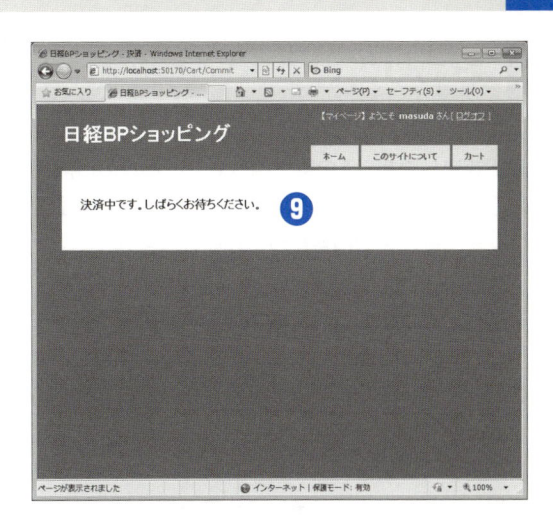

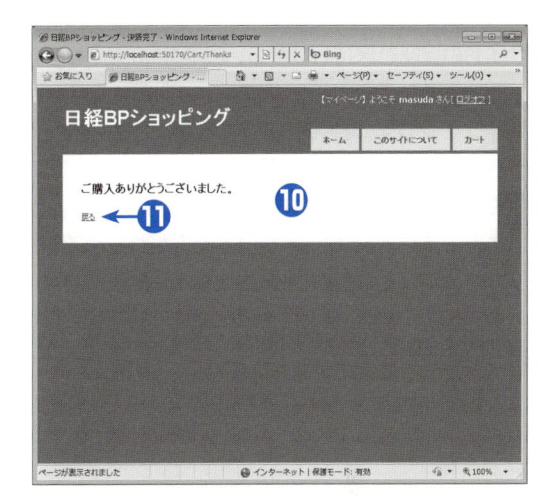

おわりに

　さて、いかがだったでしょうか。ASP.NET MVCアプリケーションで、簡単なショッピングサイトを作成してきましたが、この章でようやく一通りの機能を解説できました。初めてC#を使ってプログラミングをした方や、Windowsのアプリケーションの開発経験はあるけれどWebアプリケーションは初めてという方には、多少駆け足の内容だったかもしれません。

　MVCパターンを使うと、一見、モデル、ビュー、コントローラーと3か所にコードが分離してしまって使いにくと思うかもしれませんが、本書のように少しずつ手順を進めていくと、それらの分離が非常によく整理されていることがわかると思います。整理されたコードにすれば、将来的な変更もやりやすくなり、多人数でプログラミングを行う場合に作業の分担がやりやすくなります。

　Webアプリケーションは、リリースが早いと同時に、その後長く使われる傾向にあります。たとえば、本書のようにショッピングサイトを開設した場合は、最初に多少機能が少なくてもリリースをしてユーザーに利用してもらい、その後、少しずつバージョンアップを重ねながらサイトの機能アップを図っていくという方法を取ることができます。この間、Webサイト自体を完全にリニューアルすることはあまりありません。サイトの機能を保持しながら、機能を付け加えていくことになります。

　このような場合、MVCパターンを利用してサイトを作成しておくと、同じモデルを使いながらビューのデザインを少しずつ整えていくことや、ビューをそのままにして性能改善をするためにモデルやコントローラーを修正していくことが可能です。モデルやコントローラーの試験には単体テストのプロジェクトを利用して手戻りがないように進めていくとよいでしょう。

　さまざまなWebサイトが日本で広がり始めてから既に15年が経とうとしています。その間にサイトの作り方や、ブラウザにおけるJavaScriptの使い方など進化してきました。MVCパターンも、その進化のなかの1つになります。最新の技術と過去から蓄積された技術が混在しているのが、Webアプリケーションの技術といえるでしょう。

　読者が、ASP.NET MVCのフレームワークを使い、より素晴らしいWebアプリケーションを作ることによってユーザーに素晴らしい価値を提供できるようになることを願います。

付録A　Visual BasicでMVCパターン

　本書ではVisual C# 2010を使ったASP.NET MVCアプリケーションを作成してきましたが、Visual Basic 2010を利用しても同じように作成できます。Microsoft社のサイト（http://msdn.microsoft.com/ja-jp/asp.net/aa336581.aspx）をはじめとして、さまざまなASP.NETに関するサンプルソースがインターネットで見つかります。それらのソースコードにはC#のものが多いので、Vsual BasicのユーザーにはASP.NET MVCが敷居の高いものに見えるかもしれません。

　この付録では、C#のソースコードからVisual Basicのソースコードに変換するときのコツや、C#とVisual Basicのプロジェクトを混在させるテクニックを紹介します。

コードを自動変換する

　Visual Studio 2010を使うと、本書のようにVisual C# 2010を使ったASP.NET MVCアプリケーションだけでなく、Visual Basic 2010を使ったアプリケーションも作れます。両方のソリューションエクスプローラーを見ると、MVCパターンで使われる3つのフォルダー（Views、Models、Controllers）の名前も同じ、自動生成されるファイル名も拡張子以外は同じになります。

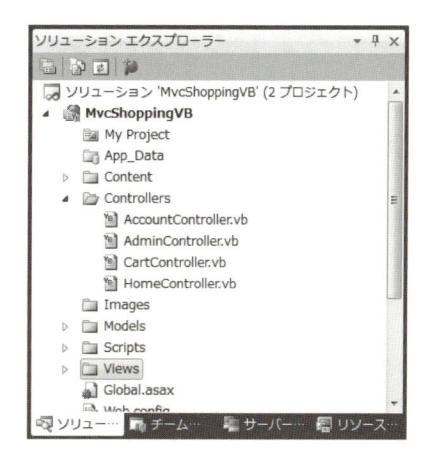

図A-1　2つのソリューションエクスプローラーを並べる

　これらのソースをC#からVisual Basicのコードに変換するときに、1つずつ手作業で変換してもよいのですが、おおざっぱなところは自動変換のツールを使うことができます。Developer Fusion社では、Webサイト（http://www.developerfusion.com/tools/convert/csharp-to-vb/）でC#からVisual Basicにコードを変換してくれます。執筆時点（2010年10月）では、.NET Framework 3.5ベースの文法までの対応となっていますが、ASP.NET MVCアプリケーションで使われる文法は、この範囲で作成されるので、このコンバーターが使えます。

図A-2　Developer Fusion社のWebサイト

　C#からVisual Basicだけでなく、逆にVisual BasicからC#への変換もできるので、短いソースを変換する場合は、試してみてください。

手作業でコードを変換する

　C#もVisual Basicも、.NET Frameworkのクラスライブラリを使っているので、そのほとんどの部分は共通した使い方になります。どちらの言語も、オブジェクトをnew演算子（Visual BasicではNew演算子）で作成した後に、メソッドやプロパティを「.」(ピリオド)で参照するところは同じ書き方をするので、大きく迷うことはないでしょう。ifステートメントやforeachステートメントなどの基本的な文法は、どちらの言語でも用意されています。
　ここでは、ASP.NET MVCアプリケーションを相互に変換するときに、いくつかの例を示しておきましょう。

■ジェネリックを変換

　Listコレクションなどで利用されるジェネリックを変換する時は、C#では「<...>」で記述されますが、Visual Basicでは「(Of ...)」のように「Of」というキーワードを使います。ジェネリックが使われているところは、コントローラーやモデルのソースコードの他に、ビュー（*.aspx）のPageディレクティブで指定されています。
　次の例は、Views/Admin/Create.aspxの先頭行の比較です。

● C#

```
<%@ Page Title="" Language="C#" MasterPageFile="~/Views/Shared/Site.Master" →
Inherits="System.Web.Mvc.ViewPage<MvcShopping.Models.AdminProduct>" %>
```

● Visual Basic

```
<%@ Page Title="" Language="VB" MasterPageFile="~/Views/Shared/Site.Master" →
Inherits="System.Web.Mvc.ViewPage(Of MvcShoppingVB.AdminProduct)" %>
```

「Inherits」で指定される継承元にモデルのクラス名（AdminProduct）が使われますが、この部分でジェネリックが利用されます。

■ラムダ式を変換

ラムダ式は匿名関数とも呼ばれ、主に一時的に定義する小さな関数の記述に使われます。1行や数行の小さな関数を別に記述するのではなく、利用する箇所に記述できる方法です。このラムダ式は、C#では「x => x.ID」のように使いますが、Visual Basicでは「Function(x) x.ID」のように「Function」というキーワードを使います。

次の例は、Views/Admin/Create.aspxを自動生成したときのソースの比較です。

●C#

```
<div class="editor-label">
    <%: Html.LabelFor(model => model.ID) %>
</div>
```

●Visual Basic

```
<div class="editor-label">
    <%: Html.LabelFor(Function(model) model.ID) %>
</div>
```

どちらも、LabelForというメソッドに、匿名関数を渡しています。ここでは、modelオブジェクトのIDプロパティを返すという簡単な関数になります。

■配列やコレクションを変換する

配列やコレクションで添え字（インデックスや名前など）を使う場合には、C#では「[」と「]」の鍵括弧を使いますが、Visual Basicでは「(」と「)」の丸括弧を使います。Visual Basicでは、メソッドの引数でも配列でも丸括弧を使うため、相互に変換するときには注意してください。

次の例は、Controllers/CartController.cs でSessionコレクションを利用しているところです。

●C#

```
// セッションに保持する
Session["Cart"] = model;
```

●Visual Basic

```
' セッションに保持する
Session("Cart") = model
```

■プロパティ定義を変換する

クラスにプロパティを付ける場合、GetキーワードやSetキーワードを使って非公開データへのアクセッサを作りますが、モデルクラスのように単純なクラスの場合は簡易的なプロパティの記述を使うと便利です。

C#の場合は、getとsetを直接記述しています。Visual Basicの場合は、自動実装プロパティを作成するための「Property」というキーワードを使って記述します。

● C#

```
public class CartItem
{
    // 商品ID
    public string ID { get; set; }
    // 商品名
    public string Name { get; set; }
```

● Visual Basic

```
Public Class CartItem
    ' 商品ID
    Public Property ID As String
    ' 商品名
    Public Property Name As String
```

このプロパティ名は、ビューでよく使われるものなので、大文字小文字を意識して付けるとソースコードの可読性がよくなります。

C#のコードを直接利用する

数十行のC#のコードや、いくつかのC#のファイルであれば自動変換や手作業によるコンバートができますが、数十のC#のファイルになると、さすがに手作業で変換することは難しくなります。また、変換することによるミスが出たり、何度も単体テストをやり直す必要がでてきます。

既にC#のコードが大量にある場合は、そのままアセンブリ（拡張子が.dllのファイル）を利用するとよいでしょう。アセンブリには、モデルとコントローラーが含まれるので、これをVisual Basicで作成するビューから参照することによって、既存のテスト済みのC#のコードを再利用できます。

手順は以下の通りになります。

1. 既にC#で作成されたASP.NET MVCアプリケーションのプロジェクトを準備する。
2. Visual BasicでASP.NET MVCアプリケーションのプロジェクトを作成する。
3. C#のプロジェクトをソリューションに加えて、Visual Basicのプロジェクトから参照設定する。
4. Visual Basicのコントローラー、モデルのプロジェクトを削除する。
5. ビューのファイル（拡張子がaspx）のInherits部分の参照を、C#のモデル名に書き換える。

このようにすると、既存のC#のコントローラー、モデルを再利用できます。もう少し大きなプロジェクトになると、モデル部分だけを再利用する方法も考えられます。コントローラーはビューを変更するときに頻繁に手を加えることが多いので、ビューとコントローラーは同じ言語で作っておくと作業効率がよくなるでしょう。これは、プロジェクトの人員やどの言語が得意なプログラマが多いかを確認しながら組み立ててください。

記号・数字

.aspxファイル	27,51,75
.csファイル	27,51
.dllファイル	27,51
.NET Framework	5
/* */	81
//	81
/// <summary>	81
??演算子	191
［Controllers］フォルダー	49
［Models］フォルダー	49
［Views］フォルダー	49
［自動的に隠す］ボタン	12
［選択した項目をバインドするオプション］	85
 タグ	76
<img>タグ	101
<li>タグ	40
<p>タグ	101
<table>タグ	104
<tr>タグ	104
3項演算子	151

英字

ADO.NET Entity Data Model	4
align属性	104
Apache	2
ASP.NET	5
ASP.NET MVC	2
プロジェクト構成	16
as演算子	122
Authorize属性	190
aタグ	97
BackgroundWorkerクラス	309
C#	3
CakePHP	45
class	82
Count メソッド	117
CRUD（Create,Read,Update,Delete）	203
DeleteOnSubmit メソッド	270
Exceptionクラス	140
F1ヘルプ	24
FireFox	2
foreachステートメント	87
GetTableメソッド	84
Google Chrome	2
Html.ActionLinkメソッド	97
Html.BeginFormメソッド	197
Html.LabelForメソッド	262
Html.TextBoxForメソッド	172
HTMLタグ	49
HTTP	2
HttpPost属性	165
Identityオブジェクト	151
ifステートメントの簡略記述	96
IIS	2
Indexメソッド	118
int.Parseメソッド	209
IntelliSense	22
Internet Explorer	2
IsAuthenticatedプロパティ	151,193
join onステートメント	242
LINQ	209
LINQ to SQL	4
LINQ to SQLクラス	78
List コレクション	181
MVCパターン	7,45
利点	8
new	84
null	94
null値の場合に値を代入	95
nullを許容する型	94
OrderByメソッド	113
privete	82
public	82
RemoveAtメソッド	204
Removeメソッド	204
Request.Formコレクション	209
Required属性	164
Response.Writeメソッド	76
Ruby on Rails	45
Safari	2
Sessionオブジェクト	179
Singleメソッド	140
Site.Masterファイル	73

Skipメソッド	95
Sleepメソッド	312
SQL Server 2008 Express Edition	3, 64
SQL Server Management Studio	65
string.Formatメソッド	76
Struts	45
Takeメソッド	95
textareaタグ	291
try-catchステートメント	141
Userオブジェクト	151
using＜名前空間＞	83, 183
Validateメソッド	161
var	86
VBA	3
VBScript	3
ViewDataコレクション	36
Visual Basic	3
Visual Studio 2010	5, 10
Visual Studio 2010でのデータベース設定	68
web.config	84
Webアプリケーション	2
Webフォーム	6, 46
WWWサーバー	2

あ行

アカウント	147
アクションメソッド	50
一般的なビルドエラー	39
一般ユーザー	221
イベントドリブン	37
インスタンスの生成	84
インラインコード	49, 89
ウィンドウの自動非表示	12
ウィンドウレイアウトの変更	11
エラーの発生	36
オンラインヘルプの設定	23

か行

改行（¥n）	293
改行タグ（ ）	293
拡張子	17
カテゴリに分けて表示	109
ガベージコレクション	3
管理ユーザー	62, 221
キャスト	118
共通言語ランタイム	5
クラス	82
繰り返し文（for文）	75
検証機能	161
コードエディター	22
表示	22
コードコメント	22
コードビハイド機能	6
コメント	81
コレクション	181
コンストラクター	181
コントローラー	7, 45
作成	83
修正	39

さ行

サーバーエクスプローラー	78
サーバーサイドスクリプト	5
シーケンス図	37
ジェネリック型	181
実行	26
実行ファイルの作成場所	27
主キー	240
出力ウィンドウ	25
スタートページ	13
スレッド	309
セッション機能	177
セッション情報	121
セッションの解放	179
ソースの表示	20
ソリューションエクスプローラー	11, 15, 48
ソリューションファイル	16

た行

単体テスト	32
データクラス	4
作成	78
データセット	4
データのインポート	67

データベース	3
作成	66
デザイナーの表示	20,33
デバッグ	26
統合開発環境	3
起動	10
終了	13
閉じてしまったウィンドウの再表示	12

な行

名前空間のインポート	185

は行

パラメーターヒント	22
ビュー	7,45
設定	85
追加	38
ビューとロジックの分離	47
ビルド	25,27
フォルダーの構成	28
ブラウザ	2
ブレークポイントの設定	123
フローティングウィンドウ	11
プログラムの停止	34
プロジェクト	
作成	71
自動保存	18
終了	18
新規作成	14,31
開く	19
保存	18
プロジェクトファイル	16
プロジェクト名とソリューション名	15
プロパティ	82
プロパティウィンドウ	21
表示	21
プロパティの簡易定義	82
プロパティの通常の定義	82
ヘルプ	23

ま行

マスターページ	73

メニューの修正	39
モデル	7,45

ら行

リビルド	27
例外の発生	139
例外時の処理	296
ロール	232
ログイン時の表示切り替え	62
ログオン機能	145

● 著者紹介

増田 智明

大学より20年間のプログラミング歴を経て現在に至る。仕事では情報システム開発、携帯電話の業務を長くこなす。C言語をはじめとして、Visual Basic 6.0、.NET Framework全般に手を付けるが、最近ではtwitter api、iPadを扱う。
ご質問はお気軽に masuda@moonmile.net あるいはツイッターアカウント @moonmile までどうぞ。

主な著作
「ひと目でわかるMicrosoft Visual C++ 2010 アプリケーション開発入門」(日経BP社)
「ひと目でわかるIIS 7.0」(日経BP社)
「Visual C# 2008逆引き大全555の極意」(秀和システム)
「Visual Basic 2008逆引き大全 至高の技」(秀和システム)
「C/C++辞典—Windows/Linux/UNIX対応」(秀和システム)

●本書についてのお問い合わせ方法、訂正情報、重要なお知らせについては、下記Webページをご参照ください。なお、本書の範囲を超えるご質問にはお答えできませんので、あらかじめご了承ください。

http://ec.nikkeibp.co.jp/nsp/

●ソフトウェアの機能や操作方法に関するご質問は、ソフトウェア発売元の製品サポート窓口へお問い合わせください。
●落丁・乱丁本は、送料弊社負担にてお取り替えいたします。お手数ですが、日経BPマーケティングまでご返送ください。

ひと目でわかる Microsoft ASP.NET MVC アプリケーション開発入門

2010年11月22日 初版発行

著　　　者　　増田 智明
発　行　者　　瀬川 弘司
発　　　行　　日経BP社
　　　　　　　東京都港区白金 1-17-3　〒108-8646
発　　　売　　日経BPマーケティング
　　　　　　　東京都港区白金 1-17-3　〒108-8646
装　　　丁　　株式会社ディジタル・レックス
制　　　作　　株式会社シンクス
印　　　刷　　図書印刷株式会社

●本書に記載している会社名および製品名は、それぞれの会社の商標または登録商標です。また、本文中では、™、® は明記しておりません。
●本書の例題または画面で使用している会社名、氏名、メールアドレスほかのデータは、すべて架空のものです。
●本書(ソフトウェアおよびプログラムを含む)の無断複製複写(コピー)は、特定の場合を除き、著作者・出版社の権利侵害になります。

©2010 Tomoaki Masuda
ISBN978-4-8222-9438-0　Printed in Japan